高职高专计算机系列

C语言程序设计案例教程

C Language Program Design Case Tutorial

朱作付 龙浩 ◎ 主编
王勇 王方杰 左丹霞 ◎ 副主编

人民邮电出版社
北京

图书在版编目（CIP）数据

C语言程序设计案例教程 / 朱作付，龙浩主编. --
北京 ：人民邮电出版社，2014.11（2019.8重印）
工业和信息化人才培养规划教材. 高职高专计算机系
列
ISBN 978-7-115-36325-1

Ⅰ. ①C… Ⅱ. ①朱… ②龙… Ⅲ. ①C语言－程序设
计－高等职业教育－教材 Ⅳ. ①TP312

中国版本图书馆CIP数据核字（2014）第178531号

内 容 提 要

本书是一本针对C语言学习的基础性教材，通过一个完整的项目设计将C语言的基本知识衔接起来，实现即学即用。主要内容包括：C语言简介、C语言语法基础、顺序结构程序设计、分支结构程序设计、循环结构程序设计、数组、函数、结构体、算法与项目设计、指针、文件和位运算等。

本书针对高职高专学生的特点，做到理论知识适用、够用，专业技能实用、管用。本书遵循先练习后总结的原则，将结构化程序设计和算法的学习后移，让学生在具有一定程序设计能力的基础上再进行算法的学习，有利于克服学生学习C语言的畏难情绪，提高学生的学习效果。

本书课后习题形式多样，在注重编程练习的基础上兼顾了学生对计算机等级考试的内容需求，有利于学习者的自我检查和学习提高。本书选编了关于计算机语言和程序设计方面的一些短文，有利于提高学生计算机知识素养。

本书适合作为高职高专院校计算机及相关专业的教材，也可作为程序开发人员的参考用书。

◆ 主　　编　朱作付　龙　浩
副 主 编　王　勇　王方杰　左丹霞
责任编辑　王　平
责任印制　杨林杰
◆ 人民邮电出版社出版发行　　北京市丰台区成寿寺路11号
邮编　100164　　电子邮件　315@ptpress.com.cn
网址　http://www.ptpress.com.cn
固安县铭成印刷有限公司印刷
◆ 开本：787×1092　1/16
印张：16.25　　　　2014年11月第1版
字数：413千字　　　　2019年8月河北第4次印刷

定价：37.00 元

读者服务热线：（010）81055256　印装质量热线：（010）81055316
反盗版热线：（010）81055315

前 言 PREFACE

近年来，教育部先后颁发了《关于提高高等职业教育教学质量的若干意见》等多个文件，大力推进高等职业教育基于项目化、案例化的课程教学改革工作。但是，如何将知识的学习和项目化、案例化教学方法有机地结合在一起，不同的课程有各自不同的特点。我们既不能为了推进项目化、案例化而简单地将原有的知识体系进行分割和包装，又不能固守传统不顾高职院校学生的学习特点进行过多的理论阐述而忽略动手能力的培养。因此，本书将结合编者实际教学经验，本着由易到难的原则，逐步引导学生通过项目设计来学习 C 语言的知识，并通过项目设计逐步提高编程能力和技巧。

C 语言作为计算机类专业学生学习程序设计的入门课程，对于广大学生学习后续课程具有较大的影响。因此，我们从学生学习的角度，在知识学习的基础上逐步开展项目设计，让大家克服学习过程的畏难情绪，并通过项目设计逐步提高学生学习 C 语言的兴趣和成就感。本书通过一个完整的项目设计将 C 语言的基本知识衔接起来，实现即学即用。

本书的主要特点如下：

1. 以同学们比较熟悉的学生成绩管理系统的项目设计贯穿整个 C 语言知识的学习过程。本着由易到难的原则，逐步引导学习者通过自己编写程序来加深对 C 语言知识的运用能力，并通过项目设计逐步提高学生学习的兴趣。

2. 对 C 语言的知识介绍以够用为原则，删除了一些对于高职院校学生比较难以理解的内容，而将学习重点放到 C 语言程序项目设计上，注重提高学生的动手能力，让学生敢于写程序，克服对编程的畏难心理。

3. 本着先练习后总结的原则，将结构化程序设计和算法的学习后移，让学生在具有一定程序设计能力的基础上再进行算法的学习，有利于帮助学生克服学习 C 语言的畏难情绪，提高学生的学习效果。

4. 课后习题形式多样，在注重编程练习的基础上兼顾了学生对计算机等级考试的内容需求，有利于学生课后的自我检查和学习提高。

5. 注重对学生计算机知识素养的培养，选编了关于计算机语言和程序设计方面的短文，有利于学生拓展计算机程序设计方面的知识面，提高对学习计算机语言和编程的兴趣。

本书由朱作付、龙浩老师担任主编，王勇、王方杰、左丹霞老师任副主编，具体分工如下：第 1 章、第 2 章由王勇老师编写，第 3 章、第 4 章、第 5 章、第 10 章由龙浩老师编写，第 6 章、第 7 章、第 8 章、第 9 章、第 11 章由朱作付老师编写，第 12 章由王方杰老师编写，附录 1、2、3、4 由左丹霞老师编写，徐超、王侠、葛红美、臧博、张雪松等老师参与了本书的习题编校工作，全书由朱作付老师总撰成稿。中国矿业大学计算机学院王潜平教授和徐州华社信息技术有限公司的叶志江经理担任本书的主审。在本书的编写过程中得到了徐州华社信息技术有限公司部分工程师的帮助，在此一并感谢。

由于编者水平所限，书中难免存在错误与不足，敬请读者批评指正。

编　者

2014 年 4 月

目 录 CONTENTS

第1章 C语言简介 1

第2章 C语言语法基础 13

第3章 顺序结构程序设计 33

第4章 分支结构程序设计 50

第 5 章 循环结构程序设计 75

第 6 章 数组 97

第 7 章 函数 118

第8章 结构体 136

第9章 算法与项目设计 147

第10章 指针 164

第 11 章 文件 206

第 12 章 位运算 229

附录 238

参考文献 251

第1章 C语言简介

教学目标

通过本章学习，使学生了解C语言的基本知识和编译环境。

教学要求

知识要点	能力要求	关联知识
C 语言的发展和基本特点	了解C语言的发展现状及其特点	高级程序设计语言
C 语言程序的基本结构	（1）了解 C语言的基本结构 （2）正确书写C程序	基本的顺序结构及其书写格式
C 语言的基本字符集合关键字	掌握C语言的关键字	main、for、if、break 等关键字的学习
C 语言的集成开发环境	熟悉C语言编译环境	C语言程序的创建、编译、连接、执行

重点难点

- C语言程序的基本结构
- C语言的基本字符集合关键字
- C语言的集成开发环境

C 语言程序设计是计算机及相关专业学生最重要的一门专业基础课程之一，通过对C 语言的学习，可以培养学生良好的编程思维能力和编程方法，为今后更深入地学习计算机语言打好基础。

1.1 C语言的发展

自从 1946 年世界上第一台真正意义上的计算机诞生以来，计算机技术的发展已经深刻地改变了人类社会的生活。计算机技术的发展既有工业技术发展带来的计算机硬件的变化，更包含计算机软件的发展所带来的应用层面的变化，而计算机软件的发展则得益于计算机语言的发展。在计算机语言的发展过程中，20 世纪 70 年代初问世的 C 语言是一种重要的、被广泛应用的计算机编程语言。

C 语言的原型是 Algol 60 语言（也称为 A 语言）。1963 年，剑桥大学将 Algol 60 语言发展成为 CPL（Combined Programming Language）语言。1967 年，剑桥大学的 Matin Richards 对 CPL 语言进行了简化，于是产生了 BCPL 语言。1970 年，美国贝尔实验室的 Ken Thompson 将 BCPL 进行了修改，并为它起了一个有趣的名字“B 语言”。1973 年，美国贝尔实验室的 D.M.Ritchie 在 B 语言的基础上最终设计出了一种新的语言，他取了 BCPL 的第 2 个字母作为这种语言的名字，这就是 C 语言。1977 年，Dennis M.Ritchie 发表了不依赖于具体机器系统的 C 语言编译文本《可移植的 C 语言编译程序》。1978 年，Brian W.Kernighian 和 Dennis M.Ritchie 出版了名著《The C Programming Language》，从而使 C 语言成为目前世界上最广泛流行的高级程序设计语言。

随着微型计算机的日益普及，出现了许多 C 语言版本。由于没有统一的标准，使得这些 C 语言之间出现了一些不一致的地方。1983 年，美国国家标准协会（ANSI）委任一个委员会 X3J11 对 C 语言进行标准化。经过长期艰苦的过程，该委员会的工作于 1989 年 12 月 14 日正式被批准为 ANSX3.159-1989 并于 1990 年春天颁布，成为现行的 C 语言标准。

目前最流行的 C 语言有以下几种：

① Microsoft C 或称 MS C；

② Borland Turbo C 或称 Turbo C；

③ AT&T C。

这些 C 语言版本不仅实现了 ANSI C 标准，而且在此基础上各自做了一些扩充，使之更加方便、完美。早期的 C 语言主要用于 UNIX 系统。由于C语言的强大功能和各方面的优点逐渐为人们认识，到了 20 世纪 80 年代，C 语言开始进入其他操作系统，并很快在各类大、中、小和微型计算机上得到了广泛的使用，成为最优秀的程序设计语言之一。

1.2 Visual C++6.0 集成开发环境

1.2.1 Visual C++6.0 简介

目前，C 语言的集成开发环境主要有两种：一种是基于 DOS 操作系统支持下的 Turbo C 2.0 系统；一种是在 Windows 环境下的 Visual C++系统。由于国家计算机等级考试的环境一般为 Visual C++系统，且在实际程序调试过程中使用 Visual C++系统更为方便，因此本书不再介绍 Turbo C 2.0 的操作方法，有兴趣的读者可以在网上进行查找和学习。Visual C++系统是一个功能强大的可视化软件开发工具。自 1993 年 Microsoft 公司推出 Visual C++1.0 后，随着其新版本的不断问世，Visual C++已成为专业程序员进行软件开发的首选工具。目前比较流行的是 Visual C++6.0 系统。

Visual C++6.0 是目前比较流行的 C 语言程序开发工具，它不仅是一个 C++编译器，而且是一个基于 Windows 操作系统的可视化集成开发环境（Integrated Development Environment，IDE）。Visual C++6.0 由许多组件组成，包括编辑器、调试器以及程序向导 AppWizard、类向导 ClassWizard 等开发工具。这些组件通过一个名为 Developer Studio 的组件集成为和谐的开发环境。关于 Visual C++6.0 的详细知识，请读者查阅相关教材。本书不作过多描述。

1.2.2 Visual C++6.0 操作步骤

1．启动 Visual C++ 6.0 环境

和一般的应用程序启动方法相似，下面我们简单地介绍一下 Visual C++6.0 的启动过程，大家在以后的学习过程中，通过实际操作很容易掌握。

单击"开始"—"程序"—"Microsoft Visual Studio 6.0"—"Microsoft Visual C++ 6.0"命令，启动 Visual C++ 6.0，初始启动画面如图 1.1 所示，启动后主窗口如图 1.2 所示。

图 1.1 Visual C++ 6.0 启动画面

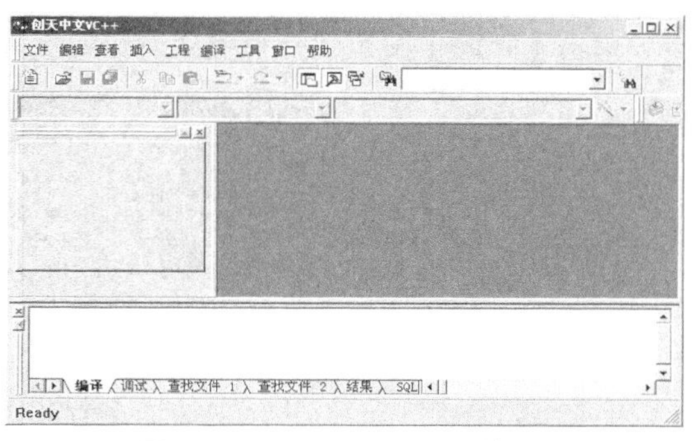

图 1.2 Visual C++ 6.0 初始窗口

2．编辑源程序文件

（1）建立新工程项目。在 Visual C++ 6.0 环境下，编辑 C 语言源程序文件首先需要建立一个工程项目，具体操作如下。

① 单击【文件】—【新建】命令，弹出【新建】对话框。

② 单击【工程】选项卡，单击【Win32 Console Application】选项，在【工程】文本框中输入工程项目名，如【gc1】，在【位置】框输入或选择新项目所在位置，单击【确定】按钮，如图 1.3 所示。

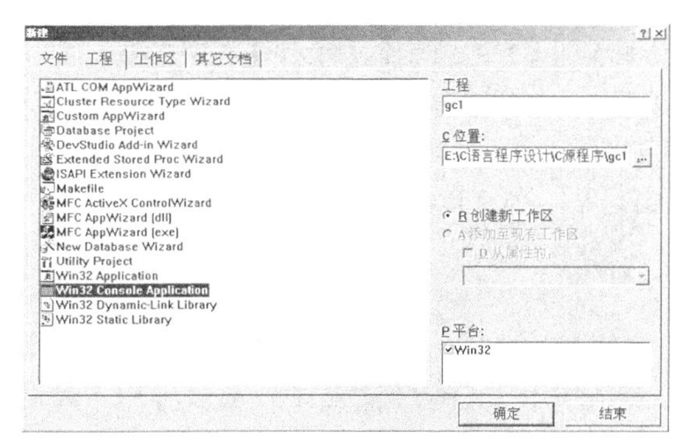

图 1.3 Visual C++ 6.0 新建工程窗口 1

在单击【确定】按钮以后，系统会弹出如图 1.4 所示的对话框，我们只要单击【完成】按钮即可。

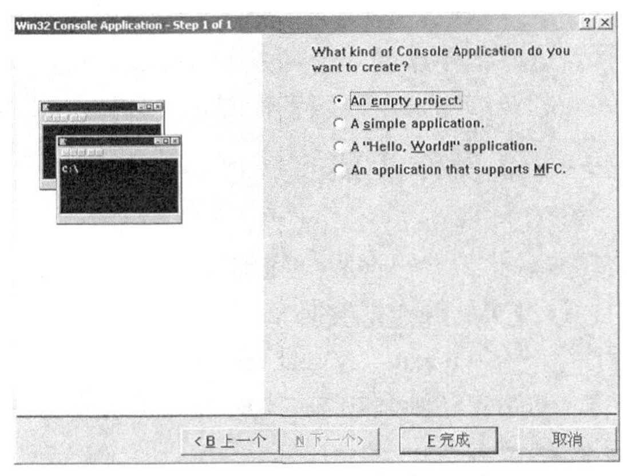

图 1.4　Visual C++ 6.0 新建工程窗口 2

单击【完成】按钮后，系统会出现如图 1.5 所示的对话框，单击【确定】按钮即可。

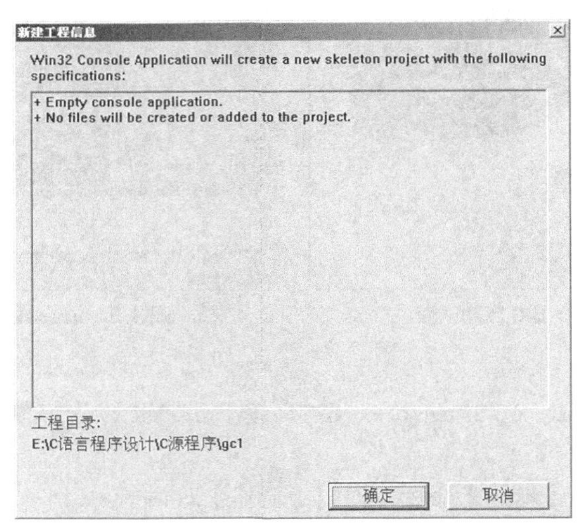

图 1.5　Visual C++ 6.0 新建工程窗口 3

（2）建立新工程项目中的文件。完成上述操作后，系统会返回初始界面，这时候我们按如下步骤开始建立新工程下的 C 程序文件。

① 单击【文件】—【新建】命令，弹出【新建】对话框。

② 选择【文件】选项卡。单击【C++ Source File】选项，在【文件】文本框中输入文件名，单击【确定】按钮，如图 1.6 所示。系统会自动返回 Visual C++ 6.0 初始窗口。

③ 显示文件编辑区窗口后，我们就可以在文件编辑区窗口输入源程序文件，如图 1.7 所示。

3．编译和连接

在输入完源程序后，需要对程序进行编译和连接。

方法一：选择主窗口菜单栏中【编译】菜单项，系统弹出下拉菜单，选择【构件】菜单命令。

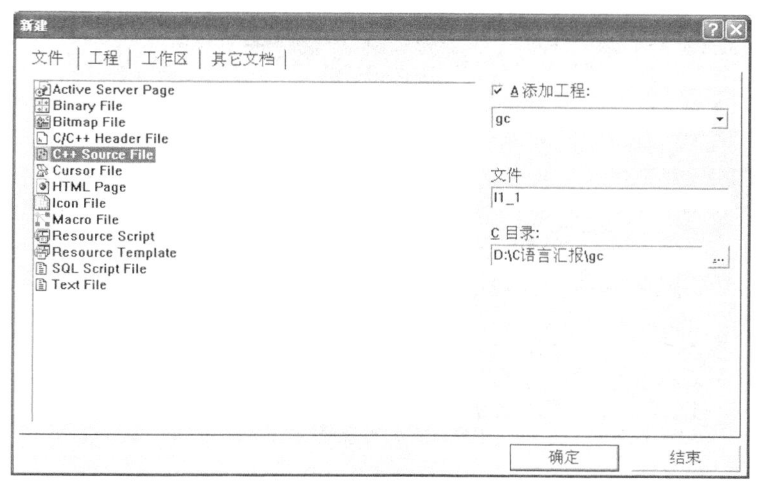

图 1.6　Visual C++ 6.0 新建文件窗口

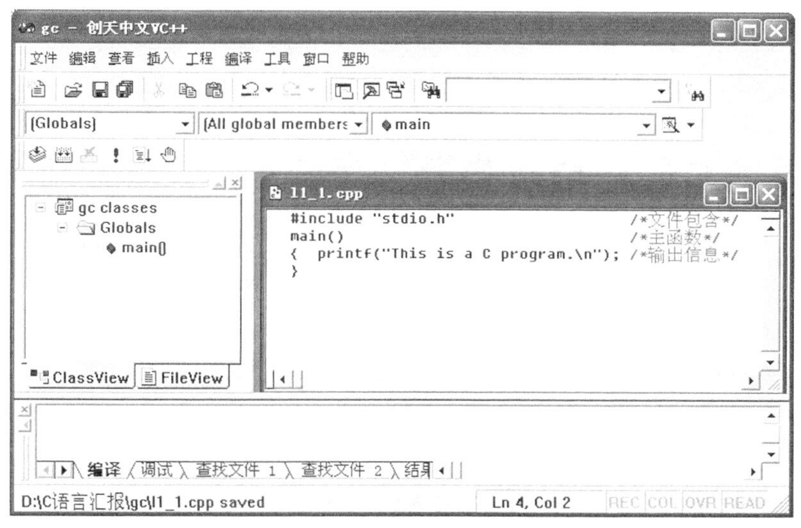

图 1.7　Visual C++ 6.0 源文件输入窗口

方法二：单击主窗口编译工具栏上的【Build】按钮进行编译和连接。

（1）系统对程序文件进行编译和连接，生成以项目名称命名的可执行目标代码文件扩展名为.exe。

（2）编译连接过程中，系统如发现程序有语法错误，则在输出区窗口中显示错误信息，给出错误的性质、出现位置和错误的原因等。如果双击某条错误信息，编辑区窗口右侧会出现一个箭头，指示再现错误的程序行。用户据此对源程序进行相应的修改，并重新编译和连接，直到通过为止。

4．执行

方法一：单击【编译】菜单中【执行】命令。

方法二：单击主窗口编译工具栏上的【Build Execute】按钮 ! 来执行编译连接后的程序。

运行成功，屏幕上输出执行结果，并提示信息："Press any key to continue"，如图 1.8 所示。此时按 Enter 键系统将返回 Visual C++ 6.0 主窗口。

图 1.8 Visual C++ 6.0 程序运行输出窗口

通过上述操作，我们就完成了在 Visual C++ 6.0 环境下新建一个 C 语言程序的过程，系统会自动生成相关的文件，并将其保存在我们建立的指定路径下的工程项目文件夹中。关于 Visual C++ 6.0 系统的详细知识和操作，请读者在实际学习过程中去研讨。

1.3 简单的C程序结构分析

在正式学习 C 语言之前，我们先初步了解一下 C 语言源程序结构的特点。下面我们通过几个程序了解一下组成一个 C 语言源程序的基本部分和书写格式。

【例 1.1】输出一行字符。

```
#include<stdio.h>
void main()
{
 printf("This is a C program! \n");
}
```

这是一个最基本的 C 程序，现对其含义说明如下。

（1）#include<stdio.h>是一个系统函数，其作用是用来输入和输出信息，在以后的章节中会加以介绍，读者在本章不需要过多关注。

（2）main 是主函数的函数名，表示这是一个主函数，主函数的函数名必须为 main。

（3）每一个 C 源程序都必须有且只能有一个主函数（main 函数）。

（4）一对“{ }”是一段程序或整个程序的起始和终止标志，必须成对出现。

（5）“printf("This is a C program！ \n");”是一个函数调用语句，printf 函数的功能是把要输出的内容送到显示器去显示。

本程序的运行结果是在计算机上显示输出一句话：“This is a C program!”。概括地说，一个 C 函数必须有一个函数名字，有用“{ }”括起来的函数体，通俗地说叫函数包含的内容，也就是指函数用来处理什么信息。特别声明一点，任何 C 程序都必须要有一个名字为 void main 的主函数，当然，还可以有其他函数，这些知识我们以后会学习到。

【例 1.2】求和。

```
#include<stdio.h>
void main()
```

```
{
  int  x,y,sum;                          /*定义 x、y、sum 三个变量的类型为整型 */
  x=1;                                   /* 给 x 赋值 1 */
  y=2;                                   /* 给 y 赋值 2 */
  sum=x+y;                               /* 把 x 和 y 的和赋值给 sum */
  printf("x 和 y 的和等于 %d\n",sum);    /* 输出变量 sum 的值 */
}
```

这个程序比第一个程序要复杂一些，上面介绍过的就不再说明了，注意与刚才程序不同的地方。

（1）int　x,y,sum; 用来定义变量的类型，int 为整型数据的定义符号，也是一个系统的保留字；*x*、*y*、sum 是 3 个变量，表示 3 个整型数。

（2）*x*=1; *y*=2; sum=*x*+*y*; 是 3 条赋值语句，其作用是把“=”后面的数值赋给前面的变量。

（3）printf("x 和 y 的和等于 %d\n",sum); 中包含了更多的信息，不仅要输出“*x* 和 *y* 的和等于”这些字符，还要输出 sum 的值。

（4）每一行后面的/*　*/之间的内容为注释内容，用来说明每一行的含义，程序在运行时不会执行，其作用是让他人了解程序语句所包含的信息。也可以使用//作为注释语句的开头。

本程序的作用是求两个数的和，运行结果是：*x* 和 *y* 的和等于 3。

在本例题中的主函数体中又分为两部分，一部分为说明部分，另一部分为执行部分。说明是指变量的类型说明。由于例题 1.1 中未使用任何变量，因此无说明部分。C 语言规定，源程序中所有用到的变量都必须先说明，后使用，否则将会出错。这一点是编译型高级程序设计语言的一个特点，与解释型的 BASIC 语言是不同的。说明部分是 C 源程序结构中很重要的组成部分，本例中，说明部分定义了 3 个变量 *x*、*y*、sum，说明部分后的 4 行为执行部分或称为执行语句部分，用以完成程序的功能。

【例 1.3】求两个数中的较大值。

```
#include<stdio.h>
int max(int a,int b);                  /*函数说明*/
void main()                            /*主函数*/
{
  int x,y,z;                           /*变量说明*/
  int max(int a,int b);                /*函数说明*/
  printf("input two numbers:\n");
  scanf("%d%d",&x,&y);                 /*输入 x、y 值*/
  z=max(x,y);                          /*调用 max 函数*/
  printf("maxmum=%d",z);               /*输出*/
}
int max(int a,int b)                   /*定义 max 函数*/
{
  if(a>b) return a;
  else return b;                       /*把结果返回主调函数*/
}
```

我们再来看看这个程序与前面两个程序不同的地方。

（1）本程序由两个函数组成，主函数和 max 函数。函数之间是并列关系。可从主函数中调用其他函数。max 函数的功能是比较两个数，然后把较大的数返回给主函数。max 函数是一个用户自定义函数，因此在主函数中要给出说明。可见，在程序的说明部分中，不仅可以有变量说明，还可以有函数说明。关于函数的详细内容将在后面介绍。

（2）printf("input two numbers:\n");中的信息我们使用英文，因为计算机程序的主要语言环境是英文，前面两个例题中的中文信息是为了便于初学者理解程序。当然，目前的 C 语言编译环境可以使用中文符号，但我们仍然建议读者在学习编程时尽可能地使用英文表示相关的信息。具体的字符信息要依据开发程序的要求。

（3）scanf 函数的功能是将数值输入到相应的变量存储单元，即给变量输入数值。本程序的功能是由用户输入两个整数，程序执行后输出其中较大的数。程序的执行过程是，首先在屏幕上显示提示串，请用户输入两个数，回车后由 scanf 函数语句接收这两个数送入变量 *x*、*y* 中，然后调用 max 函数，并把 *x*、*y* 的值传送给 max 函数的参数 *a*、*b*。在 max 函数中比较 *a*、*b* 的大小，把大者返回给主函数的变量 *z*，最后在屏幕上输出 *z* 的值。

通过上述 3 个例题，我们可以初步了解一些关于 C 程序的结构知识。

（1）一个C语言源程序可以由一个或多个函数组成。

（2）一个源程序必须有一个且只能有一个 void main 函数，即主函数。

（3）在源程序中可以有预处理命令（include 命令仅为其中的一种），预处理命令通常应放在程序的最前面。

（4）在进行变量类型说明和每一个语句后面都必须以分号结尾。但预处理命令，函数头和花括号“}”之后不能加分号。

（5）各种类型标识符与其他标识符之间必须至少加一个空格隔开，否则会出现错误信息。如 void main 不能写成 voidvoid main，int *x* 不能写成 int*x* 等。

1.4 书写程序时应遵循的规则

为了便于阅读和修改程序，在进行程序书写时应遵循以下规则。

（1）要尽可能让每一个说明和一个语句占一行。

（2）用“{}”括起来的部分，通常表示了程序的某一层次结构。“{}”一般与该结构语句的第一个字母对齐，并单独占一行。

（3）低一层次的语句或说明可比高一层次的语句或说明缩进若干格后书写，使程序呈递进式结构，以便看起来更加清晰，增加程序的可读性，也便于修改程序中的错误信息。

在以后的学习中会逐步体会到遵循这些规则的重要性，希望初学者一定要从开始编程时就力求遵循这些规则，以养成良好的编程风格。

1.5 C语言的字符集

任何一种语言的组成都可以分为两部分，第一是这种语言所使用的基本符号，第二是这种语言的基本规则。字符是组成语言的最基本的元素，C语言字符集由字母、数字、空格、标点和特殊字符组成。

（1）字母：小写字母 a～z 共 26 个；大写字母 A～Z 共 26 个。

（2）数字：0～9 共 10 个

（3）空白符：空格符、制表符、换行符等统称为空白符。空白符只在字符常量和字符串常量中起作用。在其他地方出现时，只起间隔作用，编译程序对它们忽略不计。因此，在程序中使用空白符与否，对程序的编译不发生影响，但在程序中适当的地方使用空白符将增加程序的清晰性和可读性。

（4）标点符号、运算符和特殊字符。

这些内容在后续的学习过程中会逐步接触到，不要急于记忆。

需要特别说明的是，正如在前面例题中看到的，在C语言的字符串常量和注释中还可以使用汉字或其他可表示的图形符号，但它们不是C语言基本符号。

1.6 C语言的标识符与关键字

1．标识符

在C语言中，标识符是指在程序中使用的变量名、函数名、标号等。除库函数的函数名由系统定义外，其余都由用户自定义。C语言规定，标识符只能是字母（A~Z，a~z）、数字（0~9）、下划线（_）组成的字符串，并且其第一个字符必须是字母或下划线。

以下标识符是合法的：

a, x, x3, BOOK_1, sum5

以下标识符是非法的：

3s　　以数字开头

s*T　　出现非法字符*

-3x　　以减号开头

bowy-1　出现非法字符-（减号）

在使用标识符时还必须注意以下几点。

（1）标准C语言不限制标识符的长度，但它受各种版本的C语言编译系统限制，同时也受到具体机器的限制。例如，在某版本C中规定标识符前8位有效，当两个标识符前8位相同时，则被认为是同一个标识符。

（2）在标识符中，大小写是有区别的。如BOOK和book是两个不同的标识符。

（3）标识符虽然可由程序员随意定义，但标识符是用于标识某个量的符号。因此，命名应尽量有相应的意义，以便于阅读理解，做到“见名知义”，一般使用对应的英文单词、单词缩写或单词组合。

2．关键字

关键字是由C语言规定的具有特定意义的字符串，通常也称保留字，是由C语言自身系统使用的，如表1.1所示用户定义的标识符不能与关键字相同，否则会出现错误。

表1.1　C语言的关键字

auto	break	case	char	const	continue	default
do	double	else	enum	extern	float	for
goto	if	int	long	register	return	short
signed	static	sizof	struct	switch	typedef	union
unsigned	void	volatile	while			

C语言的关键字分为以下几类。

（1）类型说明符：用于定义、说明变量、函数或其他数据结构的类型。如前面例题中用到的int等。

（2）语句定义符：用于表示一个语句的功能。如例1.3中用到的if　else就是条件语句的语句定义符。

（3）预处理命令字：用于表示一个预处理命令。如前面各例中用到的 include。

1.7 C语言的特点

通过前面几节的知识学习和程序示例介绍我们可以概括地总结一下 C 语言的特点，具体为如下几方面。由于初学者没有 C 语言的编程经验，这里仅作了解，将来大家在学习和编程过程中将逐步体会到。

1．简洁紧凑、灵活方便

C 语言一共只有 32 个关键字（见表 1-1），9 种控制语句，程序书写自由，主要用小写字母表示。它把高级语言的基本结构和语句与低级语言的实用性结合起来。

2．运算符丰富

C 语言的运算符包含的范围很广泛，共有 34 个运算符。C 语言把括号、赋值、强制类型转换等都作为运算符处理。从而使 C 语言的运算类型极其丰富、表达式类型多样化，灵活使用各种运算符可以实现在其他高级语言中难以实现的运算。具体的运算符使用我们将在后面的学习中逐步介绍。

3．数据结构丰富

C 语言的数据类型有：整型、实型、字符型、数组类型、指针类型、结构体类型、共用体类型等，能用来实现各种复杂的数据类型的运算；引入了指针概念，使程序效率更高。另外，C 语言具有强大的图形功能，支持多种显示器和驱动器，且计算功能、逻辑判断功能强大。

4．C 语言是结构式语言

结构式语言的显著特点是代码及数据的分隔化，即程序的各个部分除了必要的信息交流外彼此独立。这种结构化方式可使程序层次清晰，便于使用、维护以及调试。C 语言是以函数形式提供给用户的，这些函数可方便地调用，并具有多种循环、条件语句控制程序流向，从而使程序完全结构化。

5．C 语法限制不太严格、程序设计自由度大

一般的高级语言语法检查比较严，能够检查出几乎所有的语法错误。而 C 语言提供给程序编写者有较大的自由度。

6．C 语言允许直接访问物理地址，可以直接对硬件进行操作

因此既具有高级语言的功能，又具有低级语言的许多功能，能够像汇编语言一样对位、字节和地址进行操作，而这三者是计算机最基本的工作单元，可以用来编写系统软件。

7．C 语言程序生成代码质量高，程序执行效率高

一般只比汇编程序生成的目标代码效率低 10%～20%。

8．C 语言适用范围大，可移植性好

C 语言有一个突出的优点就是适合于多种操作系统，如 DOS、UNIX，也适用于多种机型。

小结与提示

本章主要介绍了 C 语言的发展、特点，C 程序的基本结构以及 C 语言中所使用的基本符号和关键字等知识，并对书写 C 语言程序时应该注意的一些原则做了简述。关于本章所涉及的有关内容，我们在以后的学习中会逐步得到更为深入的认识和理解，请广大读者不要急于去记忆。

关于在 Visual C++6.0 环境下的 C 语言程序的编辑、运行和调试，我们在实际的上机操作过程中很容易学习。要特别说明的是，计算机语言的学习一定要多上机练习编写和调试程序，读懂程序和调试出正确的程序是完全不同的学习体验，祝大家学习愉快！

知识拓展

计算机语言及其发展

计算机语言（Computer Language）指用于人与计算机之间通信的语言，是人与计算机之间传递信息的媒介。计算机系统最大特征是指令通过一种语言传达给机器。为了使电子计算机进行各种工作，就需要有一套用以编写计算机程序的数字、字符和语法规范，以及由这些字符和语法规则组成计算机各种指令（或各种语句），这就是计算机语言。

计算机每做的一次动作、一个步骤，都是按照已经用计算机语言编好的程序来执行，程序是计算机要执行的指令的集合，而程序全部都是用我们所掌握的语言来编写的。所以人们要控制计算机一定要通过计算机语言向计算机发出命令。计算机语言的种类非常得多，总地来说可以分成机器语言、汇编语言、高级语言三大类。

（1）机器语言。电子计算机所使用的是由“0”和“1”组成的二进制数，二进制是计算机的语言的基础。计算机发明之初，人们只能使用机器语言去命令计算机干这干那，一句话，就是写出一串串由“0”和“1”组成的指令序列交由计算机执行，这种计算机能够认识的语言，就是机器语言。由于每台计算机的指令系统往往各不相同，所以，在一台计算机上执行的程序，要想在另一台计算机上执行，必须另编程序，造成了重复工作。但由于使用的是针对特定型号计算机的语言，故而运算效率是所有语言中最高的。机器语言是第一代计算机语言。

（2）汇编语言。为了减轻使用机器语言编程的痛苦，人们进行了一种有益的改进：用一些简洁的英文字母、符号串来替代一个特定的指令的二进制串。例如，用“ADD”代表加法，“MOV”代表数据传递等，这样一来，人们很容易读懂并理解程序在干什么，纠错及维护都变得方便了，这种程序设计语言就称为汇编语言，即第二代计算机语言。然而计算机是不认识这些符号的，这就需要一个专门的程序，负责将这些符号翻译成二进制数的机器语言，这种翻译程序被称为汇编程序。

汇编语言同样十分依赖于机器硬件，移植性不好，但效率仍十分高，针对计算机特定硬件而编制的汇编语言程序，能准确发挥计算机硬件的功能和特长，程序精练而质量高，所以至今仍是一种常用而强有力的软件开发工具。

（3）高级语言。从最初与计算机交流的痛苦经历中，人们意识到，应该设计一种这样的语言，这种语言接近于数学语言或人的自然语言，同时又不依赖于计算机硬件，编出的程序能在所有机器上通用。经过努力，1954 年，第一个完全脱离机器硬件的高级语言——Fortran 问世了，40 多年来，共有几百种高级语言出现，有重要意义的有几十种，影响较大、使用较普遍的有 Fortran、Algol、COBOL、BASIC、LISP、SNOBOL、PL/1、Pascal、C、Prolog、Ada、C++、VC、VB、JAVA 等。

在 C 语言诞生以前，系统软件主要是用汇编语言编写的。由于汇编语言程序依赖于计算机硬件，其可读性和可移植性都很差；但一般的高级语言又难以实现对计算机硬件的直接操作（这正是汇编语言的优势），于是人们盼望有一种兼有汇编语言和高级语言特性的新语言——C 语言。

高级语言的发展也经历了从早期语言到结构化程序设计语言，从面向过程到非过程化程序语言的过程。相应地，软件的开发也由最初的个体手工作坊式的封闭式生产，发展为产业化、流水线式的工业化生产。

20 世纪 60 年代中后期，软件越来越多，规模越来越大，而软件的生产缺乏科学规范的系统规划与测试、评估标准，软件给人的感觉是越来越不可靠，以致几乎没有不出错的软件。这一切，极大地震动了计算机界，史称“软件危机”。人们认识到：大型程序的编制不同于写小程序，它应该是一项新的技术，应该像处理工程一样处理软件研制的全过程。程序的设计应易于保证正确性，也便于验证正确性。1969 年，提出了结构化程序设计方法，1970 年，第一个结构化程序设计语言——Pascal 语言出现，标志着结构化程序设计时期的开始。

80 年代初开始，在软件设计思想上，又产生了一次革命，其成果就是面向对象的程序设计。在此之前的高级语言，几乎都是面向过程的，程序的执行是流水线似的，在一个模块被执行完成前，人们不能干别的事，也无法动态地改变程序的执行方向。这和人们日常处理事物的方式是不一致的，对人而言是希望发生一件事就处理一件事，也就是说，不能面向过程，而应是面向具体的应用功能，也就是对象（Object）。其方法就是软件的集成化，如同硬件的集成电路一样，生产一些通用的、封装紧密的功能模块，称之为软件集成块，它与具体应用无关，但能相互组合，完成具体的应用功能，同时又能重复使用。对使用者来说，只关心它的接口（输入量、输出量）及能实现的功能，至于如何实现的，那是它内部的事，使用者完全不用关心，C++、Visual Basic、Delphi 就是典型代表。

高级语言的下一个发展目标是面向应用，也就是说，只需要告诉程序你要干什么，程序就能自动生成算法，自动进行处理，这就是非过程化的程序语言。

习题与项目练习

1. 上网查找并阅读关于计算机语言和 C 语言的文献。
2. 参照例 1.1 形式，模仿编写程序输出下面内容：

```
*************************
    C 语言程序设计教程
*************************
```

3. 参照例 1.2 形式，编写程序完成下面任务：

一个学生的 C 语言成绩为 85 分，高等数学成绩为 95 分，计算并输出该生的总分和平均分。

4. 将上述两个程序上机运行调试，记录出现的错误信息并进行分组讨论。

PART 2

第2章 C语言语法基础

教学目标

通过本章的学习，使学生掌握C语言的基本数据类型及相关运算符。

教学要求

知识要点	能力要求	关联知识
C语言的基本数据类型	（1）了解C语言的基本数据类型 （2）掌握定义一个基本数据类型的变量的方法 （3）掌握变量的赋值方法	实型、整型、字符型、枚举类型、构造类型、指针类型、空类型
不同类型的数据之间赋值	掌握不同类型的数据之间赋值的规律	常量和变量的赋值
C语言相关的运算符	掌握C语言运算符的运算规则	基本运算符、单目、双目等

重点难点

➢ C语言的基本数据类型
➢ C语言相关的运算符

C语言这种程序设计语言的功能，最终都是由C的编译程序决定的，也即它们取决于C语言的实现者。所以，我们应该尽力从C语言实现者的角度，也就是C编译程序的角度去学习和理解C语言。只有这样，才能真正学会和用好它。

编译C语言程序，必须要做好两件事：一是描述所用到的数据，二是描述对这些数据的加工方法。前者通过定义数据类型语句实现，它决定了特定类型数据的取值范围和基本运算；后者通过若干条可执行的语句来完成。如果将一段C语言程序看作一篇文章，数据类型和表达式就分别是组成文章的字和词。

2.1 C 语言的数据类型

数据类型是根据被定义变量的性质、表示形式、占据存储空间的多少及构造特点来划分的。在 C 语言中的数据类型可分为基本数据类型、构造数据类型、指针类型和空类型 4 大类。每一类还有其具体的划分形式，如图 2.1 所示。

数据类型的主要用途：

- 明确变量的取值范围；
- 明确变量占用内存空间大小；
- 编译程序检查变量在各种情形下的使用是否合法。

数据类型决定了数据的大小、数据可执行的操作以及数据的取值范围。在计算机中通过字节长度来度量数据的大小，不同的数据类型，其字节长度是不一样的。一般而言，数据类型的字节长度是 2^n（n=0，1，2，3，4，…）个字节长度，显然，不同的数据类型，其取值范围和大小是不同的，所占用的内存区域大小也是不同的。表 2.1 所示为 C 语言中基本数据类型的长度。

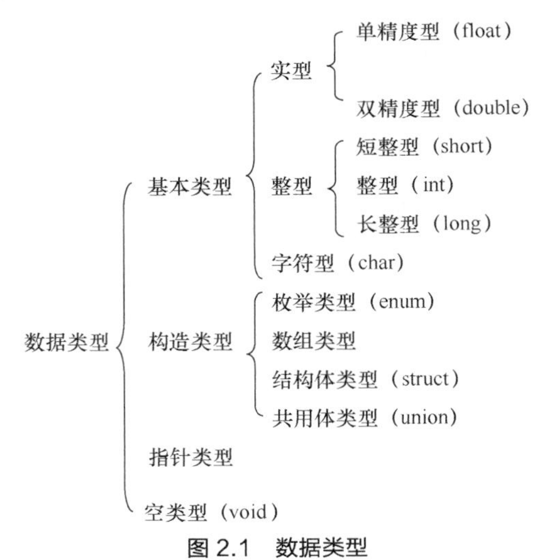

图 2.1　数据类型

表 2.1　C 语言基本数据类型表

基本数据类型	数据类型符	占用字节数
整型	int	2
短整型	short int	2
长整型	long int	4
无符号整型	unsigned int	2
无符号短整型	unsigned short	2
无符号长整型	unsigned long	4
单精度实型	float	4
双精度实型	double	8
字符型	char	1

2.2 常量与变量

C 语言中的数据有常量和变量之分，它们都属于上节所介绍的这些数据类型。在程序中，常量是可以不经说明而直接引用的，而变量则必须先定义后使用。

2.2.1 常量

所谓“常量”，是指在程序执行过程中，其值不能改变的量。C 语言中有 4 种常量：整型常量、实型常量、字符常量和字符串常量。一个常量的类型，由它的书写格式确定，无须事先加以说明。

（1）直接常量（字面常量）：

① 整型常量：12、0、-3；

② 实型常量：4.6、-1.23；

③ 字符常量：'a'、'b'。

（2）标识符：用来标识变量名、符号常量名、函数名、数组名、类型名、文件名的有效字符序列。

（3）符号常量：用标识符代表一个常量。在C语言中，可以用一个标识符来表示一个常量，称之为符号常量。

符号常量在使用之前必须先定义，其一般形式为

```
#define 标识符 常量
```

其中，#define也是一条预处理命令（预处理命令都以"#"开头），称为宏定义命令（在后面预处理程序中将进一步介绍），其功能是把该标识符定义为其后的常量值。一经定义，以后在程序中所有出现该标识符的地方均代之以该常量值。

- 习惯上，符号常量的标识符用大写字母，变量标识符用小写字母，以示区别。

【例2.1】符号常量的使用。

```
#define PRICE 23
#include <stdio.h>
void main()
{
  int num,total;
  num=100;
  total=num* PRICE;
  printf("total=%d",total);
}
```

解析：

（1）用标识符代表一个常量，称为符号常量。

（2）符号常量与变量不同，它的值在其作用域内不能改变，也不能再被赋值。

（3）使用符号常量的好处是：

① 含义清楚；

② 能做到"一改全改"。

2.2.2 变量

程序执行过程中，允许其值发生变化的量，称为"变量"，通常用变量来保存程序执行时的输入数据、中间结果以及最终结果等。用户应为程序中用到的每个变量起名字，以示区别。为变量取的名字，称为"变量名"。为变量起名应符合标识符的命名规则。

C语言中，用标识符来区分不同文件、函数、变量。

（1）标识符有效字符：只能由字母、数字和下画线组成，且以字母或下画线开头。

（2）标识符有效长度：TC V2.0标识符的有效长度为1~32个字符。随系统而异，但至少前8个字符有效。如果超长，则超长部分被舍弃。

例如，student11和student12的前8个字符相同，有的系统认为这两个变量是一回事而不加区别。

（3）C 语言的关键字不能用作变量名。

（4）标识符命名通常应选择能表示数据含义的英文单词（或缩写）作变量名，或汉语拼音字头作变量名。通过变量名就知道变量值的含义，做到“见名知意”。

例如：　name ⇒ xm ⇒ 姓名

sex ⇒ xb ⇒ 性别

age ⇒ nl ⇒ 年龄

salary ⇒ gz ⇒ 工资

C 语言对英文字母的大小写敏感，即同一字母的大小写，被认为是两个不同的字符。变量名 total 与变量名 TOTAL、ToTaL、totAl 等不是同一个变量。

在程序中说明一个变量时，完整做法：给出变量的名字（以示区别），给出变量的数据类型（以决定所分配存储区的大小），给出变量的存储类型（以表明对存储区是长期占用还是临时使用），还可给出变量的值（初始化）。

程序中使用每个变量之前，必须先进行“变量说明”：起一个名字（变量名）并指定它的数据类型。变量说明语句的基本格式：<数据类型符> <变量名>；

2.2.3　变量初始化

所谓变量初始化就是在定义变量的时候给变量赋一个初始值，一般通过赋值运算符“=”来实现。例如：

```
int m=123;
float n=3.1415F;
char ch='A';等等。
```

为什么要进行变量初始化呢？由于变量在定义的时候系统会自动指定相应的内存单元，一般情况下，这些单元本身是有存储信息的，如果不进行初始化操作，计算机系统会将这些单元的原有存储信息当作是变量的值带入程序中，由此造成程序运行中的某些错误。所以，一个规范的程序，在定义变量的时候一定要进行初始化操作。

2.3　整型数据

整型是 C 语言的基本数据类型，是编程时最常用的数据类型。

2.3.1　整型常量

值为整数的常量称为“整型常量”，简称“整常量”，它包括正整数、零和负整数。整常量的数据类型是整型（int）的。

在 C 语言中，整型常量可以用 3 种形式来表示：十进制、八进制和十六进制。

1．十进制整常量

十进制整常量是通常意义下的整数。例如，112，2 008，−58，0 等。要注意，在 C 语言中用十进制表示整常量时，第一个数字不能是 0（除了 0 本身外）。

2．八进制整常量

八进制整常量是在通常意义下的八进制整数前加上前缀数字“0”构成的。0112 是八进制数 112，即是十进制的 74；00 表示八进制数 0，也是十进制的 0。

3．十六进制整常量

十六进制整常量是在通常意义下的十六进制整数前加上前缀“0x”（数字 0 和小写字母 x）构成。0x15 表示十六进制数 15，它是十进制的 21；+0xFF 表示十六进制数+FF，它是十进制的+255；0x0 表示十六进制数 0，也就是十进制的 0 。

八进制和十六进制整常量前的前缀“0”和“0x”，只起标识作用，用来避免与 C 语言的标识符相混淆，否则，C 编译程序无法区分哪些是标识符，哪些是整型常量，没有什么实际的意义。

整型或短整型常量要占用内存的 2 个字节，存放时将其相应的二进制数放在 2 个字节（16 个二进制位）里，其数值范围是十进制的−32 768～+32 767；长整型常量要占用内存的 4 个字节，存放时将相应的二进制数放在 4 个字节（32 个二进制位）里，其数值范围是十进制的−2 147 483 648～+2 147 483 647。若是长整型常量，在程序中书写时，需在它的末尾加上小写字母“l”，或大写字母“L”，以便区分。

【例 2.2】画出整常量 286、0374 和 0x8A6C 在内存中的存放形式。

解析：C 总是将数值转换成二进制数后存放在单元里的。

（1）286($=2^8+2^4+2^3+2^2+2^1$)是十进制整常量，占内存 2 个字节：

286:

0	0	0	0	0	0	0	1	0	0	0	1	1	1	1	0

（2）0374($=2^7+2^6+2^5+2^4+2^3+2^2$)是八进制整常量，占内存 2 个字节：

0374：

0	0	0	0	0	0	0	0	1	1	1	1	1	1	0	0

（3）0x8A6C($=2^{15}+2^{11}+2^9+2^6+2^5+2^3+2^2$)是十六进制整常量，占内存 2 个字节：

0x8A6C：

1	0	0	0	1	0	1	0	0	1	1	0	1	1	0	0

【例 2.3】区分 12、012、0x12、12L、012L、0x12L 哪些是整型常量，哪些是长整型常量？

解析：12、012 和 0x12 是整型常量，分别是十进制整数、八进制整数和十六进制整数；12L、012L 和 0x12L 是长整型常量，分别是十进制长整数、八进制长整数和十六进制长整数。注意，虽然 12 和 12L 有相同的数值，但 12 在存储器中占用 2 个字节，12L 在存储器中占用 4 个字节。

【例 2.4】编写一个程序，将十进制整数 31，按照十进制、八进制和十六进制的形式输出。

```
#include <stdio.h>
void main()
{
  printf ("the decimal number of 31 = %d \n", 31);
  printf ("the octal number of 31 = %o \n", 31);
  printf ("the hexadecimal number of 31 = %x \n", 31);
}
```

解析：由于格式符“%d”、“%o”、“%x”能够控制数据的输出形式，因此在函数 printf() 里，可利用“%d”、“%o”和“%x”分别决定将 31 以十进制、八进制和十六进制的形式输出。程序运行后，观察用户窗口，其输出如图 2.2 所示。

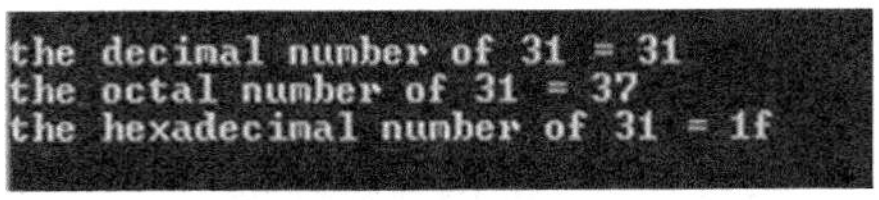

```
the decimal number of 31 = 31
the octal number of 31 = 37
the hexadecimal number of 31 = 1f
```

图 2.2　十进制数 31 的不同进制形式的输出

2.3.2　整型变量

用数据类型符 int，将一个变量说明为是整型的。如 int x;

传达的信息是有一个名为 x 的整型变量，因此它要在内存占用 2 个字节来存放其值，取值范围是−32 768 ~ +32 767。

在整型变量说明符 int 的前面加上修饰符 signed、unsigned、long 或 short 后，就可以说明一个变量是带符号的、无符号的、长型的或短型的等。

对整型变量说明注意以下几点。

（1）若在说明一个整型变量时含有修饰符 signed、unsigned、long 或 short 等，那么 int 可以省略不写。即 long int y;　与　long y;所说明的变量含义相同。

（2）int 前没有修饰符时，默认为是带符号的，即 int 就是 signed int。

（3）signed int 与 unsigned int 的区别在于对该数的（二进制）最高位的解释不同。前者是把最高位当作符号位看待，后者的最高位仍用于存储数据。

变量一定要遵循“先定义，后使用”的原则，对变量的定义一般放在函数的开头部分。在书写变量定义时，应注意以下几点。

（1）允许在一个类型说明符后，定义多个相同类型的变量。各变量名之间用逗号间隔。类型说明符与变量名之间至少用一个空格间隔。

（2）最后一个变量名之后必须以“;”号结尾。

（3）变量定义必须放在变量使用之前。一般放在函数体的开头部分。

【例 2.5】整型变量的定义与使用。

```
#include <stdio.h>
void main()
{
  int a,b,c,d;
  unsigned u;
  a=12;b=-24;u=10;
  c=a+u;d=b+u;
  printf("a+u=%d,b+u=%d\n",c,d);
}
```

解析：

运行结果：a+u=22,b+u=−14。

2.4　实型数据

C 语言中的实型数据分为实型常量和实型变量两种。在本节的内容中，将简要介绍上述两种实型数据的基本知识。

2.4.1　实型常量

值为实数的常量称为“实型常量”，简称“实常量”。在 C 语言中，实常量只有十进制的书写形式，没有八进制和十六进制的实常量。

在 C 语言中，十进制的实常量可以用一般形式与指数形式两种办法来表示。

（1）一般形式的十进制实常量就是通常的实数，由整数、小数点和小数 3 部分构成。小数点是必需的，整数或小数部分可以省略。例如，12.245、−1.2345、0.618、.123、123.，都是 C 语言中合法的实常量。要注意：123 表示整数，123.表示实数。

（2）指数形式的十进制实常量由尾数、小写字母 e 或大写字母 E 以及指数 3 部分构成。e 或 E 必须要有，尾数部分可以是整数，也可以是实数。指数部分只能是整数（可以带+或−符号）。例如，2.75e3，6.E−5，.123E+4 等都是 C 语言合法的以指数形式表示的实常量；而.E−8，e3，3.28E，8.75e3.3 等都不是 C 语言合法的实常量。

可用不同的尾数和指数表示同一实数。若尾数写成小数点前有且仅有一位非 0 数字，那就称它为“规范化的指数形式”。例如，125.46 规范化的指数形式是 1.2546e2。在 C 语言中，以指数形式输出实数时，都按规范化的指数形式输出。

实常量属于实型。如果它是单精度的，则要用内存的 4 个字节来存放；如果它是双精度的，那么要用内存的 8 个字节来存放。在 printf()函数里，若把格式符换成“%f”或“%e”，就可把要输出的实型值，按一般形式或指数形式（单精度）加以输出。标准C允许浮点数使用后缀。后缀为“f”或“F”即表示该数为浮点数。如 123f 和 123.是等价的，例 2.6 说明了这种情况。

【例 2.6】

```
#include<stdio.h>
void main()
{
  printf("%f\n ",123.);
  printf("%f\n ",123);
  printf("%f\n ",123f);
}
```

解析：调试时提示 printf("%f\n ",123f)错误，原因是输出项不应该加后缀。

2.4.2 实型变量

根据实型变量的不同精度，可以将实型变量分为单精度型变量（类型说明符为 float）和双精度型变量（类型说明符为 double）两类。

在 Turbo C 中单精度型占 4 个字节（32 位）内存空间，其数值范围为 3.4E−38～3.4E+38，只能提供 7 位有效数字。双精度型占 8 个字节（64 位）内存空间，其数值范围为 1.7E−308～1.7E+308，可提供 16 位有效数字。

类型说明符	比特数（字节数）	有效数字	数的范围
float	32（4）	6～7	10^{-37}～10^{38}
double	64(8)	15～16	10^{-307}～10^{308}

实型变量定义的格式和书写规则与整型相同。

例如：

```
float x,y;  (x、y 为单精度实型量)
double a,b,c; (a、b、c 为双精度实型量)
```

由于实型变量是由有限的存储单元组成的，因此能提供的有效数字总是有限的，如例 2.7 所示。

【例 2.7】 实型变量的使用。

```
#include<stdio.h>
void main()
```

```
{
    float  x, y, z;
    x=42.67;   y=12.3;
    z=x/y;   printf(" z1=%f\n", z);
    z=y/x;   printf(" z2=%f\n",z);
}
```

解析：程序运行结果：

```
z1=3.469106
z2=0.288259
```

2.5 字符型数据

字符类型是C语言中的基本类型之一。字符型数据包括字符常量和字符变量。

2.5.1 字符常量

C语言中，用一对单引号前、后括住的单个字符被称为“**字符常量**”。例如，“b”、“G”、“=”、“%”、“\n”、“\x41”和“\110”等，都是字符常量。若要得到反斜杠“\”这个字符常量，在程序中应写成“\\”；要得到单引号“'”这个字符常量，在程序中应写成“\”。

C语言区分大小写，因此“a”和“A”是两个不同的字符常量。字符常量为字符（char）型数据，在内存需一个字节（8个二进制位）来存放该字符的ASCII码值（见附录4）。

ASCII码的数值范围是十进制的0～128。若限制整常量的值在0～128，那么从整常数的角度看，它是这个整常数的数值；从字符常数的角度看，它是某字符的ASCII码值。所以，在0～128，整常量和字符常量可以通用。

在printf()函数里，如果把格式符换成“%c”，就可以把要输出的字符常量按对应的字符形式打印出来。

【例2.8】编写一个程序，将整常量100按十进制和字符两种形式加以输出；将字符常量“9”按字符和十进制两种形式加以输出。

```
#include <stdio.h>
void main()
{
  printf ("the decimal form of 100 is %d \n", 100);
  printf ("the character form of 100 is %c \n", 100);
  printf ("the character form of '9' is %c \n", '9');
  printf ("the decimal form of '9' is %d \n", '9');
}
```

解析：从结果看，值的输出形式取决于printf函数格式串中的格式符，当格式符为“c”时，对应输出的变量值为字符，当格式符为“d”时，对应输出的变量值为整数。

2.5.2 转义字符

转义字符是一种特殊的字符常量。转义字符以反斜线“\”开头，后跟一个或几个字符。转义字符具有特定的含义，不同于字符原有的意义，故称“转义”字符，如表2.2所示。例如，在前面各例题中printf函数的格式串用到的“\n”就是一个转义字符，其意义是“回车换行”。转义字符主要用来表示那些用一般字符不便于表示的控制代码。

广义地讲，C语言字符集中的任何一个字符均可用转义字符来表示。表中的\ddd和\xhh正是为此而提出的。ddd和xhh分别为八进制和十六进制的ASCII代码。如\101表示字母“A”，\102表示字母“B”，\134表示反斜线，\XOA表示换行等。

表 2.2　　　　常用的转义字符及其含义

转义字符	转义字符的意义	ASCII 代码
\n	回车换行	10
\t	横向跳到下一制表位置	9
\b	退格	8
\r	回车	13
\f	走纸换页	12
\\	反斜线符"\"	92
\'	单引号符	39
\”	双引号符	34
\a	鸣铃	7
\ddd	1～3 位八进制数所代表的字符	
\xhh	1～2 位十六进制数所代表的字符	

【例 2.9】转义字符的使用。

```
#include<stdio.h>
void main()
{
  int a,b,c;
  a=5; b=6; c=7;
  printf("  ab  c\tde\rf\n");
  printf("ghijk\tL\bM\n");
}
```

解析：

运行结果：

```
f ab  c de
ghijk   M
```

分析：转义字符“\r”用于使光标移到一行的开始位置替换已存在的字符，“\n”用于使光标移到下一行。

2.5.3　字符变量

在 C 语言中，用一对双引号括住的零个或若干个字符，被称为“字符串常量”，简称“字符串”。如“a character string”、“G”、“486”和“\t\”“Name \\Address\n”等都是字符串。要注意，若双引号内没有何字符，即“”，称为“空字符串”。

一个字符串中所含的字符个数，称为该“字符串的长度”。字符串中若有转义字符，应把它视为一个字符来计算。

内存中存放字符串时，是存放串中每个字符的 ASCII 码值。各字符串所含字符数是不同的，因此在存放完字符串里的字符后，还要用一个字节存放一个 ASCII 码值为 0 的字符，以标识该字符串的结束。这个 ASCII 码值为 0 的字符，称为“空字符”，程序中以转义字符“\0”的形式来书写，它是字符串的“结束标记”。

【例 2.10】画出字符串“This is a book”在内存中的存放形式。

该字符串共 14 个字符，因此要分配给它 15 个字节，前 14 个字节存放 14 个字符对应的

ASCII 码值，最后一个字节存放字符串结束符“\0”。每一个字节里存放的数值，是该字符的十进制 ASCII 码值，下面列出的是 ASCII 码值对应的字符。

ASCII 码值:	84	104	105	115	32	105	115	32	97	32	98	111	111	107	0
对应的字符:	T	h	i	s		i	s		a		b	o	o	k	\0
					空格符										字符串结束符

解析：字符串常量和字符常量是不同的量。它们之间主要有以下区别。

（1）字符常量由单引号括起来，字符串常量由双引号括起来。

（2）字符常量只能是单个字符，字符串常量则可以含一个或多个字符。

（3）可以把一个字符常量赋予一个字符变量，但不能把一个字符串常量赋予一个字符变量。在 C 语言中没有相应的字符串变量。这是与 BASIC 语言不同的。但是可以用一个字符数组来存放一个字符串常量。此部分内容在数组一章内予以介绍。

（4）字符常量占一个字节的内存空间。字符串常量占的内存字节数等于字符串中字节数加 1。增加的一个字节中存放字符“\0”（ASCII 码为 0）。这是字符串结束的标志。

例如：

字符串“C program”在内存中所占的字节为

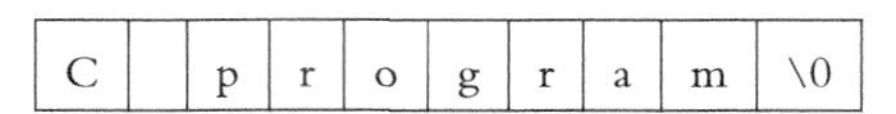

C		p	r	o	g	r	a	m	\0

字符常量“a”和字符串常量“a”虽然都只有一个字符，但在内存中的情况是不同的。

“a”在内存中占一个字节，可表示为

a

“a”在内存中占两个字节，可表示为

a	\0

2.6 各类数值型数据之间的混合运算

变量的数据类型是可以转换的。转换的方法有两种，一种是自动转换，一种是强制转换。自动转换发生在不同数据类型的量混合运算时，由编译系统自动完成。自动转换遵循以下规则。

（1）若参与运算量的类型不同，则先转换成同一类型，然后进行运算。

（2）转换按数据长度增加的方向进行，以保证精度不降低。如 int 型和 long 型运算时，先把 int 量转成 long 型后再进行运算。

（3）所有的浮点运算都是以双精度进行的，即使仅含 float 单精度量运算的表达式，也要先转换成 double 型，再进行运算。

（4）char 型和 short 型参与运算时，必须先转换成 int 型。

（5）在赋值运算中，赋值号两边量的数据类型不同时，赋值号右边量的类型将转换为左边量的类型。如果右边量的数据类型长度比左边长时，将丢失一部分数据，这样会降低精度，丢失的部分按四舍五入向前舍入。

图 2.3 所示为类型自动转换的规则。

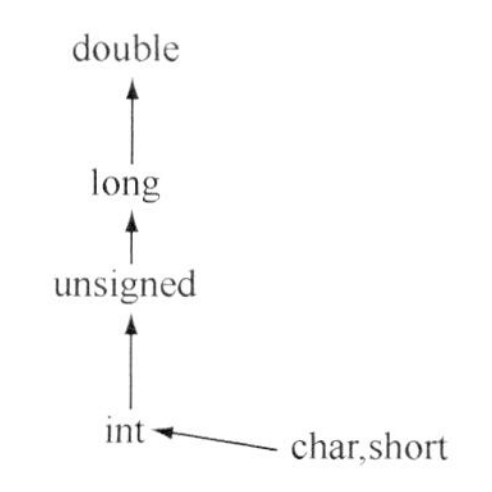

图 2.3　数据类型自动转换的规则

【例 2.11】数据类型混合运算。

```
#include<stdio.h>
void main()
    {
    float PI=3.14159;
    int s,r=5;
    s=r*r*PI;
    printf("s=%d\n",s);
    }
```

解析：本例程序中，*PI* 为实型；*s*、*r* 为整型。在执行 *s=r*r*PI* 语句时，*r* 和 *PI* 都转换成 double 型计算，结果也为 double 型。但由于 *s* 为整型，故赋值结果仍为整型，舍去了小数部分。

强制类型转换是通过类型转换运算来实现的。

其一般形式为

```
(类型说明符)  (表达式)
```

其功能是把表达式的运算结果强制转换成类型说明符所表示的类型。

例如：

```
(float) a        把 a 转换为实型
(int)(x+y)       把 x+y 的结果转换为整型
```

在使用强制转换时应注意以下问题。

（1）类型说明符和表达式都必须加括号（单个变量可以不加括号），如把(int)(*x*+*y*)写成(int)*x*+*y* 则成了把 *x* 转换成 int 型之后再与 *y* 相加了。

（2）无论是强制转换或是自动转换，都只是为了本次运算的需要而对变量的数据长度进行的临时性转换，而不改变数据说明时对该变量定义的类型。

【例 2.12】

```
#include <stdio.h>
void main()
{
  float f=1.23;
  printf("(int)f=%d,f=%f\n",(int)f,f);
}
```

解析：本例表明，*f* 虽强制转为 int 型，但只在运算中起作用，是临时的，而 *f* 本身的类型并不改变。因此，(int)*f* 的值为 1（删去了小数）而 *f* 的值仍为 1.23。

2.7 算术运算符和算术表达式

用来表示各种运算的符号称为“运算符”。只需一个运算对象的运算符，称为“单目运算符”；有的需两个，称为“双目运算符”；最多需要3个，称为“三目运算符”。

用运算符把运算对象连接在一起组成的式子，称为“表达式”。每种表达式按照运算符的运算规则进行运算，最终都会得到一个结果，称为“表达式的值”。

表达式中有多个运算符时，先做哪个运算，后做哪个运算，必须遵循一定的规则，这种运算符执行的先后顺序，称为“运算符的优先级”。圆括号能改变运算的执行顺序。

对于优先级相同的运算符，将由该运算符的结合性来决定它们的运算顺序。C 语言中同级别运算符可以有两种结合性：所谓结合性是“自左向右”的，意即由左向右遇到谁就先做谁；所谓结合性是“自右向左”的，意即由右向左遇到谁就先做谁。学习 C 语言时，必须关注那些结合性为自右向左的运算符。

2.7.1 C 运算符简介

在表达式中，各运算量参与运算的先后顺序不仅要遵守运算符优先级别的规定，还要受运算符结合性的制约，以便确定是自左向右进行运算还是自右向左进行运算。这种结合性是其他高级语言的运算符所没有的，因此也增加了C语言的复杂性。C 语言运算符的分类、优先级和结合性如表2.3所示。

表2.3　C语言运算符汇总

运算符类型	运算符	优先级	结合性
基本	() [] ->	1	自左向右
单目	! ~ ++ -- + - (type) * & sizeof	2	自右向左
算术	* / %	3	自左向右
	+ -	4	
移位	>> <<	5	自左向右
关系	< <= > >=	6	自左向右
	== !=	7	
位逻辑	&	8	自左向右
	∧	9	
	|	10	
逻辑	&&	11	自左向右
	||	12	
条件	?:	13	自右向左
赋值	= += -= *= /= %= |= ∧= &= >>= <<=	14	自右向左
逗号	,	15	自左向右

2.7.2 算术运算符和算术表达式

由算术运算符把数值型运算对象连接在一起，就构成了“算术表达式”。

1．除法运算符：/

该运算符的运算规则与运算对象的数据类型有关：若两个运算对象都是整型的，则结果取商的整数部分，舍去小数（也就是做整除）；若两个运算对象中至少有一个是实型的，那么结果是实型的，即是一般的除法。

【例 2.13】分析如下程序的输出结果。

```
#include <stdio.h>
void main()
{
  int x = 26, y = 8;
  float f = 26.0;
  printf ("26/8 = %d\n", x/y);
  printf ("26.0/8 = %f\n", f/y);
}
```

解析：第 1 个 printf()要打印输出 *x/y*，即是求分数 26/8 的结果。由于这时分子和分母都是整数，所以执行的是整除，结果为 3；第 2 个 printf()要打印输出 *f/y*。这时的分数是 26.0/8，分子是实数，所以执行的是一般除法，结果为 3.250000。注意：第 2 条 printf()中的格式符是“%f”，而不是“%d”。

2．模运算符：%

该运算符的两个运算对象必须是整型的，结果是整除后的余数（即求余），符号与被除数相同。例如，14%5 的结果是 4；64%6 的结果是 4；13%3、13%−3 的结果都是 1（商分别是 4、−4）；−13%3、−13%−3 的结果都是−1（商分别是−4、4）。

3．增 1、减 1 运算符：++和--

增 1、减 1 运算符都是单目运算符，运算对象只能是变量，且变量的数据类型限于整型、字符型，以及以后要学习的指针型、整型数组元素等。

增 1、减 1 运算符的操作是自动将运算对象实行加 1 或减 1，并把运算结果回存到运算对象中。所谓“回存”，是“仍然存放到运算对象的存储单元”的意思。

增 1、减 1 运算符既能出现在运算对象之前，如++*i*，−−*j*，成为“**前缀运算符**”；也能出现在运算对象之后，如 *x*++，*y*−−，成为“**后缀运算符**”。

前缀式增 1、减 1 运算符，是先对运算对象完成加、减 1 和回存操作，然后才去使用该运算对象的值；后缀式增 1、减 1 运算符，是先使用该运算对象的值，然后才去完成加、减 1 和回存操作。

【例 2.14】分析如下程序的输出结果。

```
#include <stdio.h>
void main()
{
  int a = 3, b = 5;
  printf ("a=%d\n", ++a);
  printf ("a=%d\n", a);
  printf ("b=%d\n", b--);
  printf ("b=%d\n", b);
}
```

解析：第 1 条 printf()是要把++*a* 打印出来。由于运算符++为前缀式的，所以在打印前（即使用 *a* 值之前），应先做对 *a* 加 1 和回存的操作，然后才打印，因此输出 *a*=4。由于 *a* 里的内容已因回存而变为 4，因此执行第 2 条 printf()时，输出的也是 a=4。第 3 条 printf()是要把 b--打印出来。由于运算符--为后缀式的，所以应先使用（即打印）b 的值，然后才去完成对 b 减 1 和回存的操作。故第 3 条 printf()打印输出 b=5。由于第 3 条 printf()使用完 b 的值后，要对它减 1 和回存，于是 b 里的内容变为了 4。故第 4 条 printf()输出 b=4。输出结果如图 2.4 所示。

图 2.4　例 2.14 运行结果

关于增 1、减 1 运算符需要注意如下几点。

（1） ++和--只能作用在变量上，而不能用于常量和表达式。

（2） ++和--组成了两个新的运算符，不是通常意义的两个加号或两个减号。因此，在录入源程序时，不能在++或--中间插入空格。

（3） 在表达式中遇到连续多个加号或减号情形时，C 语言规定从左向右尽可能多地将若干个加号或减号组成一个运算符。例如，i+++j 将理解为是(i++)+j，而不是 i+(++j)。

【例 2.15】分析如下程序的输出结果。

```
#include <stdio.h>
void main()
{
  int a = 8;
  printf ("%d\t", -++a);
  printf ("%d\n", a);
  printf ("%d\t", -a++);
  printf ("%d\n", a);
}
```

解析：第 1 条 printf()中的-++a，相当于-(++a)。即对变量 a 应先完成++，然后再取负打印，所以它输出-9。由于前面对 a 做了++，所以 a 的内容变为 9。因此第 2 条 printf()仍应输出 9。

第 3 条 printf()应理解为是-(a++)。这时++在 a 的后面，所以先应输出-a，即-9 以后，然后再对 a 进行++。所以第 4 条 printf()输出 10。“\t”表示要输出一个制表符，“\n”表示要输出一个回车换行。所以，第 1、2 条 printf()语句输出的内容在同一行上，第 3、4 条 printf()语句输出的内容在同一行上。

2.8　赋值运算符和赋值表达式

1．基本赋值运算符：=

基本赋值运算符简称“**赋值运算符**”。赋值运算符是双目运算符，使用时左边必须是变量，右边是表达式，即具有形式：

```
<变量> = <表达式>
```

赋值运算符的含义是先计算赋值号“=”右边表达式的值，然后把结果赋给（即存入）左边的变量。这样的式子称为“**赋值表达式**”。

在赋值表达式的后面加上语句结束符分号，就成为一个“**赋值语句**”，它是 C 语言程序中使用得最为频繁的语句。

【例 2.16】分析如下程序的输出结果。

```
#include <stdio.h>
void main()
{
  float x;
  x = 56.57;
  printf ("x = %f\n", x);
}
```

解析：程序中说明变量 x 时没初始化。随后的“x=56.57;”是一条赋值语句，它把右边的数值 56.57 存入变量 x 的单元中。所以 printf()将输出 x=56.570 000。C 语言里的赋值运算符虽然形同数学中的等号，但它已完全丧失了“等于”的原义，这是必须注意的。在 C 语言里把“x=5;”读作“把数值 5 赋予变量 x”，不能读作“x 等于 5”。

2．算术自反赋值运算符：+=、−=、*=、/=和%=

算术自反赋值运算符的作用是把“运算”和“赋值”两个动作结合起来，成为一个复合运算符。这组算术自反赋值运算符都是双目运算符。由于本质上它们都是进行赋值，所以运算符左边必须是变量，右边是表达式。

以“+=”为例，其形式为

```
<变量> += <表达式>
```

含义是先把运算符左边变量的当前值与右边表达式的值进行“+”运算，然后把结果赋给左边的变量。即 x+=2 等价于 x=x+2。因此这些表达式也称为“赋值表达式”。

【例 2.17】有变量说明：int x = 8, y = 8, z = 8;。执行语句 x−=y−z;后，x、y、z 的值各多少？

该语句等同于 x=x−(y−z); ，即是 x=x−y+z;。按 x、y、z 的值计算右边表达式，求得结果为 5。将其赋给左边的变量 x。于是 x 取值 5。由于语句 x−=y−z;，只改变 x 的值，变量 y、z 的取值不受影响。所以最终 3 个变量的值为 x=5，y=8，z=8。

解析：关于算术自反运算符需注意以下几点。

（1）应把算术自反运算符右边的表达式视为一个整体来对待。如“x*=y+5”等效于“x=x*(y+5)”，而不应理解为“x=x*y+5”。后者是错误的。

（2）由于运算符“%”本身的限制，算术自反运算符“%=”也只能用于整型数据，即它左边变量的当前值应该是整型的，右边表达式的值也应该是整型的。

3．类型转换

如果赋值运算符两边的数据类型不相同，系统将自动进行类型转换，即把赋值号右边的类型换成左边的类型。具体规定如下。

（1）实型赋予整型，舍去小数部分。前面的例子已经说明了这种情况。

（2）整型赋予实型，数值不变，但将以浮点形式存放，即增加小数部分（小数部分的值为 0）。

（3）字符型赋予整型，由于字符型为一个字节，而整型为二个字节，故将字符的 ASCII 码值放到整型量的低 8 位中，高 8 位为 0。整型赋予字符型，只把低 8 位赋予字符量。

【例 2.18】类型转换。

```
#include <stdio.h>
void main()
{
```

```
int a,b=322;
float x,y=8.88;
char c1='k',c2;
a=y;
x=b;
a=c1;
c2=b;
printf("%d,%f,%d,%c",a,x,a,c2);
}
```

解析：本例表明了上述赋值运算中类型转换的规则。*a* 为整型，赋予实型量 *y* 值 8.88 后只取整数 8。*x* 为实型，赋予整型量 *b* 值 322，后增加了小数部分。字符型量 *c*1 赋予 *a* 变为整型，整型量 *b* 赋予 *c*2 后取其低 8 位成为字符型（*b* 的低 8 位为 01000010，即十进制 66，按 ASCII 码对应于字符 B）。

2.9 逗号运算符和逗号表达式

所谓“**逗号运算符**”，就是把逗号（,）作为运算符，把若干个表达式连接在一起。这样构成的表达式的整体，称为“**逗号表达式**”。逗号表达式的一般形式为：

```
<表达式 1>，<表达式 2>，<表达式 3>，…，<表达式 n>
```

逗号表达式的执行过程是从左到右顺序计算诸表达式的值，并把最右边<表达式 *n*>的值作为整个表达式的最终取值。

【例 2.19】执行下面程序后，输出的结果是什么？

```
#include <stdio.h>
void main()
{
  int x = 10, y;
  y = (x + 4, x + 10);
  printf ("x = %d,  y = %d\n", x, y);
}
```

解析：赋值表达式“y = (x + 4, x + 10)”的右边是一个逗号表达式。该表达式的值是最右边表达式“x + 10”的值。因此是把 20 赋给变量 *y*。输出的结果：*x* = 10, *y* = 20。注意：这里圆括号不能去掉。如果去掉圆括号，语句：*y* = (*x* + 4, *x* + 10);就成为语句：*y* = *x* + 4, *x* + 10; 。整个语句由逗号表达式组成：第 1 个表达式是赋值语句：*y* = *x* + 4；第 2 个表达式是 *x* + 10。计算第 1 个表达式，使变量 *y* 取值为 14；第 2 个表达式的值 20 是整个逗号表达式的值，但不会把这个值赋给变量 *y*。因此，程序的输出结果为：*x* = 10, *y* = 14。

小结与提示

本章是学习 C 语言的基础，首先介绍了 C 语言中的基本数据类型、运算符及表达式等基本概念，包括变量、常量和标识符等基本概念，整型、实型和字符型等基本数据类型等；接着叙述了 C 语言的运算符和表达式，包括算术运算符和算术表达式、赋值运算符和赋值表达式、关系运算符和关系表达式、逻辑运算符和逻辑表达式及问号表达式与逗号表达式等的语法规则和使用方法；最后介绍了 C 语言中运算符优先级和结合性以及 C 语言表达式。本章的重点是基本数据类型的定义和使用以及运算符和表达式的语法规则及使用方法等，请读者务必掌握，为以后的学习打下坚实的基础。

知识拓展

C 语言之父——Dennis Ritchie

Dennis M Ritchie（丹尼斯·里奇），C 语言之父，UNIX 之父。生于 1941 年 9 月 9 日，哈佛大学数学博士。现在，Dennis M. Ritchie 担任朗讯科技公司贝尔实验室（原 AT&T 实验室）下属的计算机科学研究中心系统软件研究部的主任一职。1978 年 Brian W. Kernighan 和 Dennis M. Ritchie 出版了名著《C 程序设计语言（The C Programming Language）》，现在此书已被翻译成多种语言，成为 C 语言方面最权威的教材之一。C 语言是使用最广泛的语言之一，可以说，C 语言的诞生是现代程序语言革命的起点，是程序设计语言发展史中的一个里程碑。除了 C 语言的开发，Dennis Ritchie 还和 Ken Thompson 一起开发了 UNIX 操作系统，因此，他还是名副其实的 UNIX 之父。从 20 世纪 70 年代起，他因杰出的工作得到了众多计算机组织的公认和表彰。1974 年，美国计算机协会（ACM）授予他系统及语言杰出论文奖。1982 年，电气和电子工程师协会（IEEE）授予他 Emmanuel Piore 奖。1983 年，他获得了贝尔实验室特别人员奖。1983 年，还获得美国计算机协会颁发的图灵奖（又称计算机界的诺贝尔奖）。1989 年，他获得了 NEC 公司的 C&C 基金奖。1990 年，电气和电子工程师协会又给他颁发了优秀奖章（Hamming Medal）。1999 年，他和同为 UNIX 之父的 Ken Thompson 获得美国国家技术奖章等奖项。

习题与项目练习

一、选择题

1. 以下有关增 1、减 1 运算符中，只有（　　）是正确的。

A. −−−a　　B. ++100　　C. a−−b++　　D. a++

2. 逻辑表达式 5&2||5|2 的值是（　　）。

A. 0　　B. 1　　C. 2　　D. 3

3. 设有变量说明：int x = 5, y = 3;那么表达式

```
x > y ? (x = 1) : (y = -1)
```

运算后，*x* 和 *y* 的值分别是（　　）。

A. 1 和−1　　B. 1 和 3　　C. 5 和−1　　D. 5 和 3

4. 设有变量说明：float *x* = 4.0, y = 4.0;。使 *x* 为 10.0 的表达式是（　　）。

A. x −=y * 2.5　　B. x /= y + 9　　C. x *= y − 6　　D. x += y + 2

5. 设有变量说明：int a = 7, b = 8;。那么语句：

```
printf ("%d, %d\n", (a + b, a), (b, a + b));
```

的输出应该是（　　）。

A. 7, 15　　B. 8, 15　　C. 15, 7　　D. 15, 8

6. 若有说明语句：char c='\72';则变量 *c*（　　）。

A. 包含 1 个字节　　B. 包含 2 个字节

C. 包含 3 个字节　　D. 说明不合法，c 的值不确定

7. 若有定义：int a=7; float x=2.5,y=4.7;则表达式 x+a%3*(int)(x+y)%2/4 的值是（　　）。

A. 2.500000　　B. 2.750000　　C. 3.500000　　D. 0.000000

8. sizeof(float)是（　　）。

A. 一个双精度型表达式　　B. 一个整型表达式

C. 一种函数调用　　D. 一个不合法的表达式

9. 设变量 a 是整型，f 是实型，i 是双精度型，则表达式 10+'a'+i*f 值的数据类型为(　　)。

A. int　　B. float　　C. double　　D. 不确定

10. 下面 4 个选项中，均是非法常量的选项是（　　）。

A. 'as'　　−0fff　　'\0xa'

B. '\\'　　'\01'　　12,456

C. −0x18　　01177　　0xf

D. 0xabc　　'\0'　　"a"

11. 若有代数式 $\sqrt{y^x + \log_{10} y}$ ，则正确的 C 语言表达式是（　　）。

A. sqrt(fabs(pow(y,x)+log(y)))

B. sqrt(abs(pow(y,x)+log(y)))

C. sqrt(fabs(pow(x,y)+log(y)))

D. sqrt(abs(pow(x,y)+log(y)))

12. 若有代数式 $\left|x^3 + \log_{10} x\right|$ ，则正确的 C 语言表达式是（　　）。

A. fabs(x*3+log(x))

B. abs(pow(x,3)+log(x))

C. abs(pow(x,3.0)+log(x))

D. fabs(pow(x,3.0)+log(x))

13. 在 C 语言中，char 型数据在内存中的存储形式是（　　）。

A. 补码　　B. 反码　　C. 原码　　D. ASCII 码

14. 设变量 n 为 float 类型，m 为 int 类型，则以下能实现将 n 中的数值保留小数点后两位，第 3 位进行四舍五入运算的表达式是（　　）。

A. n=(n*100+0.5)/100.0　　B. m=n*100+0.5,n=m/100.0

C. n=n*100+0.5/100.0　　D. n=(n/100+0.5)*100.0

15. 表达式 18/4*sqrt(4.0)/8 值的数据类型为（　　）。

A. int　　B. float　　C. double　　D. 不确定

16. 设 C 语言中，一个 int 型数据在内存中占 2 个字节，则 unsigned int 型数据的取值范围为（　　）。

A. 0～255　　B. 0～32767　　C. 0～65535　　D. 0～2147483647

17. 设有说明：char w; int x; float y; double z;则表达式 w*x+z−y 值的数据类型为（　　）。

A. float　　B. char　　C. int　　D. double

18. 若有以下定义，则能使值为 3 的表达式是（　　）。

```
int k=7,x=12;
```

A. x%=(k%=5)　　B. x%=(k−k%5)　　C. x%=k−k%5　　D. (x%=k)−(k%=5)

二、填空题

1. 在C语言中，写一个十六进制的整数，必须在它的前面加上前缀________。
2. 在C语言中，是以________作为一个字符串的结束标记的。
3. 增1运算符的功能是将运算对象加1后，把结果________到运算对象。
4. 利用减1运算符“--”，下面的两个语句：

```
b = 5 + a;  a -= 1;
```

表达的功能，可以由一个语句来实现。这个语句是________。

5. 用C语言描述：“x是小于整数m的偶数”的表达式是________。
6. 若有定义：int x=3,y=2; float a=2.5,b=3.5;则下面表达式的值为________。

```
(x+y)%2+(int)a/(int)b
```

7. 若*x*和*n*均是int型变量，且*x*的初值为12，*n*的初值为5，则执行下面表达式后*x*的值为________。

```
x%=(n%=2)
```

8. 假设所有变量均为整型，则表达式(a=2,b=5,a++,b++,a+b)的值为________。
9. C语言中的标识符只能由3种字符组成，它们是________、________和________。
10. 已知字母a的ASCII码为十进制数97，且设ch为字符型变量，则表达式ch='a'+'8'−'3'的值为________。
11. 把以下多项式写成只含7次乘法运算，其余皆为减运算的表达式为________。

```
5X^7+3X^6-4X^5+2X^4+X^3-6X^2+X+10
```

12. 若*x*和*y*都是double型变量，且*x*的初值为3.0，*y*的初值为2.0，则表达式pow(y,fabs(x))的值为________。
13. 若有定义：int *e*=1, *f*=4, *g*=2; float *m*=10.5, *n*=4.0, *k*; 则执行赋值表达式k=(e+f)/g+sqrt((double)n)*1.2/g+m后*k*的值是________。
14. 表达式8/4*(int)2.5/(int)(1.25*(3.7+2.3))值的数据类型为________。
15. 表达式pow(2.8,sqrt(double)(x)))值的数据类型为________。

三、阅读程序

1. 试分析以下语句执行后诸变量的值。

```
int x = 4, w = 5;
y = w ++ * w ++ * w ++;
z = -- x * -- x * -- x;
```

2. 阅读程序，给出输出结果。

```
#include <stdio.h>
void main()
{
  int a = 3;
  printf ("%d,  %d\n", a==3, a = 3);
}
```

3. 阅读程序，给出结果。

```
#include <stdio.h>
void main ()
{
  int a, b, c;
```

```
  a = 10; b = 20; c = 30;
  a = (--b <= a) || (a + b != c);
  printf ("%d, %d\n", a, b);
}
```

4. 阅读程序，给出结果。

```
#include <stdio.h>
void main()
{
  char c = 040;
  printf ("%d\n", c = c << 1);}
```

四、项目练习

分组讨论，如果设计一个班级学生成绩管理系统要涉及如下信息：学生学号、姓名、*N*门课程成绩、总分、平均分等，如何定义它们的数据类型？

第 3 章 顺序结构程序设计

教学目标

通过本章的学习，使学生掌握C语言输入输出函数及顺序程序设计。

教学要求

知识要点	能力要求	关联知识
C 语言的格式输入/输出函数	掌握 C 语言的格式输入/输出函数	printf ()，scanf ()
C 语言的字符输入/输出函数	掌握 C 语言的字符输入/输出函数	getchar ()，putchar ()
C 语言顺序程序设计	掌握 C 语言顺序程序设计	定义变量部分；已知变量赋值或输入部分；未知变量求值部分；输出结果部分

重点难点

- C语言的基本数据类型
- C语言相关的运算符

所谓“程序结构”，即指程序中语句的执行顺序。程序设计者要把事情交给计算机去做，通常都是写出一条条语句，用它们描述事情的原委，这在程序设计里称作顺序式结构。不过，有时需要根据某个条件的成立与否决定做这件事，或是做那件事，这在程序设计里称作选择式结构。还有，有时也会根据某个条件的成立与否，去重复多次做某件事，这在程序设计里称作循环式结构。人们正是通过这些结构，来组织、搭建自己的程序。因此，从程序流程的角度来看，程序可以分为 3 种基本结构，即顺序结构、分支结构、循环结构。这 3 种基本结构可以组成所有的各种复杂程序。C语言提供了多种语句来实现这些程序结构。本章介绍这些基本语句及其在顺序结构中的应用，使读者对C程序有一个初步的认识，为后面各章的学习打下基础。

3.1 C语句概述

如果程序中的语句是按书写的顺序执行，那么这段程序的结构就是顺序式的。一般地，顺序结构的程序段，总是先输入数据，接着利用赋值语句对这些数据进行加工或处理，最后把结果打印输出。

C 语言的输入/输出功能，是通过调用系统提供的输入/输出函数来实现的。直接调用它们，在其后加上语句结束符“;”，就形成了所谓的输入/输出“函数调用语句”。本节介绍输入/输出函数：getchar ()、putchar ()、printf ()、scanf () 。

C 语言把系统函数分别放在扩展名为“.h”的磁盘文件中，称为“**头文件**”或“**头函数**”。程序中用到某个系统函数时，就须在程序开头写一个包含命令，即

```
#include "头文件名"
```

以指明该函数在哪一个头文件里。由于 scanf()、printf()两个函数都在名为“stdio.h”的头文件里，所以在前面所见到的程序开头，都有一条包含命令：

```
#include <stdio.h>
```

C 程序的执行部分是由语句组成的。程序的功能也是由执行语句实现的。

C 语句可分为以下 5 类：

（1）表达式语句；

（2）函数调用语句；

（3）控制语句；

（4）复合语句；

（5）空语句。

3.2 赋值语句

在赋值表达式的后面，加上一个语句结束符“;”，就形成了一个**赋值语句**。

赋值语句的一般格式：

```
<变量> = <表达式>;    或  <变量> @= <表达式>;
```

功能是算出“=”右边表达式的值，然后将其赋予左边的变量；“@=”是算术或位自反赋值运算符，功能是将左边变量和右边表达式进行指定运算，将所得值赋予左边的变量。

【例 3.1】试分析下面程序的运行结果。

```
#include <stdio.h>
void main()
{
  int x, y;
  x = 4; y = 16;
  x <<= 1;           /* 把 x 左移一位*/
  printf ("x = %d\t", x);
  x <<= 1;
  printf ("x = %d\n", x);
  y >>= 1;
  printf ("y = %d\t", y);
  y >>= 1;
  printf ("y = %d\n", y);
}
```

解析："x = 4; y = 16;"是两条赋值语句，第 1 条使变量 *x* 获得值 4，第 2 条使变量 *y* 获得值 16。"x<<=1;"和"y>>=1;"是位自反赋值运算符，前一个把 *x* 中的值左移一位，后一个把 *y* 中的值右移一位。每移一次，就将结果打印输出，反复做两次。对于整数，每左移一次等于将原来的值乘 2；每右移一次等于将原来的值除 2。

第 1 次 *x*<<=1 后的结果

0	0	0	0	1	0	0	0

第 2 次 *x*<<=1 后的结果

0	0	0	1	0	0	0	0

第 1 次 *y*>>1 后的结果

0	0	0	0	1	0	0	0

第 2 次 *y*>>1 后的结果

0	0	0	0	0	1	0	0

解析：在赋值语句的使用中需要注意以下几点。

（1）由于在赋值符"="右边的表达式也可以是一个赋值表达式，

因此，下述形式

```
变量=(变量=表达式);
```

是成立的，从而形成嵌套的情形。

其展开之后的一般形式为

```
变量=变量=…=表达式;
```

例：

```
a=b=c=d=e=5;
```

按照赋值运算符的右接合性，因此上式实际上等效于：

```
e=5;
d=e;
c=d;
b=c;
a=b;
```

（2）注意在变量说明中给变量赋初值和赋值语句的区别。

给变量赋初值是变量说明的一部分，赋初值后的变量与其后的其他同类变量之间仍必须用逗号间隔，而赋值语句则必须用分号结尾。

例如：

```
int a=5,b,c;
```

（3）在变量说明中，不允许连续给多个变量赋初值。

如下述说明是错误的：

```
int a=b=c=5
```

必须写为

```
int a=5,b=5,c=5;
```

而赋值语句允许连续赋值。

（4）注意赋值表达式和赋值语句的区别。

赋值表达式是一种表达式，它可以出现在任何允许表达式出现的地方，而赋值语句则不能。

下述语句是合法的：

```
if((x=y+5)>0) z=x;
```

语句的功能是，若表达式 $x=y+5$ 大于 0 则 $z=x$。

下述语句是非法的：

```
if((x=y+5;)>0) z=x;
```

因为 $x=y+5$;是语句，不能出现在表达式中。

3.3　C 语言中数据输入输出的实现

关于数据输入输出在 C 语言中的实现有以下几点说明。

（1）所谓输入输出是以计算机为主体而言的。

（2）本章介绍的是向标准输出设备显示器输出数据的语句。

（3）在C语言中，所有的数据输入/输出都是由库函数完成的。因此都是函数语句。

（4）在使用C语言库函数时，要用预编译命令。

```
#include
```

将有关“头文件”包括到源文件中。

使用标准输入输出库函数时要用到“stdio.h”文件，因此，源文件开头应有以下预编译命令：

```
#include< stdio.h >
```

或

```
#include "stdio.h"
```

stdio 是 standard input &outupt 的意思。

1）考虑到 printf 和 scanf 函数使用频繁，系统允许在使用这两个函数时可不加。

```
#include< stdio.h >
```

或

```
#include "stdio.h"
```

其中，双引号表示先在程序源文件所在目录查找，如果未找到则去系统默认目录查找，通常用于包含程序作者编写的头文件；尖括号表示只在系统默认目录或者括号内的路径查找，通常用于包含系统中自带的头文件。

3.4　字符数据的输入输出

字符输入函数 getchar()和字符输出函数 putchar()，都在头文件“stdio.h”里。程序中使用时，必须在开始处书写一条包含命令：

```
#include <stdio.h>
```

否则编译时就会报出错信息。

3.4.1　putchar 函数（字符输出函数）

调用形式：putchar (c)，其中 c 为该函数的参数，通常是一个已经赋值的字符型变量，或是一个字符常量。

函数的功能是将字符变量 *c* 里的内容或字符常量在显示器上显示（即输出）。在程序中使用该函数时的一般形式：

```
putchar (<字符变量名>);   或   putchar (<字符常量>);
```

例如，可将语句 printf ("ch=%c\n",'A');改写为：putchar ('A');

【例 3.2】输出单个字符。

```
#include<stdio.h>
void main(){
  char a='T',b='h',c='e';
  putchar(a);putchar(b);putchar(b);putchar(c);putchar('\t');
  putchar(a);putchar(b);
  putchar('\n');
  putchar(b);putchar(c);
 }
```

解析：运行结果：

```
Thhe    Th
he
```

3.4.2 getchar 函数（键盘输入函数）

在程序中使用该函数的一般形式：

```
<变量> = getchar ();
```

即把由 getchar()返回的第 1 个字符，存入赋值语句左边的<变量>。

函数功能：使程序处于等待用户从键盘进行输入的状态。输入以在键盘上按回车换行键结束，随之返回输入的第 1 个字符。该函数没有参数。

【例 3.3】编写程序，从键盘接收一个字符的输入，然后打印输出。

```
#include <stdio.h>
void main()
{
  char ch;
  ch = getchar ();
  printf ("ch = %c\n", ch);
}
```

解析：程序里通过调用字符输入函数 getchar ()，将键盘输入的字符序列中的第 1 个字符存入 ch 的。注意：getchar()函数应以 Enter 键作为输入的结束。该函数只把输入的第 1 个字符返回。按 Enter 前输入的其他字符（连同 Enter 在内）可被另外的 getchar()函数接收。getchar()函数只能接收单个字符，输入数字也按字符处理。输入多于 1 个字符时，只接收第 1 个字符。

3.5 格式输入与输出

格式输入函数 scanf()和格式输出函数 printf()，都在头文件 stdio.h 里。使用它们时，在程序的开始处，应该书写包含命令：#include <stdio.h>。不过由于这两个函数在 C 语言程序设计中使用得太频繁，所以即使在程序中没有写这条包含命令，编译也不会出错。

3.5.1 printf 函数（格式输出函数）

格式输出函数的调用形式为

```
printf (<格式控制字符串>, <输出变量列表>);
```

参数<格式控制字符串>是用双引号括起的一个字符串常量，里面有要求函数原样输出的字符，以及规定数据输出时采用的格式；参数<输出变量列表>列出了需要输出的变量名(或表达式)，正是它们的内容要按照格式说明的规定加以输出。

printf 的功能是按照<格式控制字符串>中给出的格式说明，将<输出变量列表>中列出的变量值转换成所需要的格式，然后在显示器上输出。出现在<格式控制字符串>中的其他字符，将按照原样输出。

原样输出的字符　格式说明

printf (" Two roots: x1 = %f \ t x2 = %f \ n ", re1 , re2);

格式控制字符串　　输出变量列表

执行该语句，就把 Two roots: x1 = 、\t x2 =，以及\n 按照原样输出（注意，\t 和\n 是两个转义字符，输出时将按转义字符的本身含义输出）。另一方面，语句又把输出变量表中所列的变量 re1 和 re2，按照格式控制字符串里给出的两个格式说明%f，分别将它们转换成规定的数据格式（实数）后，在指定的位置处进行输出。

printf()函数中最常用的格式字符如表 3.1 所示。

表 3.1　　函数 printf()中最常用的格式字符

格式字符	说明	应用示例	输入示例
d	十进制 int 型	printf("x=%d\n",x);	X=212
f	十进制 double 型	printf("sum=%f\n",sum);	sum=0.628000
c	单个字符	printf("It is %c\n",c);	It is W
s	字符串	printf("***%s***\n",s);	*** Beijing ***
u	无符号十进制整数	printf("addr=%u\n",&x);	addr=65498
o	八进制整数	printf("Oct=%o\n",x);	Oct=324
x	十六进制整数	printf("Hex=%x\n",x);	Hex=D4

在 printf()的格式字符前，还可冠以附加格式字符，以得到更多的格式输出信息。 最常用的附加格式字符及示例如表 3.2 所示。

表 3.2　　函数 printf()中最常用的附加格式字符

附加格式字符	说明	应用示例	输入示例
md	规定输出域宽	printf("x=%3d\n",x);	X=212
m.nf	规定小数位数	printf("sum=%5.2f\n",sum);	sum=44.86
−md	输出数据左对齐	printf("%−3d\n",a);	数据左对齐

【例 3.4】

```
#include"stdio.h"
void main()
{
  int a=15;
  float b=123.1234567;
```

```
    double c=12345678.1234567;
    char d='p';
    printf("a=%d,%5d,%o,%x\n",a,a,a,a);
    printf("b=%f,%lf,%5.4lf,%e\n",b,b,b,b);
    printf("c=%lf,%f,%8.4lf\n",c,c,c);
    printf("d=%c,%8c\n",d,d);
}
```

解析：本例第 7 行中以 4 种格式输出整型变量 *a* 的值，其中“%5d”要求输出宽度为 5，而 *a* 值为 15 只有两位，故补 3 个空格。 第 8 行中以 4 种格式输出实型量 *b* 的值。其中“%f”和“%lf”格式的输出相同，说明“l”符对“f”类型无影响。“%5.4lf”指定输出宽度为 5，精度为 4，由于实际长度超过 5 故应该按实际位数输出，小数位数超过 4 位部分被截去。第 9 行输出双精度实数，“%8.4lf”由于指定精度为 4 位故截去了超过 4 位的部分。第 10 行输出字符量 *d*，其中“%8c”指定输出宽度为 8 故在输出字符 p 之前补加 7 个空格。

使用 printf 函数时还要注意一个问题，那就是输出表列中的求值顺序。不同的编译系统顺序不一定相同，可以从左到右，也可从右到左。请看下面两个例子。

【例 3.5】

```
#include"stdio.h"
void main()
{
  int i=8;
  printf("%d\n%d\n%d\n%d\n%d\n%d\n",++i,--i,i++,i--,-i++,-i--);
}
```

运行结果：

```
 8
 7
 8
 8
-8
-8
```

【例 3.6】

```
#include"stdio.h"
void main()
{
  int i=8;
  printf("%d\n",++i);
  printf("%d\n",--i);
  printf("%d\n",i++);
  printf("%d\n",i--);
  printf("%d\n",-i++);
  printf("%d\n",-i--);
}
```

解析：这两个程序的区别是用一个 printf 语句和用多个 printf 语句输出。但从结果可以看出是不同的。原因是 printf 函数对输出表中各量求值的顺序是自右至左进行的。在例 3.5 中，先对最后一项“−i−−”求值，结果为−8，然后 *i* 自减 1 后为 7。再对“−i++”项求值得−7，然后 *i* 自增 1 后为 8。再对“i−−”项求值得 8，然后 i 再自减 1 后为 7。再求“i++”项得 7，然后 i 再自增 1 后为 8。再求“−−i”项，*i* 先自减 1 后输出，输出值为 7。最后才求输出表列中的第一项“++i”，此时 *i* 自增 1 后输出 8。

但是必须注意，求值顺序虽是自右至左，但是输出顺序还是从左至右，因此得到的结果是上述输出结果。

使用函数 printf()必须注意以下几个问题。

（1）格式控制串必须在双引号内。

（2）格式控制字符串内的格式说明个数应与输出变量表里所列的变量个数吻合，类型一致。

（3）对输出变量表里所列诸变量（表达式），其**计算顺序是自右向左进行**的。因此，要注意右边的参数值是否会影响到左边的参数取值。

3.5.2　scanf 函数（格式输入函数）

格式输入函数的调用形式为：

```
scanf (<格式控制字符串>, <输入地址列表>)
```

参数<格式控制字符串>是用双引号括起的字符串常量，里面列出输入数据的格式说明和分隔符；参数<输入地址列表>列出存放输入数据的各个变量的地址。

scanf 的功能是按<格式控制字符串>中给出的格式说明以及数据间的分隔符，从键盘上输入数据，然后存放到<输入地址列表>所指示的变量地址里。

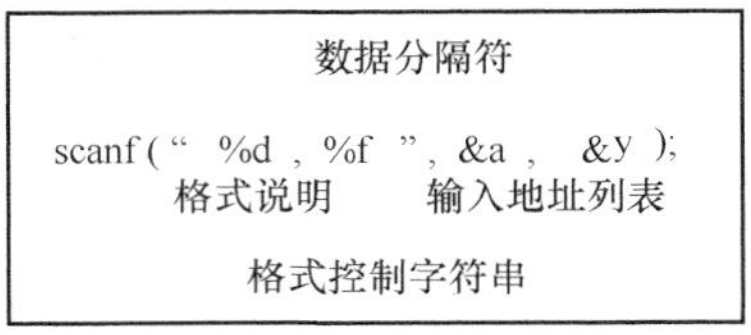

数据分隔符

scanf (" %d , %f ", &a , &y);

格式说明　　输入地址列表

格式控制字符串

当使用 scanf()函数输入多个数据时，最重要的是判断一个数据输入是否结束。可以有如下几种方法。

（1）在 scanf()的格式控制字符串里，安排起数据分隔作用的一般字符。用户输入时，必须按照安排键入这些分隔字符。

例如，若 *a*、*b* 为字符型变量。执行"scanf ("a=%c, b=%c", &a, &b);"后，要使 *a* 为"A"、b 为"B"，试问在键盘上的正确输入是什么？

解：scanf()函数中，格式控制字符串"a=%c, b=%c"里的 a=、b=都是一般字符。输入时，这部分字符用户必须按原样从键盘键入。因此，在键盘上的正确输入应该是

```
a=A, b=B ↙          /* 这里用"↙"表示回车换行符 */
```

用户在键盘上这样输入后，变量 *a* 里就存放字母 A 的 ASCII 码值，*b* 里就存放字母 B 的 ASCII 码值了。

（2）在 scanf()的格式控制字符串里，不安排任何数据分隔符，这时就默认空格符、制表符或回车换行符为数据输入完毕的分隔符。例如，

```
scanf ("%d%d%d", &a, &b, &c);
```

中的格式控制字符串里没有一般字符。这时，输完一个数据后，就可键入空格(或 Tab 键，或 Enter 键)，再输下一个数据，直到最后输入回车换行表示整个输入的结束。

（3）在格式符前冠以附加格式符，指明输入数据的域宽（正整数）。例如，

```
scanf ("%3d%2d%4d", &a, &b, &c);
```

这里，%3d 里的 3 就是附加格式符，表示由 d 限定的十进制数为 3 位数。因此，在键盘上连续键入 245321258 后回车，scanf 就会把 245 存入变量 *a*，把 32 存入变量 *b*，把 1258 存入变量 *c*。

正确使用 scanf()函数必须注意以下几点。

（1）所有数据从键盘输入完毕后，必须以回车键换行（即键盘上的 Enter 键）作为整个数

据输入的结束。

（2）<输入地址列表>中给出的必须是一个变量地址，而不能是其他，因此在变量名的前面不要忘记加上取地址符&。

（3）<格式控制字符串>中给出的格式说明个数（即给出的“%”个数），必须与输入地址列表中所列变量地址的个数相一致，它们之间应该是一一对应的。

3.6 顺序结构程序设计举例

【例 3.7】输入一个华氏温度，要求输出摄氏温度，保留 2 位小数。公式为

$$C=(F-32)*5/9$$

```
#include <stdio.h>
void main()
{
float F,C;
printf("Please input the Fahrenheit!\n ");
scanf("%f",&F);
C=(F-32)*5/9;
printf("The Centigrade is %.2f\n",C);
getchar();
}
```

解析：运行结果如图 3.1 所示。

```
Please input the Fahrenheit!
 100
The Centigrade is 37.78
```

图 3.1 例 3.7 运行结果

【例 3.8】输入任意 3 个整数，求它们的和及平均值。

```
#include <stdio.h>
void main()
{  int  n1, n2, n3, sum;
   float  aver;
   printf("Please input three nbers:");
   scanf("%d,%d,%d",&n1,&n2,&n3);
   sum=n1+n2+n3;    /*求累计和*/
   aver=sum/3.0;    /*求平均值*/
   printf("%d, %d, %d\n",n1,n2,n3);
   printf("sum=%d,aver=%7.2f\n",sum,aver);
}
```

解析：运行结果如图 3.2 所示。

```
Please input three nbers:3,4,5
3, 4, 5
sum=12,aver=   4.00
```

图 3.2 例 3.8 运行结果

【例 3.9】输入三角形的 3 边长，求三角形面积。

已知三角形的三边长 a、b、c，则该三角形的面积公式为

$$area=\sqrt{s(s-a)(s-b)(s-c)}$$

其中，$s=(a+b+c)/2$

源程序如下：

```
#include<math.h>
void main()
{
    float a,b,c,s,area;
    scanf("%f,%f,%f",&a,&b,&c);
    s=1.0/2*(a+b+c);
    area=sqrt(s*(s-a)*(s-b)*(s-c));
    printf("a=%7.2f,b=%7.2f,c=%7.2f,s=%7.2f\n",a,b,c,s);
    printf("area=%7.2f\n",area);
}
```

解析：当输入“2.3，3.5，4.2↙”运行结果如图 3.3 所示。

```
2.3,3.5,4.2
a=   2.30,b=   3.50,c=   4.20,s=   5.00
area=   4.02
Press any key to continue
```

图 3.3　例 3.9 运行结果

【例 3.10】设圆半径 r=1.5，圆柱高 h=3，求圆周长、圆面积、圆球表面积、圆球体积、圆柱体积，用 scanf 输入数据，输出计算结果，输出时要求有文字说明，取小数点后两位数字，请编程。

源程序如下：

```
#include<math.h>
void main()
{
    float pi,h,r,l,s,sq,vq,vz;
    pi=3.1415926;
    printf("请输入圆半径 r 圆柱高 h:\n");
    scanf("%f,%f",&r,&h);
    l=2*pi*r;
    s=r*r*pi;
    sq=4*pi*r*r;
    vq=4.0/3.0*pi*r*r*r;
    vz=pi*r*r*h;
    printf("圆周长为:       =%6.2f\n",l);
    printf("圆面积为:       =%6.2f\n",s);
    printf("圆球表面积为:   =%6.2f\n",sq);
    printf("圆球体积为:     =%6.2f\n",vz);
}
```

解析：运行结果如图 3.4 所示。

```
请输入圆半径r圆柱高h:
2.0,5
圆周长为:        = 12.57
圆面积为:        = 12.57
圆球表面积为:    = 50.27
圆球体积为:      = 62.83
Press any key to continue
```

图 3.4　例 3.10 运行结果

小结与提示

本章主要介绍了以下几个方面的内容。

（1）顺序结构程序概述。

顺序结构程序是指程序中的语句完全按照它们的排列次序执行。一般由 4 个部分组成：

① 定义变量部分；

② 已知变量赋值或输入部分；

③ 未知变量求值部分；

④ 输出结果部分。

（2）顺序结构程序的编写方法，与求解物理题很相似。

① 变量相当于物理量，有几个物理量就定义几个变量。并明确哪些变量是已知的，哪些变量是未知的。

② 给出已知变量的值。若已知变量有明确的值，则用赋值语句给出；否则用输入语句获得。

③ 根据已知变量与未知变量的关系，用赋值语句求得未知变量的值。

④ 输出求得的未知变量的值。

（3）数据的输入输出。

C 语言本身不提供输入输出语句，输入输出语句是由某些库函数实现。

① 单字符输入函数 putchar

a. 一般形式：putchar(字符表达式)；。

b. 所在头文件：stdio.h.。

c. 功能：向终端输出一个字符（即可以是可显示的字符，又可以是控制字符或其他转义字符）。

② 格式输入函数 printf。

a. 格式：printf(格式控制，输出项列表)；，输出项列表可以不需要。

b. 所在头文件：stdio.h.

c. 功能：按照用户指定的格式向系统隐含的输出设备输出若干个任意类型的数据。

d. 数据的输入

③ 单字符输入函数 getchar。

a. 一般形式：getchar()；。

b. 所在头文件：stdio.h.

c. 功能：从系统隐含的输入设备输入一个字符，只能接收一个输入，如果有多个输入，只有第 1 个有效。getchar 的返回值为输入的字符。

④ 格式输入函数 scanf

a. 格式：scanf(格式控制，地址项列表)；。

b. 所在头文件：stdio.h.。

功能：按格式控制所指的格式从标准输入设备输入数据并赋给指定的变量。

知识拓展

计算机科学之父——阿兰·麦席森·图灵

阿兰·麦席森·图灵（Alan Mathison Turing，1912.6.23—1954.6.7），英国数学家、逻辑学家，被称为计算机科学之父、人工智能之父。1931 年，图灵进入剑桥大学国王学院，毕业后到美国普林斯顿大学攻读博士学位，之后回到剑桥。

阿兰·麦席森·图灵，1912 年生于英国伦敦，1954 年死于英国的曼彻斯特，他是计算机逻辑的奠基者，许多人工智能的重要方法也源自于这位伟大的科学家。他对计算机的重要贡献在于他提出的有限状态自动机也就是图灵机的概念。对于人工智能，它提出了重要的衡量标准“图灵测试”，如果有机器能够通过图灵测试，那它就是一个完全意义上的智能机，和人没有区别了。图灵杰出的贡献使他成为计算机界的第一人，现在人们为了纪念这位伟大的科学家，故将计算机界的最高奖定名为“图灵奖”。

上中学时，他在科学方面的才能就已经显示出来，这种才能仅仅限于非文科的学科上，他的导师希望这位聪明的孩子也能够在历史和文学上有所成就，但是都没有太大的建树。少年图灵感兴趣的是数学等学科。在加拿大，他开始了他的职业数学生涯，在大学期间，这位学生似乎对前人现成的理论并不感兴趣，什么东西都要自己来一次。大学毕业后，他前往美国普林斯顿大学，也正是在那里，他制造出了以后称之为“图灵机”的东西。图灵机被公认为现代计算机的原型，这台机器可以读入一系列的 0 和 1，这些数字代表了解决某一问题所需要的步骤，按这个步骤走下去，就可以解决某一特定的问题。这种观念在当时是具有革命性意义的，因为即使在 20 世纪 50 年代的时候，大部分的计算机还只能解决某一特定问题，不是通用的，而图灵机从理论上却是通用机。在图灵看来，这台机器只用保留一些最简单的指令，一个复杂的工作只用把它分解为这几个最简单的操作就可以实现了，在当时他能够具有这样的思想确实是很了不起的。他相信有一个算法可以解决大部分问题，而困难的部分则是如何确定最简单的指令集，什么样的指令集才是最少的，而且又管用。还有一个难点是如何将复杂问题分解为这些指令。

1936 年，图灵向伦敦权威的数学杂志投了一篇论文，题为“论数字计算在决断难题中的应用”。在这篇开创性的论文中，图灵给“可计算性”下了一个严格的数学定义，并提出著名的“图灵机”（Turing Machine）的设想。“图灵机”不是一种具体的机器，而是一种思想模型，可制造一种十分简单但运算能力极强的计算装置，用来计算所有能想象的可计算函数。“图灵机”与“冯·诺伊曼机”齐名，被永远载入计算机的发展史中。1950 年 10 月，图灵又发表了另一篇题为“机器能思考吗”的论文，成为划时代之作。也正是这篇文章，为图灵赢得了“人工智能之父”的桂冠。

习题与项目练习

一、选择题

1. 设有变量说明：int x = 3, y = 4;。那么执行语句：

```
printf ("%d, %d\n", ( x, y ), ( y, x ) );
```

后，输出的结果是（　　）。

A. 3，4　　B. 3，3　　C. 4，3　　D. 4，4

2. 设有变量说明：int x = 010, y = 10;。那么执行语句：

```
printf ("%d, %d\n", ++x, y-- );
```

后，输出的结果是（　　）。

A. 11，10　　B. 9，10　　C. 010，9　　D. 10，9

3. 已有定义 int x; float y;且执行 scanf(“%3d%f”,&x,&y);语句，若从第一列开始输入数据 12345 678<回车>,则 *x* 的值为【1】（　　），*y* 的值为【2】（　　）。

【1】A. 12345　　B. 123　　C. 45　　D. 345

【2】A. 无定值　　B. 45.000000　　C. 678.000000　　D. 123.000000

4. 已有如下定义和输入语句，若要求 *a*1、*a*2、*c*1、*c*2 的值分别为 10、20、A 和 B，当从第一列开始输入数据时，正确的数据输入方式是（　　）。

```
int a1,a2; char c1,c2;
scanf("%d%d",&a1,&a2);
scanf("%c%c",&c1,&c2);
```

A. 1020AB<回车>

B. 10 20<回车>
AB<回车>

C. 10　20　AB<回车>

D. 10 20AB<回车>

5. 已有程序段和输入数据的形式如下，程序中输入语句的正确形式应当为（　　）。

```
void main()
{
    int a; float f;
    printf("\nInput number: ");
    输入语句
    printf("\nf=%f,a=%d\n",f,a);
}
Input number:4.5 2<CR>
```

A. scanf("%d,%f",&a,&f);

B. scanf("%f,%d",&f,&a);

C. scanf("%d%f",&a,&f);

D. scanf("%f%d",&f,&a);

6. 根据定义和数据的输入方式，输入语句的正确形式为（　　）。

已有定义：float f1,f2;

数据的输入方式：4.52
3.5

A. scanf("%f,%f",&f1,&f2);

B. scanf("%f%f",&f1,&f2);

C. scanf("%3.2f %2.1f",&f1,&f2);

D. scanf("%3.2f%2.1f",&f1,&f2);

7. 阅读以下程序，当输入数据的形式为　25,13,10<CR>　正确的输出结果为（　　）。

```
void main()
{
    int x,y,z;
    scanf("%d%d%d",&x,&y,&z);
    printf("x+y+z=%d\n",x+y+z);
}
```

A. x+y+z=48

B. x+y+z=35

C. x+z=35

D. 不确定值

8. 阅读以下程序，若运行结果为如下形式，输入输出语句的正确内容是（　　）。

```
void main()
{
    int x; float y;
    printf("enter x,y:");
```

```
    输入语句________________
    输出语句________________
}
输入形式    enter x,y:2 3.4
输出形式    x+y=5.40
```

A. scanf("%d,%f",&x,&y);

printf("\nx+y=%4.2f",x+y);

B. scanf("%d%f",&x,&y);

printf("\nx+y=%4.2f",x+y);

C. scanf("%d%f",&x,&y);

printf("\nx+y=%6.1f",x+y);

D. scanf("%d%3.1f",&x,&y);

printf("\nx+y=%4.2f",x+y);

9. 以下说法正确的是（　　）。

A. 输入项可以为一实型常量，如 scanf("%f",3.5);

B. 只有格式控制，没有输入项，也能进行正确输入，如 scanf("a=%d,b=%d");

C. 当输入一个实型数据时，格式控制部分应规定小数点后的位数，如 scanf("%4.2f",&f);。

D. 当输入数据时，必须指明变量的地址，如 scanf("%f",&f);

10. 根据下面的程序及数据的输入方式和输出形式，程序中输入语句的正确的形式应该为（　　）。

```
void main()
{
    char ch1,ch2,ch3;
    输入语句
    printf("%c%c%c",ch1,ch2,ch3);
}
输入形式: A B C
输出形式: A B
```

A. scanf("%c%c%c",&ch1,&ch2,&ch3);

B. scanf("%c,%c,%c",&ch1,&ch2,&ch3);

C. scanf("%c %c %c",&ch1,&ch2,&ch3);

D. scanf("%c%c",&ch1,&ch2,&ch3);

11. 有输入语句：scanf("a=%d,b=%d,c=%d",&a,&b,&c);为使变量 *a* 的值为 1，*b* 为 3，*c* 为 2，从键盘输入数据的正确形式应当是（　　）。

A. 132<回车>

B. 1,3,2<回车>

C. a=1 b=3 c=2<回车>

D. a=1,b=3,c=2<回车>

12. 以下能正确地定义整型变量 *a*、*b* 和 *c*，并为其赋初值 5 的语句是（　　）。

A. int a=b=c=5;　　B. int a,b,c=5;

C. a=5,b=5,c=5;　　D. a=b=c=5;

13. 已知 *ch* 是字符型变量，下面不正确的赋值语句是（　　）。

A. ch='a+b';　　B. ch='\0';　　C. ch='7'+'9';　　D. ch=5+9;

14. 已知 *ch* 是字符型变量，下面正确的赋值语句是（　　）。

A. ch='123';　　B. ch='\xff';　　C. ch='\08';　　D. ch="\";

15. 若有以下定义，则正确的赋值语句是（　　）。

```
int a,b; float x;
```

A. a=1,b=2,　　B. b++;　　C. a=b=5　　D. b=int(x);

16. 设 *x*、*y* 均为 float 型变量，则以下不合法的赋值语句是（　　）。

A. ++x;　　B. y=(x%2)/10;　　C. x*=y+8;　　D. x=y=0;

17. 设 *x*、*y* 和 *z* 均为 int 型变量，则执行语句 x=(y=(z=10)+5)−5;后，*x*、*y* 和 *z* 的值是(　　)。

A. x=10 y=15 z=10　　B. x=10 y=10 z=10　　C. x=10 y=10 z=15　　D. x=10 y=5 z=10

二、填空题

1. 若变量 *x*、*y*、*z* 都是 int 型的。现有语句：

```
scanf ("%3d%4d%2d", &x, &y, &z);
```

假定在键盘上输入 123456789↙。那么变量 *x* 里是_____，*y* 里是_____，*z* 里是_____。

2. 若变量 *x*、*y*、*z* 都是 int 型的。现有语句：

```
scanf ("%d,%d,%d", &x, &y, &z);
```

为了使 *x* 里是 12，*y* 里是 345，*z* 里是 187，应该在键盘上键入_____ 。

3. 已有定义 int d=−2;执行以下语句后的输出结果是_____。

```
printf("*d(1)=%d*d(2)=%3d*d(3)=%-3d*\n",d,d,d);
printf("*d(4)=%x*d(5)=%6x*d(6)=%-6x*\n",d,d,d);
```

4. 已有定义 float d1=3.5,d2=−3.5;执行以下语句后的输出结果是_____。

```
printf("*d(1)=%e*d(2)=%.4e*d(3)=%10.4e*\n",d1,d1,d1);
printf("*d(4)=%e*d(5)=%.6e*d(6)=%-12.5e*\n",d2,d2,d2);
```

5. 以下程序的输出结果为_____。

```
void main()
{
        int x=1,y=2;
        printf("x=%d y=%d *sum*=%d\n",x,y,x+y);
        printf("10 Squared is:%d\n",10*10);
}
```

6. 以下程序的输出结果为_____。

```
#include <stdio.h>
void main()
{
    int x=10; float pi=3.1416;
    printf("(1) %d\n",x);
    printf("(2) %6d\n",x);
    printf("(3) %f\n",56.1);
    printf("(4) %14f\n",pi);
    printf("(5) %e\n",568.1);
    printf("(6) %14e\n",pi);
    printf("(7) %g\n",pi);
    printf("(8) %12g\n",pi);
}
```

7. 以下程序的输出结果为_____。

```
#include <stdio.h>
void main()
```

```
{
    float a=123.456; double b=8765.4567;
    printf("(1) %f\n",a);
    printf("(2) %14.3f\n",a);
    printf("(3) %6.4f\n",a);
    printf("(4) %lf\n",b);
    printf("(5) %14.3lf\n",b);
    printf("(6) %8.4lf\n",b);
    printf("(7) %.4f\n",b);
}
```

8. 以下 printf 语句中*号的作用是_____，输出结果是_____。

```
#include <stdio.h>
void main()
{
    int i;
    for(i=1;i<=5;i++) printf("##%*d\n",i,i);
}
```

9. 以下 printf 语句中−号的作用是_____，该程序的输出结果是_____。

```
#include <stdio.h>
void main()
{
    int x=12; double a=3.1415926;
    printf("%6d##\n",x);
    printf("%-6d##\n",x);
    printf("%14.10lf##\n",a);
    printf("%-14.10lf##\n",a);
}
```

10. 以下程序的输出结果为_____。

```
#include <stdio.h>
void main()
{
    int a=325; double x=3.1415926;
    printf("a=%+06d x=%+e\n",a,x);
}
```

11. 以下程序的输出结果为_____。

```
#include <stdio.h>
void main()
{
    int a=252;
    printf("a=%o a=%#o\n",a,a);
    printf("a=%x a=%#x\n",a,a);
}
```

12. 以下程序段的输出结果为_____。

```
int x=7281;
printf("(1) x=%3d,x=%6d,x=%6o,x=%6x,x=%6u\n",x,x,x,x,x);
printf("(2) x=%-3d,x=%-6d,x=$%-06d,x=$%06d,x=%%06d\n",x,x,x,x,x);
printf("(3) x=%+3d,x=%+6d,x=%+08d\n",x,x,x);
printf("(4) x=%o,x=%#o\n",x,x);
printf("(5) x=%x,x=%#x\n",x,x);
```

13. 假设变量 *a* 和 *b* 均为整型，以下语句可以不借助任何变量把 *a*、*b* 中的值进行交换。请填空。

```
a+=_____; b=a-_____; a-=_____;
```

14. 假设变量 *a*、*b* 和 *c* 均为整型，以下语句借助中间变量 *t* 把 *a*、*b* 和 *c* 中的值进行交换，即把 *b* 中的值给 *a*，把 *c* 中的值给 *b*，把 *a* 中的值给 *c*。例如，交换前，*a*=10、*b*=20，*c*=30；

交换后，a=20、b=30、c=10。请填空。

```
_____; a=b; b=c;_____;
```

15. 设 x、y 和 z 都是 int 型变量，m 为 long 型变量，则在 16 位微型机上执行下面赋值语句后，y 值为_____，z 值为_____，m 值为_____。

```
y=(x=32767,x-1);
z=m=0xFFFF;
```

16. 若 x 为 int 型变量，则执行以下语句后 x 的值是_____。

```
x=7;
x+=x-=x+x;
```

17. 若 a 和 b 均为 int 型变量，则以下语句的功能是_____。

```
a+=b; b=a-b; a-=b;
```

18. 在 scanf 函数调用语句中，可以在格式字符和%号之间加一星号，它的作用是_____；当输入以下数据：10　20　30　40<回车>（此处每个数据之间有两个空格），下面语句的执行结果是_____。

```
int a1,a2,a3;
scanf("%d%*d%d%d",&a1,&a2,&a3);
```

19. 有一输入函数 scanf("%d",k);其不能使 float 类型变量 k 得到正确数值的原因是______和____________________。

20. 已有定义 int i,j; float x;,为将−10 赋给 i，12 赋给 j，410.34 赋给 x；则对应以下 scanf 函数调用语句的数据输入形式是_____。

```
scanf("%o%x%e",&i,&j,&x);
```

三、项目练习

学生成绩管理系统基础练习 1

1. 项目说明

本项目要求输入学生课程成绩，计算并输出总分和平均分。

要求学生在编程过程中注意掌握 C 语言的程序结构、变量的定义和变量类型的确定等方法，并尽可能多地使用 printf()函数输出过程提示信息以便于调试程序。

2. 参考程序

```
#include<stdio.h>
void main()
{
float c_prog,math,eng, sum,ave;
printf("请输入C语言、高等数学和大学英语的成绩\n  ");
scanf("%f,%f,%f",& c_prog,&math,&eng);
sum= c_prog+math+eng;
ave=sum/3;
printf("总分=%5.1f \n平均分=%5.1f\n",sum,ave);
}
```

讨论分析：

1. 将 c_prog,math,eng，sum,ave 等变量定义为 int 型，分析可能出现的问题，为什么？

2. 将 printf("总分=%5.1f \n 平均分=%5.1f\n",sum,ave);中的“5.1“去掉会出现怎样的输出结果？

3. 结合本章知识，修改输出格式，你可以设计出几种？

PART 4

第 4 章 分支结构程序设计

教学目标

通过本章的学习，使学生掌握关系运算符、逻辑运算符及其表达式的应用及分支程序设计。

教学要求

知识要点	能力要求	关联知识
关系运算符及其表达式的应用	掌握关系运算符及其表达式的应用	3 种逻辑运算符：&& 逻辑与、||逻辑或（相当于“或者”）、！逻辑非（相当于“否定”）
逻辑运算符及其表达式的应用	掌握逻辑运算符及其表达式的应用	getchar ()，putchar ()
C 语言分支程序设计	掌握分支结构两种语句	if else 语句和 switch case 语句

重点难点

- 关系运算符、逻辑运算符及其表达式的应用
- 分支程序设计

顺序结构的程序只能按照程序语句先后顺序的方式来执行处理数据，但现实问题往往不这么简单，有时要根据不同的情况，执行不同的操作，这就要求计算机能够对问题进行判断，根据判断的结果，选择不同的处理方式，这实际上就是要求程序本身具有判断和选择能力，分支结构正是为解决这类问题而设定的。

4.1 分支结构程序概述

通过前面学习的知识已经可以编写简单的顺序程序，但是有些问题用顺序程序没办法达到要求。例如，

① 输入三角形的3边 a、b、c 判断是否能构成三角形，并求出三角形的周长和面积。

② 求分段函数 $f(x)$的值。

$$f(x)=\begin{cases}0; & x<0\\ 2x+1; & x\geqslant 0\end{cases}$$

必须让计算机按给定的条件进行分析、比较和判断，并按照判断后的不同情况进行不同的处理。这种情况属于选择结构，C语言提供了进行分支判断的if语句和switch语句来完成这种功能。

为了进行条件判断，首先必须学会关系式和逻辑表达式的写法。因此，本章先介绍关系运算符、关系表达式、逻辑运算符和逻辑表达式，再讲两个分支语句（if语句和switch语句）的功能及应用。

4.2 关系运算符和表达式

所谓"关系运算"实际上就是"比较运算"，即将两个数据进行比较，判定两个数据是否符合给定的关系。

例如，"$a>b$"中的">"表示一个大于关系运算。如果 a 的值是5，b 的值是3，则大于关系运算">"的结果为"真"，即条件成立；如果a的值是2，b 的值是3，则大于关系运算">"的结果为"假"，即条件不成立。

4.2.1 关系运算符及其优先次序

1．关系运算符

C语言提供6种关系运算符：

<（小于），　　<=（小于或等于），　　>（大于），

>=（大于或等于），　　==（等于），　　!=（不等于）。

注　意

在C语言中，"等于"关系运算符是双等号"=="，而不是单等号"="（赋值运算符）。

2．优先级

（1）在关系运算符中，前4个优先级相同，后2个也相同，但前4个高于后2个。

（2）关系运算符与其他种类运算符的优先级关系：关系运算符的优先级低于算术运算符，但高于赋值运算符。

例如，

$c>a+b$　等价于　$c>(a+b)$　算术运算符（高）

$a==b<c$　等价于　$a==(b<c)$　关系运算符

a=*b*>*c*　　等价于 *a*=(*b*>*c*)　　赋值运算符（低）

4.2.2　关系表达式

1．关系表达式的概念

所谓关系表达式是指用关系运算符将两个表达式连接起来进行关系运算的式子。

例如，下面的关系表达式都是合法的：

a>b，a+b>c−d，(a=3)<=(b=5)，'a'>='b'，(a>b)==(b>c)

2．关系表达式的——逻辑值（非“真”即“假”）。

由于 C 语言没有逻辑型数据，所以用整数 1 表示“逻辑真”，用整数 0 表示“逻辑假”。

例如，假设 $n1=3$、$n2=4$、$n3=5$，则：

（1）$n1>n2$ 的值等于 0；

（2）$(n1>n2)!=n3$ 的值等于 1；

（3）$n1<n2<n3$ 的值等于 1；

（4）$(n1<n2)+n3$ 的值等于 6，因为 $n1<n2$ 的值等于 1，1+5=6。

思考题

任意改变 *n*1 或 *n*2 的值，会影响整个表达式的值吗？为什么？

再次强调：C 语言用整数“1”表示“逻辑真”，用整数“0”表示“逻辑假”。所以，关系表达式的值，还可以参与其他种类的运算，如算术运算、逻辑运算等。

4.3　逻辑运算符和表达式

关系表达式只能描述单一条件，如“x>=0”如果需要描述“x>=0”同时“x<=10”，就要借助于逻辑表达式了。

4.3.1　逻辑运算符及其优先次序

1．逻辑运算符及其运算规则

（1）C 语言提供 3 种逻辑运算符：

&&　逻辑与（相当于“同时”）

||　逻辑或（相当于“或者”）

!　逻辑非（相当于“否定”）

例如：下面的表达式都是逻辑表达式：

(x>=0)&&(x<10)，(x<1)||(x>5)，!(x==0)，(year%4==0)&&(year%100!=0)||(year%400==0)。

（2）运算规则（见表 4.1）：

① &&：当且仅当两个运算量的值都为“真”时，运算结果为“真”，否则为“假”；

② ||：当且仅当两个运算量的值都为“假”时，运算结果为“假”，否则为“真”；

③ !：当运算量的值为“真”时，运算结果为“假”；当运算量的值为“假”，运算结果为“真”。

例如，假定 *x*=5，则（x>=0）&&（x<10）的值为“真”，（x<−1）||（x>5）的值为“假”。

表 4.1　逻辑运算的真值表

a	b	a&&b	a||b	!a
真	真	真	真	假
真	假	假	真	假
假	真	假	真	真
假	假	假	假	真

2．逻辑运算符的运算优先级

（1）逻辑非的优先级最高，逻辑与次之，逻辑或最低，即：

！（非）→&&（与）→||（或）

（2）与其他种类运算符的优先关系比较：

！ → 算术运算符 → 关系运算符 → &&→||→ 赋值运算符

例如，（a>b）&& (x>y)可写成 a>b && x>y

(a==b)||(x==y)可写成 a==b||x==y

例如，设 int a=2，b；则执行 b=a==！ a 语句后， b 的值是什么？

分析：应先！ a=0——再计算 a==！ a 的值是 0——再计算 b 的值是 0。

4.3.2　逻辑运算的值

逻辑运算的值也分“真”和“假”两种，用“1”和“0 ”来表示。其求值规则如下。

（1）与运算 &&：参与运算的两个量都为真时，结果才为真，否则为假。

例如，5>0 && 4>2

由于 5>0 为真，4>2 也为真，相与的结果也为真。

（2）或运算||：参与运算的两个量只要有一个为真，结果就为真。两个量都为假时，结果为假。

例如，5>0||5>8

由于 5>0 为真，相或的结果也就为真。

（3）非运算!：参与运算量为真时，结果为假；参与运算量为假时，结果为真。

例如：!(5>0)的结果为假。

虽然C编译在给出逻辑运算值时，以“1”代表“真”，“0”代表“假”。但反过来在判断一个量是为“真”还是为“假”时，以“0”代表“假”，以非“0”的数值作为“真”。例如，由于 5 和 3 均为非“0”因此 5&&3 的值为“真”，即为 1。

又如：5||0 的值为“真”，即为 1。

4.3.3　逻辑表达式

1．逻辑表达式的概念

所谓逻辑表达式是指用逻辑运算符将一个或多个表达式连接起来进行逻辑运算的式子。在 C 语言中，用逻辑表达式表示多个条件的组合。

例如，（a>b）&&（x>y）||（a<=b）

逻辑表达式的值也是一个逻辑值（非“真”即“假”）。

2．逻辑表达式的真假判定——0 和非 0

C 语言用整数 1 表示“逻辑真”，用 0 表示“逻辑假”。但在判断一个数据的“真”或“假”

时，却以 0 和非 0 为根据：如果为 0，则判定为“逻辑假”；如果为非 0，则判定为“逻辑真”。

例如，假设 num = 12，则 ! num 的值为 0，num>=1 && num<=31 的值为 1，num || num>31 的值为 1。

3．说明

（1）逻辑运算符两侧的操作数，除可以是 0 或非 0 的整数外，也可以是其他任何类型的数据，如实型、字符型等。

（2）在计算逻辑表达式时，并不是所有的逻辑运算符都被执行，只有在必须执行下一个逻辑运算符才能求出表达式的解时，才执行该运算符（即并不是所有的表达式都被求解）。

① 对于逻辑与运算，如果第 1 个操作数被判定为“假”，由于与运算是多个操作数有一个为 0（假），则整个表达式的值就为 0（假），所以系统不再判定或求解第 2 个操作数。

例如，（m=a>b）&&（n=c>d）

当 *a*=1、*b*=2、*c*=3、*d*=4，*m* 和 *n* 原值为 1，问执行（m=a>b）&&（n=c>d）表达式后，*m* 和 *n* 的是什么？

由于“a>b”不成立则值为 0（假），因此 *m* = 0，由于是与运算，如果第 1 个操作数被判定为“假”，系统不再判定或求解第 2 个操作数。即“n=c>d”不执行，所以 *n* 的值不是 0 而仍保持原值 1。

② 对于逻辑或运算，如果第 1 个操作数被判定为 1（真），由于或运算是多个操作数有一个为 1（真），则整个表达式的值就为 1（真），系统不再判定或求解第 2 个操作数。

例如，假设 *n*1=2、*n*2=1、*n*3=3、*n*4=4、*x*=0、*y*=1，则求解表达式“（x=n1>n2）||（y=n3>n4）”时，由于 *n*1>*n*2 成立，因此给 *x* 赋值为 1，（即第 1 个条件表达式值为真），因为是或运算，有一个条件为 1（真），则就可以断定整个（x=n1>n2）||（y=n3>n4）表达式为 1（真）。所以系统不再求解第 2 个条件表达式（y=n3>n4），也就是不执行判断 *n*3 是否大于 *n*4。那么由于 *y* 的值原来是 1，所以保持不变，仍等于 1。这点请读者注意！如果去求（y=n3>n4），*n*3 值是小于 *n*4 值，*n*3>*n*4 是不成立的，则 *y*=0（假），这是错误的。

4.4 if 语句

4.4.1 if 语句的 3 种形式

1．第 1 种格式

格式：if（表达式）{ 语句组; }

功能：首先计算表达式的值，若值为“真”（非 0），则执行语句组；若表达式的值为“假”（0），则直接转到此 if 语句的下一条语句去执行。其流程图如图 4.1 所示。

（1）if 语句中的“表达式”必须用“( )”括起来。

（2）当 if 语句下面的语句组仅由一条语句构成时，可不使用大括号，但是当语句组由两条以上语句构成，就必须用大括号“{ }”括起来构成复合语句。

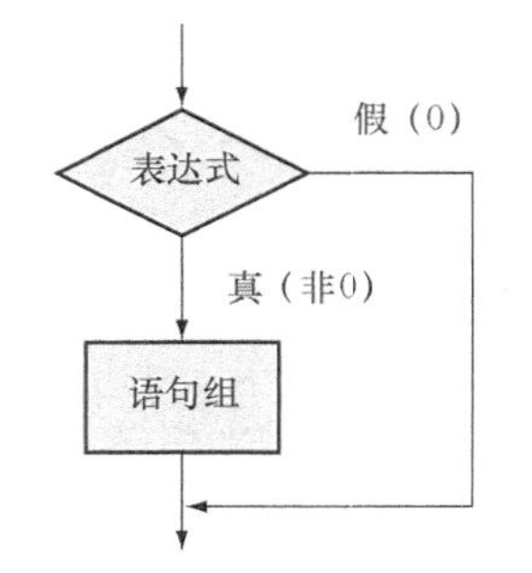

图 4.1　第一种 if 格式语句流程图

【例 4.1】比较两个数，按由大到小顺序输出。

```
#include <stdio.h>
void main()
 {
```

```
 int a,b,x;
 scanf("a=%d,b=%d",&a,&b);
 if(a<b)
   {x=a;a=b;b=x;}              /*交换 a 与 b 变量的内容*/
 printf("%d,%d",a,b);
 }
```

解析：第一次运行：

```
a=10,b=20↙                 (此行是从键盘输入的)
20, 10                     (这是输出结果)
```

第二次运行：

```
A=30,b=5↙                  (此行是从键盘输入的)
30,5                       (这是输出结果)
```

注　意

交换 *a* 与 *b* 变量的内容必须借用一个中间变量进行交换，交换过程如下：
① 先把 *a* 变量的值给 *x* 中间变量；
② 再把 *b* 变量的值给 *a* 变量；
③ 最后将 *x* 变量的值（原来 *a* 变量中的值）给 *b* 变量。

2．第 2 种格式

```
if（表达式）
    {语句组 1；}
else
{语句组 2；}
```

功能：首先计算表达式的值，若值为“真”（非 0），则执行语句组 1；若表达式的值为“假”（0），则执行语句组 2。其流程图如图 4.2 所示。

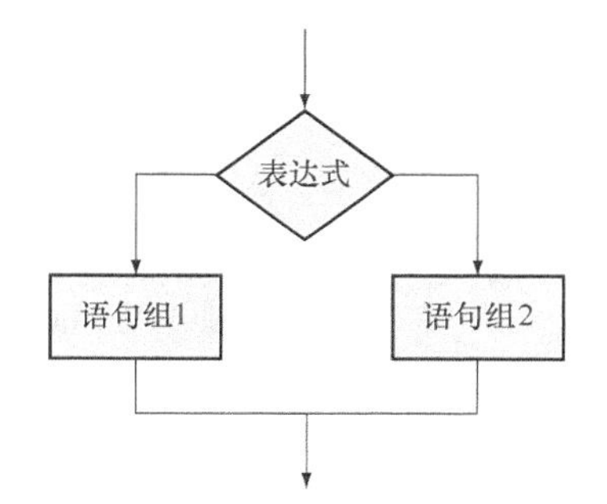

图 4.2　第 2 种 if 语句格式流程图

例如：if(x>y)printf("%d",x);

```
else printf("%d",y);
```

【例 4.2】输入任意 3 个整数 num1、num2、num3，求这 3 个数中的最大值。

```
#include <stdio.h>
void main()
{
int num1,num2,num3,max;
printf("Please input three numbers: ");
scanf ("%d,%d,%d",&num1,&num2,&num3);
if(num1>num2)
  max=num1;
else
  max=num2
if(num3>max)
  max=num3;
printf("The three numbers are:%d,%d,%d\n",num1,num2,num3);
printf("max=%d\n",max);
}
```

运行结果：

```
Please input three numbers:6,9,13↙
The three numbers are:6,9,13
max=13
```

解析：此程序首先使 num1 与 num2 中的值比较大者进入 max 变量（用 if()…else 格式），再用较大者 max 与 num3 进行比较，如 num3 大于 max，则 num3 的值给 max，否则保持原

max 的值。执行过程如图 4.3 所示。

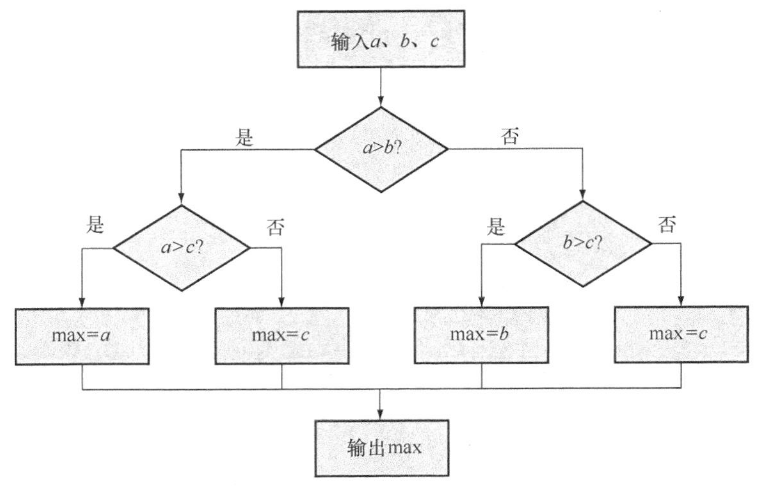

图 4.3　例 4.2 的执行过程

3．第 3 种格式

```
if(表达式 1)      {语句组 1;}
else if(表达式 2){语句组 2;}
…
else if(表达式 n){语句组 n;}
else{语句组 n+1;}
```

语句组仅由一条语句构成时，可不使用大括号，但是当语句组由两条及两条以上语句构成时，就必须用大括号“{}”括起来构成复合语句。执行过程如图 4.4 所示。

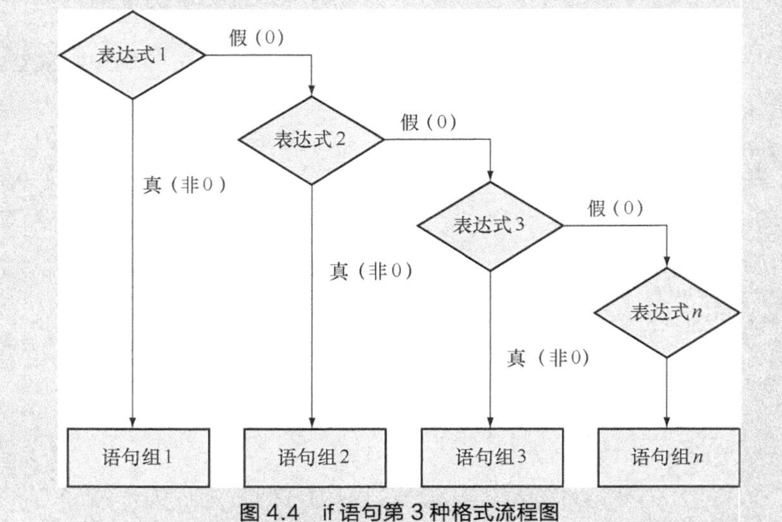

图 4.4　if 语句第 3 种格式流程图

例如：

```
if(score>89) grade='5';
  else if(score>74)   grade='4';
    else if(score>59)  grade='3';
      else grade='2';
```

4．较复杂的条件表达式分支程序

【例 4.3】判别某一年是否为闰年。判断闰年的条件为下面二者之一。

① 能被 4 整除，但不能被 100 整除。

② 能被 400 整除。

```
#include <stdio.h>
void main()
{
int year;
printf("Please input the year: ");
scanf("%d",&year);
if((year%4==0&&year%100!==0)||(year%400==0))
  printf("%d is a leap year.\n",year);
else
  printf("%d is not a leap year.\n",year);
}
```

运行：

```
Please input the year:1989↙
1989 is not a leap year.
Please input the year:2000↙
2000 is a leap year.
```

解析：此例题首先输入一个年份，用 if 判断条件（year%4==0 && year%100!=0）||（year%400==0），先算&&与运算，后计算||或运算。表示如果某年能被 4 整除，但不能被 100 整除，或者能被 400 整除，则此年为闰年，否则不是闰年。

5．非关系或逻辑表达式构成的条件表达式分支程序

if 语句后面圆括号中的表达式的类型不限于逻辑或关系表达式，可以是任意的 C 语言有效表达式（如赋值表达式、算术表达式等），因此也可以是作为表达式特例的常量或变量。

【例 4.4】if 语句后面圆括号中的表达式为赋值表达式的应用。

```
#include <stdio.h>
void main()
{
int s;
if(s=2)
  printf("hello");
else
  printf("error");
}
```

运行结果：

```
hello
```

解析：这里条件表达式是一个赋值表达式，s=2 赋值表达式的值是 2，则等价于 if(2)，其中的 2 表示为真，执行 printf(“hello”)；本程序中的 printf(“error”)；无论如何都不会被执行。

【例 4.5】if 语句后面圆括号中的表达式为一个变量（即一个最简单的表达式）的应用。

```
#include <stdio.h>
void main()
{
int x,y;
scanf("%d",&x);
if(x)
  y=1;
else
  y=-1
printf("y=%d\n",y);
}
```

运行结果：

```
3↙
y=1
0↙
y=-1
```

解析：本程序 if(x)中如果 x 为非 0 数，表示为真，执行 y=1;，如果 x 为 0 则表示假，执行 y=−1;。现把程序中 if(x)改成 if(x!=0)，这样虽然条件表达式写法不同，但是完成的功能是相同的。

下面两种表示方法经常使用：

if(x)等价于 if(x!=0)，if(!x)等价于 if(x==0)。

4.4.2 if 语句的嵌套

从前面的例子可以看出：一条 if 语句只能区分给定问题的两个方面，当供选择的情况较多时，可采用 if 语句的嵌套。所谓 if 语句的嵌套是指在 if 语句中又包含一个或多个 if 语句。

【例 4.6】if 语句的嵌套应用。

```
#include <stdio.h>
void main()
{
int a,b;
scanf("%d%d",&a,&b);
if(a>b)
  printf("a>b");
else                    /*此 else 与距它最近的 if(a>b)配对*/
if(a<b)
  printf("a<bv);
else printf("a=b"); /*此 else 与距它最近的 if(a<b)配对*/
}
```

运行结果：

第一次运行

```
5    2↙
a>b
```

第二次运行

```
3    9↙
a<b
```

解析：在嵌套时内嵌的 if 语句既可以嵌套在 if 子句中，也可以嵌套在 else 子句中，此程序的内层 if 语句嵌套在外层 if 语句的 else 子句中。if 与 else 的匹配原则：else 与在它上面、距它最近且尚未匹配的 if 配对。

4.4.3 条件运算符和条件表达式

1．条件运算符一般格式

```
表达式 1? 表达式 2: 表达式 3
```

此表达式中的“表达式 1”、“表达式 2”、“表达式 3”的类型，可以各不相同。

2．运算规则

如果“表达式 1”的值为非 0（即逻辑真），则运算结果等于“表达式 2”的值；否则，运算结果等于“表达式 3”的值。

例如，x=a>b?a:b

当 a=2,b=1 时

```
x=2
```

3．条件运算符的优先级与结合性

条件运算符的优先级，高于赋值运算符，但低于关系运算符和算术运算符。其结合性为“从右到左”（即右结合性）。

例如，x=a>b?a:(c>d?c:d)

当 a=1,b=2,c=3,d=4 时

```
x=4
```

【例 4.7】从键盘上输入一个字符，如果它是大写字母，则把它转换成小写字母输出；否则，直接输出。

```
#include <stdio.h>
void main()
{
char ch;
printf("Input a character:");
scanf("%c",&ch);                              /*输入 1 个字符*/
ch=(ch>='A'&& ch<='Z')? (ch+32):ch;
printf("ch=%c\n",ch);
}
```

运行结果：

```
Input a character:F↙
ch=f
```

解析：由于大写字母的 ASCII 码值比小写字母的 ASCII 码值小 32，所以 ch+32 表示将 ch 中的 ASCII 码值加 32，即将大写字母转换成小写字母，那么 ch−32 表示将小写字母转换成大写字母。

由条件运算符组成条件表达式通常用于赋值语句之中。

如条件语句：

```
if(a>b)  max=a;
else max=b;
```

可用条件表达式写为

```
max=(a>b)?a:b;
```

执行该语句的语义是如 $a>b$ 为真，则把 a 赋予 max，否则把 b 赋予 max。

使用条件表达式时，还应注意以下几点。

（1）运算符的运算优先级低于关系运算符和算术运算符，但高于赋值符。

因此

```
max=(a>b)?a:b
```

可以去掉括号而写为

```
max=a>b?a:b
```

（2）条件运算符?和：是一对运算符，不能分开单独使用。

（3）条件运算符的结合方向是自右至左。

例如，

```
a>b?a:c>d?c:d
```

应理解为

```
a>b?a:(c>d?c:d)
```

这也就是条件表达式嵌套的情形，即其中的表达式 3 又是一个条件表达式。

【例 4.8】

```
#include <stdio.h>
void main()
{
    int a,b,max;
    printf("\n input two numbers:   ");
    scanf("%d%d",&a,&b);
    printf("max=%d",a>b?a:b);
}
```

用条件表达式对上例重新编程，输出两个数中的大数。

4.5 switch 语句

利用 if 语句的基本形式，可以实现只有两个分支的选择；利用 if 语句的嵌套形式，可以实现多分支的选择。但分支越多，则嵌套的层次就越多，导致程序冗长，可读性降低。因此，C 语言提供了 switch 语句直接处理多分支选择。

1．switch 语句的一般形式

```
switch（表达式）
      {    case 常量表达式 1：语句组；［break；］
           case 常量表达式 2：语句组；［break；］
           …
           case 常量表达式 n：语句组；［break；］
           [default：语句组 n+1；［break；]
      }
```

2．执行过程

（1）当 switch 后面“表达式”的值与某个 case 后面的“常量表达式”的值相同时，就执行该 case 后面的语句（组）；当执行到 break 语句时，跳出 switch 语句，转向执行 switch 语句的下一条。

（2）如果没有任何一个 case 后面的“常量表达式”的值与“表达式”的值匹配，则执行 default 后面的语句（组）。然后，再执行 switch 语句的下一条。

（3）如果没有 default 部分，则将不执行 switch 语句中的任何语句，而直接转到 switch 语句的后面语句去执行。

3．说明

（1）switch 后面的“表达式”，可以是 int、char 和枚举型中的任意一种。

（2）每个 case 后面“常量表达式”的值，必须各不相同，否则会出现相互矛盾的现象（即对表达式的同一值，有两种或两种以上的执行方案）。

（3）case 后面的常量表达式仅起语句标号作用，并不进行条件判断。系统一旦找到入口标号，就从此标号开始执行，不再进行标号判断，所以在执行完某个 case 后面的语句后，若后面没有加上 break 语句，将自动转到该 case 语句的后面语句去执行，直到遇到 switch 语句的右大括号或是遇到 break 语句为止，结束 switch 语句。

例如，

```
switch(n)
{
case 1:x=1;
case 2:x=2;
}
```

当 n=1 时，执行 case 1:x=1；由于后面没有 break 将继续执行下面的 case 2:x=2；语句。直到遇到 switch 语句的右大括号为止，结束 switch 语句。

若要在执行完一个 case 分支后，就跳出 switch 语句，转到下一语句执行（即跳出 switch 语句），就应该在该 case 语句后面加上 break 语句。

例如，

```
switch(n)
{
case 1:x=1;break;
case 2:x=2;break;
}
```

（4）各 case 及 default 子句的先后次序，不影响程序执行结果。

（5）多个 case 子句，可共用同一语句（组）。

例如，在例 4.9 中的"case 10："和"case 9："共用语句组"printf("grade=A\n")；break；"，"case 5："~"case 0："共用语句组"printf("grade=E\n")；break；"。

（6）用 switch 语句实现的多分支结构程序，完全可以用 if 语句或 if 语句的嵌套来实现。

【例 4.9】从键盘上输入一个百分制成绩 score，按下列原则输出其等级：score≥90，等级为 A；80≤score＜90，等级为 B；70≤score＜80，等级为 C；60≤score＜70，等级为 D；score＜60，等级为 E。

```
#include <stdio.h>
void main()
{
int score,grade;
printf("Input a score(0~100): ");
scanf("%d",&score);
if(score>=0&&score<=100)
{
grade=score/10; /*将成绩整除 10，转化成 switch 语句中的 case 标号*/
switch(grade)
{
case 10:
case 9:printf ("grade=A\n");break;/* 标号 10 和 9 都执行本行两条语句*/
case 8:printf ("grade=B\n");break;
case 7:printf ("grade=C\n");break;
case 6:printf ("grade=D\n");break;
case 5:
case 4:
case 3:
case 2:
case 1:
case 0: printf ("grade=E\n");break; /* 标号 5、4、3、2、1、0 都执行本行两条语句*/
}
}
else
printf("The score is out of range!")/* 成绩超出范围时，提示出错*/
}
```

程序运行情况如下：

第 1 次运行：

```
Input a score(0~100):85↙
grade=B
```

第 2 次运行：

```
Input a score(0~100):-60↙
The score is out of range!
```

解析：本程序首先用 scanf()函数输入分数进入 score 变量，再用 if()…else 语句处理成绩，超出范围时，提示出错，若成绩输入在 0≤score≤100 范围内，先做 grade=score/10；是为了得到不同的整数作为 case 后面的常量表达式，以便分成多条分支，然后再用 switch 语句进行多分支处理。思考：例 4.9 是否可以不用 if()…else 语句来处理输入的分数不在 0 ~ 100 的情况，而用 default: printf("The score is out of range!")来处理呢？

```
#include <stdio.h>
void main()
{
int score,grade;
printf("Input a score(0~100): ");
scanf("%d",&score);
if(score>=0&&score<=100)
{
grade=score/10; /*将成绩整除 10，转化成 switch 语句中的 case 标号*/
switch(grade)
{
case 10:
case 9:printf ("grade=A\n");break;
case 8:printf ("grade=B\n");break;
case 7:printf ("grade=C\n");break;
case 6:printf ("grade=D\n");break;
case 5:
case 4:
case 3:
case 2:
case 1:
case 0: printf ("grade=E\n");break;
default: printf("The score is out of range!");
}
```

解析：这样编写程序当输入的分数在 0 ~ 100 没问题，可得正确结果；输入大于 100 的数和小于−10 的数也没问题，也可得正确结果。但是当输入−1 ~ −9 的数，由于执行 grade=score/10；语句后 grade 的值为−0，在机器内是补码运算，−0 与+0 都表示为 0，因此会执行“case 0: printf (“grade=E\n”);break;”语句，而不会执行“default: printf(“The score is out of range!”);”语句。所以不能这样编写。

4.6 选择结构程序设计举例

【例 4.10】有一函数：

$$y=\begin{cases} x & (x<1) \\ 2x-1 & (1\leqslant x<10) \\ 3x-11 & (x\geqslant 10) \end{cases}$$

写一程序，输入 x 值，输出 y 值。

```
#include<stdio.h>
void main()
{ float x,y;
```

```
  printf("please input the X:\n");
  scanf("%f",&x);
  if(x<1) y=x;
   else if(x>=10) y=3*x-11;
        else y=2*x-1;
  printf("y=%f\n",y);
 }
```

解析：运行结果：

```
please input the X:6↙
y=11.000000
```

此例题是 if 语句的嵌套，内层 if()…else 嵌套在外层 if()…else 的 else 分支中。

【例 4.11】求一元二次方程 $ax^2+bx+c=0$ 的解（ $a\neq0$ ）。

```
#include"math.h"
#include<stdio.h>
void main()
{
   float a,b,c,disc,x1,x2,p,q;
   scanf("%f,%f,%f",&a,&b,&c);              /* 输入一元二次方程的系数 a、b、c*/
   disc=b*b-4*a*c;
   if(fabs(disc)<=1e-6)                     /*fabs():求绝对值库函数*/
      printf("x1=x2=%7.2f\n",-b/(2*a))      /* 输出两个相等的实根*/
   else if(disc>1e-6)
    {
      x1=(-b+sqrt(disc))/(2*a);             /* 求出两个不相等的实根*/
      x2=(-b-sqrt(disc))/(2*a);
      printf("x1=%7.2f,x2=%7.2f\n",x1,x2);
   }
   else
   { p=-b/(2*a);                            /* 求出两个共轭复根*/
     q=sqrt(fabs(disc))/(2*a);
     printf("x1=%7.2f+%7.2fi\n",p,q);       /* 输出两个共轭复根*/
     printf("x2=%7.2f-%7.2fi\n",p,q);
   }
}
```

解析：由于实数在计算机中存储时，经常会有一些微小误差，所以本例中判断 disc 是否为 0 的方法是判断 disc 的绝对值是否小于一个很小的数（如10^{-6}）。

【例 4.12】从键盘输入两个数和一个操作符，并进行相应的操作。

```
#include"stdio.h"
void main()
{  float x,y;/*x,y 存放两个运算分量*/
   char op;/*op 存放运算符*/
   scanf("%f%c%f",&x,&op,&y);
   switch(op)
   {
   case '+':printf("%.2f+%.2f=%.2f",x,y,x+y);break;
   case '-':printf("%.2f-%.2f=%.2f",x,y,x-y);break;
   case '*':printf("%.2f*%.2f=%.2f",x,y,x*y);break;
   case '/':if(y==0) printf("除数为 0 无意义");
                 else printf("%.2f÷%.2f=%.2f",x,y,x/y);break;
   default:printf("运算符无效");
   }
}
```

运行结果：

```
3+9↙
3.00+9.00=12.00
```

解析：在运行输入时，要输入 3 个值且它们之间不能有空格。因为 scanf()函数中格式控制符为%f%c%f 输入 3 个值，若输入空格，则 op 接收的是空格而不是+号，从而输出“运算符无效”。

【例 4.13】输入 4 个整数，要求按由小到大的次序输出。

```
#include<stdio.h>
void main()
{    int a,b,c,d,t;
     printf("Input four integers,please!\n");
     scanf("%d,%d,%d,%d",&a,&b,&c,&d);
     printf("The sorted numbers:\n");
    if(a>b) {t=a;a=b;b=t;}
    if(a>c) {t=a;a=c;c=t;}
    if(a>d) {t=a;a=d;d=t;}
    if(b>c) {t=b;b=c;c=t;}
    if(b>d) {t=b;b=d;d=t;}
    if(c>d) {t=c;c=d;d=t;}
    printf("%d < %d < %d < %d\n",a,b,c,d);
}
```

【例题 4.14】运输公司对用户计算运费。公司规定，路程越远，每公里运费越低。标准如下：

$S<250$km	没有折扣
$250\leqslant S<500$	2%折扣
$500\leqslant S<1000$	5%折扣
$1000\leqslant S<2000$	8%折扣
$2000\leqslant S<3000$	10%折扣
$3000\leqslant S$	15%折扣

设每公里每吨货物的基本运费为 P，货物重为 W，距离为 S，折扣为 d，分别用 if 结构和 switch 结构编一程序求总运费 F，计算公式为 $F=P*W*S*(1-d)$。

```
#include<stdio.h>
void main()
{ float S,d,W,P,F;
  printf("please input the distance!\n");
  scanf("%f",&S);
  if(S<250) d=0;
    else if(S>=250&&S<500) d=0.02;
      else if(S>=500&&S<1000) d=0.05;
        else if(S>=1000&&S<2000) d=0.08;
           else if(S>=2000&&S<3000) d=0.1;
             else if(S>=3000) d=0.15;
printf("please input the basic price!\n");
scanf("%f",&P);
printf("please input the weight!\n");
scanf("%f",&W);
F=P*W*S*(1-d);
         printf("The freight is  %.2f.\n",F);
}
```

或

```
#include <stdio.h>
void main()
{ int c,s;
  float p,w,d,f;
  scanf("%f,%f,%d",&p,&w,&s);
  if (s>=3000) c=12;
    else c=s/250;
  switch(c)
    {
     case 0:d=0;break;
     case 1:d=2;break;
     case 2:
```

```
        case 3:d=5;break;
        case 4:
        case 5:
        case 6:
        case 7:d=8;break;
        case 8:
        case 9:
        case 10:
        case 11:d=10;break;
        case 12:d=15;break;
      }
    f=p*w*s*(1-d/100.0);
    printf("freight=%15.4f",f);
  }
```

小结与提示

选择结构程序是编程过程中常用的一种结构，其学习重点是要了解程序的执行过程，具体如下。

（1）关系表达式和逻辑表达式。这是两种重要的表达式，主要用于条件执行的判断和循环执行的判断。要特别注意理解表达式的值和判定表达式真假的逻辑值的关系，并学会在实际问题中去构造关系表达式和逻辑表达式。

（2）C 语言的几种用以构成选择结构的条件语句有以下几种。

① if 语句主要用于单向选择。

② if else 语句主要用于双向选择。

③ if else 和 switch 语句用于多向选择。

④ if 语句的嵌套中，注意 if 和 else 配对的原则。为了阅读程序方便，一般采用缩进的书写格式。

⑤ 为了解决过多分支的结构清晰问题，C 语言又提供了 switch 语句。

以上几种形式的条件语句一般来说是可以互相替代的。

知识拓展

结构化程序设计

早期的计算机存储器容量非常小，人们设计程序时首先考虑的问题是如何减少存储器开销，硬件的限制不容许人们考虑如何组织数据与逻辑，程序本身短小，逻辑简单，也无需人们考虑程序设计方法问题。与其说程序设计是一项工作，倒不如说它是程序员的个人技艺。但是，随着大容量存储器的出现及计算机技术的广泛应用，程序编写越来越困难，程序的大小以算术基数递增，而程序的逻辑控制难度则以几何基数递增，人们不得不考虑程序设计的方法。

最早提出的方法是结构化程序设计方法，其核心是模块化。1968 年，Dijskstra 在计算机通讯杂志上发表文章，注意到了“结构化程序设计”，之后，Wulf 主张“可以没有 goto 语句”。至 1975 年起，许多学者研究了“把非结构化程序转化为结构化程序的方法”、“非结构的种类及其转化”、“结构化与非结构化的概念”、“流程图的分解理论”等问题。结构化程序设计逐步形成既有理论指导又有切实可行方法的一门独立学科。

SP（Structured Programming）方法主张使用顺序、选择、循环 3 种基本结构来嵌套连接成具有复杂层次的“结构化程序”，严格控制 goto 语句的使用。用这样的方法编出的程序在结构上具有以下效果。

（1）以控制结构为单位，只有一个入口，一个出口，所以能独立地理解这一部分。

（2）能够以控制结构为单位，从上到下顺序地阅读程序文本。

（3）由于程序的静态描述与执行时的控制流程容易对应，所以能够方便正确地理解程序的动作。

SP 的要点是“自顶而下，逐步求精”的设计思想，“独立功能，单出、入口”的模块仅用 3 种（顺序、分支、循环）基本控制结构的编码原则。自顶而下的出发点是从问题的总体目标开始，抽象低层的细节，先专心构造高层的结构，然后再一层一层地分解和细化。这使设计者能把握主题、高屋建瓴，避免一开始就陷入复杂的细节中，使复杂的设计过程变得简单明了，过程的结果也容易做到正确可靠。“独立功能，单出、入口”的模块结构减少了模块的相互联系使模块可作为插件或积木使用，降低程序的复杂性，提高可靠性。程序编写时，所有模块的功能通过相应的子程序（函数或过程）的代码来实现。程序的主体是子程序层次库，它与功能模块的抽象层次相对应，编码原则使得程序流程简洁、清晰，增强了可读性。

在 SP 中，划分模块不能随心所欲地把整个程序简单地分解成一个个程序段，而必须按照一定的方法进行。模块的根本特征是“相对独立，功能单一”。换言之，一个好的模块必须具有高度的独立性和相对较强的功能。模块的好坏，通常用“耦合度”和“内聚度”两个指标从不同侧面加以度量。所谓耦合度，是指模块之间相互依赖性大小的度量，耦合度越小，模块的相对独立性越大。所谓内聚度，是指模块内各成分之间相互依赖性大小的度量，内聚度越大，模块各成分之间联系越紧密，其功能越强。因此，在模块划分时应当做到“耦合度尽量小，内聚度尽量大”。

结构化程序相比于非结构化程序有较好的可靠性、易验证性和可修改性；结构化设计方法的设计思想清晰，符合人们处理问题的习惯，易学易用，模块层次分明，便于分工开发和调试，程序可读性强，其设计语言以 Ada 语言为代表。C 语言也是一种结构化设计语言。

习题与项目练习

一、选择题

1. 若有程序段如下：

```
a=b=c=0; x=35;
if (!a)
  x--;
else if (b)
  ;
if (c)
  x=3;
else
  x=4;
```

执行后，变量 x 的值是（　　）。

A. 34　　B. 4　　C. 35　　D. 3

2. 有 switch 语句如下：

```
switch (k)
{
  case 1: s1; break;
```

```
  case 2: s2; break;
  case 3: s3; break;
  default: s4;
}
```

与它的功能相同的程序段是（　　）。

A. if (k = 1) s1;
   if (k = 2) s2;
   if (k = 3) s3;
   else s4;

B. if (k == 1) s1;
   if (k == 2) s2;
   if (k == 3) s3;
   else s4;

C. if (k == 1) s1; break;
   if (k == 2) s2; break;
   if (k == 3) s3; break;
   else s4;

D. if (k == 1) s1;
   if (k == 2) s2;
   if (k == 3) s3;
   if (!((k == 1) || (k == 2) || (k == 3))) s4;

3. 以下程序的运行结果是（　　）。

```
void main()
{
     int m=5;
     if(m++>5)  printf("%d\n",m);
     else       printf("%d\n",m--);
}
```

A. 4　　B. 5　　C. 6　　D. 7

4. 当 a=1、b=3、c=5、d=4 时，执行完下面一段程序后 x 的值是（　　）。

```
if(a<b)
  if(c<d) x=1;
  else
      if(a<c)
           if(b<d) x=2;
           else x=3;
      else x=6;
  else x=7;
```

A. 1　　B. 2　　C. 3　　D. 6

5. 有一函数关系见下表：

x	y=
x<0	x−1
x=0	x
x>0	x+1

下面程序段中能正确表示上面关系的是（　　）。

A. y=x+1;
   if(x>=0)
     if(x==0) y=x;
   else y=x−1;

B. y=x−1;
   if(x!=0)
     if(x>0) y=x+1;
     else y=x;

C. if(x<=0)
     if(x<0) y=x−1;
     else y=x;
   else y=x+1;

D. y=x;
   if(x<=0)
     if(x<0) y=x−1;
     else y=x+1;

6. 以下程序的输出结果是（　　）。

```
#include <stdio.h>
void main(void)
{
     int a=100,x=10,y=20,ok1=5,ok2=0;
     if(x<y)
          if(y!=10)
               if(!ok1)
                    a=1;
               else
                    if(ok2) a=10;
     a=-1;
     printf("%d\n",a);
}
```

A. 1　　B. 0　　C. −1　　D. 值不确定

7. 以下程序的输出结果是（　　）。

```
#include <stdio.h>
void main(void)
{
      int x=2,y=-1,z=2;
      if(x<y)
           if(y<0)    z=0;
           else  z+=1;
      printf("%d\n",z);
}
```

A. 3　　B. 2　　C. 1　　D. 0

8. 为了避免在嵌套的条件语句 if else 中产生二义性，C 语言规定：else 子句总是与（　　）配对。

A. 缩排位置相同的 if　　B. 其之前最近的 if

C. 其之后最近的 if　　D. 同一行上的 if

9. 以下不正确的语句为（　　）。

A. if(x>y);

B. if(x=y)&&(x!=0) x+=y;

C. if(x!=y) scanf("%d",&x); else scanf("%d",&y);

D. if(x<y) { x++; y++; }

10. 请阅读以下程序：

```
#include <stdio.h>
void main(void)
{
     float a,b;
     scanf("%f",&a);
     if(a<0.0) b=0.0;
     else if((a<0.5)&&(a!=2.0)) b=1.0/(a+2.0);
     else if(a<10.0) b=1.0/x;
     else b=10.0;
     printf("%f\n",y);
}
```

若运行时输入 2.0<回车>，则上面程序的输出结果是（　　）。

A. 0.000000　　B. 0.500000　　C. 1.000000　　D. 0.250000

11. 若有条件表达式(exp)?a++:b−−，则以下表达式中能完全等价于表达式(exp)的是（　　）。

A. (exp==0)　　B. (exp!=0)　　C. (exp==1)　　D. (exp!=0)

12. 若运行时给变量 *x* 输入 12，则以下程序的运行结果是（　　）。

```
#include <stdio.h>
void main(void)
{
     int x,y;
     scanf("%d",&x);
     y=x>12?x+10:x-12;
     printf("%d\n",y);
}
```

A. 0　　B. 22　　C. 12　　D. 10

13. 以下程序的运行结果是（　　）。

```
 #include <stdio.h>
 void main(void)
{
      int k=4,a=3,b=2,c=1;
      printf("\n%d\n",k<a?k:c<b?c:a);
}
```

A. 4　　B. 3　　C. 2　　D. 1

14. 执行以下程序段后，变量 *a*、*b*、*c* 的值分别是（　　）。

```
int x=10,y=9;
int a,b,c;
a=(--x==y++)?--x:++y;
b=x++;
c=y;
```

A. a=9,b=9,c=9　　B. a=8,b=8,c=10

C. a=9,b=10,c=9　　D. a=1,b=11,c=10

15. 若 *w*、*x*、*y*、*z*、*m* 均为 int 型变量，则执行下面语句后的 *m* 值是（　　）。

```
w=1; x=2; y=3; z=4;
m=(w<x)?w:x;
m=(m<y)?m:y;
m=(m<z)?m:z;
```

A. 1　　B. 2　　C. 3　　D. 4

16. 若 *w*=1、*x*=2、*y*=3、*z*=4，则条件表达式 w<x?w:y<z?y:z 的值是（　）。

A. 4　　B. 3　　C. 2　　D. 1

17. 执行以下程序段后的输出结果是（　）。

```
int w=3,z=7,x=10;
printf("%d\n",x>10?x+100:x-10);
printf("%d\n",w++||z++);
printf("%d\n",!w>z);
printf("%d\n",w&&z);
```

A.	B.	C.	D.
0	1	0	0
1	1	1	1
1	1	0	0
1	1	1	0

二、填空题

1. 完成程序填空：

```
#include<stdio.h>
```

```
void main()
{  int x, y;
   scanf ("%d", &x);
   y=x%2;
  switch(         )
    {
       case  0: printf ("It is a even integer.\n");
       default: printf ("It is a odd integer.\n");
    }
}
```

2. 条件“2<x<3 或 x<−10”的 C 语言表达式是________________________________。

3. 当 m=2、n=1、a=1、b=2、c=3 时，执行完 d=(m=a!=b)&&(n=b>c)后，n 的值是________，m 的值是________。

4. 以下程序的运行结果是________。

```
void main()
{
     int x,y,z;
     x=1; y=2; z=3;
     x=y--<=x||x+y!=z;
     printf("%d,%d",x,y);
}
```

5. 以下程序的运行结果是________。

```
void main()
{
        int a1,a2,b1,b2;
        int i=5,j=7,k=0;
        a1=!k;
        a2=i!=j;
        printf("a1=%d\ta2=%d\n",a1,a2);
        b1=k&&j;
        b2=k||j;
        printf("b1=%d\tb2=%d\n",b1,b2);
}
```

6. 以下程序的运行结果是________。

```
void main()
{
        int x,y,z;
        x=1; y=1; z=0;
        x=x||y&&z;;
        printf("%d,%d",x,x&&!y||z);
}
```

7. 有 int x,y,z;且 x=3,y=−4,z=5，则表达式(x&&y)==(x||z)的值为________。

8. 有 int x,y,z;且 x=3,y=−4,z=5，则以下表达式的值为________。

```
!(x>y)+(y!=z)||(x+y)&&(y-z)
```

9. 有 int x,y,z;且 x=3、y=−4、z=5，则表达式 x++ −y+(++z)的值为________。

10. 有 int a=3,b=4,c=5;，则表达式 a||b+c&&b==c 的值为________。

11. 有 int a=3,b=4,c=5,x,y;，则以下表达式的值为________。

```
!(x=a)&&(y=b)&&0
```

12. 有 int a=3,b=4,c=5;，则以下表达式的值为________。

```
!(a+b)+c-1&&b+c/2
```

13. 若运行时输入：16<回车>，则以下程序的运行结果是________。

```
#include <stdio.h>
void main(void)
{
int year;
printf("Input you year:");
scanf("%d",&year);
if(year>=18)
    printf("you $4.5yuan/xiaoshi");
else
    printf("you $3.0yuan/xiaoshi");
}
```

14. 若运行时输入：2<回车>，则以下程序的运行结果是________。

```
#include <stdio.h>
void main(void)
{
  char Class;
  printf("Enter 1 for 1st class post or 2 for 2nd post");
  scanf("%c",&Class);
  if(Class== '1')
      printf("1st class postage is 19p");
  else
      printf("2nd class postage is 14p");
}
```

15. 若运行时输入：4.4<回车>，则以下程序的运行结果是________。

```
#include <stdio.h>
void main(void)
{
float CostPrice,SellingPrice;
printf("Enter Cost Price $:");
scanf("%f",&CostPrice);
if(CostPrice>=5)
{
    SellingPrice=CostPrice+CostPrice*0.25;
    printf("Selling Price(0.25)$%6.2f",SellingPrice);
}
else
{
    SellingPrice=CostPrice+CostPrice*0.30;
    printf("Selling Price(0.30)$%6.2f",SellingPrice);
}
}
```

16. 以下程序的运行结果是________。

```
#include <stdio.h>
void main(void)
{
  if(2*2==5<2*2==4)
      print("T");
  else
      printf("F");
}
```

17. 请阅读以下程序：

```
#include <stdio.h>
void main(void)
{int t,h,m;
scanf("%d",&t);
h=(t/100)%12;
if(h==0) h=12;
 printf("%d",h);
m=t%100;
if(m<10) printf("0");
 printf("%d",m);
```

```
    if(t<1200||t==2400)
        printf("AM");
    else printf("PM");
}
```

若运行时输入：1605<回车>时，程序的运行结果是________。

三、程序阅读

1. 若变量 *j*、*m* 和 *n* 是 int 型的，*m* 和 *n* 的初值均为 0。下面程序段运行后，*m* 和 *n* 的最终取值是多少？

```
for (j = 0; j < 25; j++)
    {
      if ( (j%2) && (j%3) )
        m++;
      else
        n++;
    }
```

2. 若变量 *a*、*b* 都是 int 型的。当 *b* 分别取值 1、2、3、4、5、6 时，试问以下程序段运行后变量 *a* 的取值分别是多少？

```
if (b > 3)
   {
     if (b > 5)
       a = 10;
     else
       a = -10;
   }
   else
     a = 0;
```

四、编程题

1. 利用 switch 语句编写一个程序，用户从键盘输入一个数字。如果数字为 1～5，则打印信息："You entered 5 or below!"；如果数字为 6～9，则打印信息："You entered 6 or higher!"；如果输入其他，则打印信息："Between 1~9, please!"。

2. 编制程序要求输入整数 *a* 和 *b*，若 a^2+b^2 大于 100，则输出 a^2+b^2 百位以上的数字，否则输出两数之和。

3.试编程判断输入的正整数是否既是 5 又是 7 的整倍数。若是，则输出"yes"，否则输出"no"。

4. 请编程序：根据以下函数关系，对输入的每个 *x* 值，计算出相应的 *y* 值。

x	y
$x<0$	0
$0<x<=10$	x
$10<=x<=20$	10
$20<x<40$	$-0.5x+20$

5. 编程实现：输入一个整数，判断它能否被 3、5、7 整除，并输出以下信息之一：

（1）能同时被 3、5、7 整除；

（2）能被其中两数（要指出哪两个）整除；

（3）能被其中一个数（要指出哪一个）整除；

（4）不能被 3、5、7 任一个整除。

五、项目练习

学生成绩管理系统基础练习 2

在上一章中介绍了如何实现输入一个学生的课程成绩并进行求和和平均值计算输出。本章我们在上述基础上进行扩充。

1. 项目说明

输入学生的课程成绩，计算并输出其总成绩和平均成绩，然后根据平均成绩输出学生的学习等第。要求如下：

平均成绩≥90 为 A 等；平均成绩≥80 为 B 等；平均成绩≥70 为 C 等；

平均成绩≥60 为 D 等；其余为 E 等；

使用 if 语句和 switch 语句分别编写

2. 参考程序

（1）if 语句编写。

```
#include<stdio.h>
void main()
{
 float c_prog,math,eng,sum,ave;
 char grade;
 printf("请输入 C 语言成绩\n");
 scanf("%f",&c_prog);
 printf("请输入高等数学成绩\n");
 scanf("%f",&math);
 printf("请输入大学英语成绩\n");
 scanf("%f",&eng);
 sum=c_prog+math+eng;
 ave=sum/3;
 if(ave>=90) grade='A';
    else if(ave>=80&&ave<90) grade='B';
       else if(ave>=70&&ave<80) grade='C';
          else if(ave>=60&&ave<70) grade='D';
             else grade='E';
 printf("C 语言=%6.2f \n",c_prog);
 printf("高等数学=%6.2f \n",math);
 printf("大学英语=%6.2f \n",eng);
 printf("总分=%6.2f \n 平均分=%6.2f\n",sum,ave);
 printf("等第=%c\n",grade);
}
```

（2）switch 语句编写。

```
#include<stdio.h>
void main()
{
float c_prog,math,eng,sum,ave;
 char grade;
 printf("请输入 C 语言成绩\n");
 scanf("%f",&c_prog);
 printf("请输入高等数学成绩\n");
 scanf("%f",&math);
 printf("请输入大学英语成绩\n");
 scanf("%f",&eng);
 sum=c_prog+math+eng;
 ave=sum/3;
 switch((int)ave/10)
{case 10:
 case 9: grade='A';break;
 case 8: grade='B';break;
 case 7: grade='C';break;
 case 6: grade='D'; break;
 default:grade='E';
}
```

```
 printf("C语言=%6.2f \n",c_prog);
 printf("高等数学=%6.2f \n",math);
printf("大学英语=%6.2f \n",eng);
 printf("总分=%6.2f \n平均分=%6.2f\n",sum,ave);
 printf("等第=%c\n",grade);
}
```

讨论分析：

1. 对比分析使用 if 和 switch 语句编程的特点。
2. 注意分析 switch 中((int)ave/10)的作用。

第 5 章 循环结构程序设计

教学目标

通过本章的学习，使学生掌握循环结构的程序设计方法。

教学要求

知识要点	能力要求	关联知识
while 和 do while 循环语句	（1）掌握 while 循环语句的用法 （2）掌握 do-while 循环语句的用法	whlie(循环继续条件） {循环体语句组；}
for 循环语句	掌握 for 循环语句的用法	for([循环变量赋初值]; [循环继续条件]; [循环变量增值]) {循环体语句组； }
continue 和 break 语句	（1）掌握 continue 语句的用法 （2）掌握 break 语句的用法	在循环中当满足特定条件时，使用 break 语句强行结束循环，转向执行循环语句的下一条语句；对于 for 循环，跳过循环体其余语句，转向循环变量增量表达式的计算
循环的嵌套	掌握循环的嵌套	3 种循环（while、do while、for）可以互相嵌套

重点难点

- while 和 do while 循环语句
- for 循环语句
- continue 和 break 语句

循环结构可以完成重复性和规律性的操作。在人们所需处理的运算任务中，常常需要用到循环，例如：1～100 的累加和等。在语言中有 3 种循环语句：while、do while、for。用 goto 语句和 if 语句也能构成循环。学习本章内容时，应正确理解循环条件的概念，熟练掌握 3 种循环语句，特别是 for 循环的嵌套使用。要多做习题，仿照例题多编写程序上机运行，才能掌握循环程序的编制方法。另外，学习 C 语言程序设计应注意学习编程的算法、编程的思路，如排序的算法。

5.1 循环程序设计概述

循环结构是程序中一种很重要的结构。其特点是在给定条件成立时，反复执行某程序段，直到条件不成立为止。给定的条件称为循环条件，反复执行的程序段称为循环体。C 语言提供了多种循环语句，可以组成各种不同形式的循环结构。

（1）用 goto 语句和 if 语句构成循环。

（2）用 while 语句构成循环。

（3）用 do-while 语句构成循环。

（4）用 for 语句构成循环。

5.2 goto 语句

goto 语句为无条件转向语句。

格式：goto<语句标号>;

功能：程序执行到 goto 语句时，转到语句标号指定的语句去执行。

说明：

（1）语句标号必须用标识符表示，不能用整数作为标号；

（2）与 if 语句一起构成循环结构。

【例 5.1】 求 $s=1+2+3+\ldots+100$。

```
void main()
{
    int i=1,s=0;
    loop: if(i<=100)      /*loop 是一个语句标号*/
    {  s=s+i;
       i++;
       goto loop;
     }
    printf("s=%d\n",s);
}
```

结构化程序设计方法主张限制使用 goto 语句。因为滥用 goto 语句，将会导致程序结构无规律，可读性差。

5.3 while 语句

1. 一般格式

```
Whlie(循环继续条件)
{循环体语句组;}
```

2. 执行过程

执行过程如图 5.1 所示。

（1）求解“循环继续条件”表达式。如果其值为非 0，转（2）；否则转（3）。

（2）执行循环体语句组，然后转（1）。

（3）执行 while 语句的下一条语句。显然，while 循环是 for 循环的一种简化形式（缺少“循环变量赋初值”和“循环变量增值”表达式）。

【例 5.2】用 while 语句求 1～100 的累计和。

```
#include <stdio.h>
void main()
 {
   int i=1,sum=0;     /*初始化循环控制变量 i 和累计器 sum*/
   while(i<=100)
   {
    sum+=i;           /*实现累计*/
    i++;              /*循环控制变量 i 增 1*/
   }
  printf("sum=%d\n",sum);
 }
```

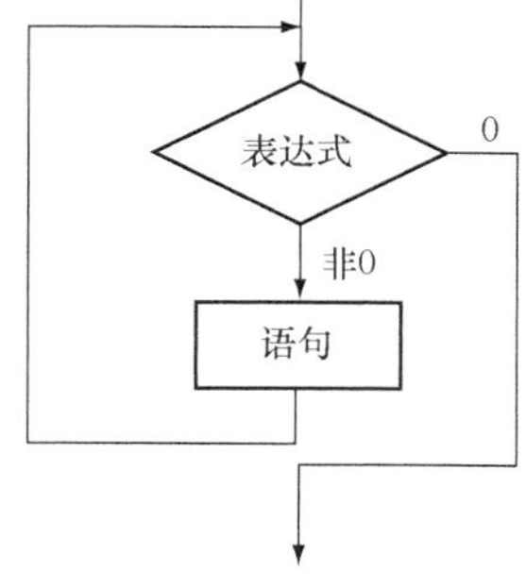

图 5.1　while 执行流程图

运行结果：

```
sum=5050
```

解析：此程序 while 语句的循环体有两个语句 sum+=I;i++;所以要用{}号括起来以复合语句形式出现。

另外，在循环体中应有使循环趋向于结束的语句。例如，本例题中当 $i>100$ 时循环结束，所以在循环体内一定要有 *i*++；语句使 *i* 变量增值，才能最终使 $i>100$ 循环结束。如果无 *i*++ 语句，*i* 的值始终不改变，循环永不结束。

5.4　do while 语句

1．一般格式

```
do
  {循环体语句组; }
  while(循环继续条件);        /*本行的分号不能缺省*/
```

当循环体语句组仅由一条语句构成时，可以不使用复合语句形式。

2．执行过程（见图 5.2）

（1）执行循环体语句组。

（2）计算“循环继续条件”表达式。

如果“循环继续条件”表达式的值为非 0（真），则转向（1）继续执行；否则，转向（3）。

（3）执行 do while 循环语句的下一条语句。

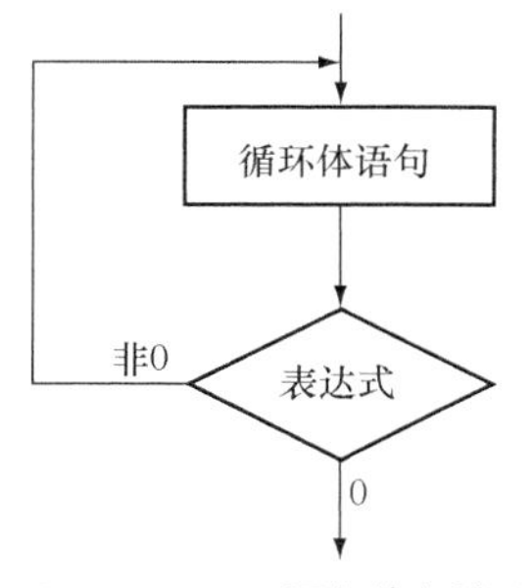

图 5.2　do while 语句执行流程图

do while 循环语句的特点是先执行循环体语句组，然后再判断循环条件。

【例 5.3】 用 do while 循环语句求解 1～100 的累计和。

```
 void main()
{
int i=1,sum=0;      /*定义并初始化循环控制变量 i，以及累计器 sum*/
do
{
 sum+=i;          /*累计*/
 i++;
}
```

```
while(i<=100);      /*循环继续条件：i<=100*/
      printf("sum=%d\n",sum);
   }
```

运行情况：

```
sum=5050
```

do while 循环语句比较适用于处理不论条件是否成立，先执行 1 次循环体语句组的情况。除此之外，do while 循环语句能实现的，for 语句也能实现，而且更简洁。

5.5　for 语句

在 3 条循环语句中，for 语句最为灵活，不仅可用于循环次数已经确定的情况，也可用于循环次数虽不确定，但给出了循环继续条件的情况。

1．for 语句的一般格式

```
for([循环变量赋初值];[循环继续条件];[循环变量增值])
   {循环体语句组;}
```

2．for 语句的执行过程

（1）求解“循环变量赋初值”表达式。

（2）求解“循环继续条件”表达式。如果其值非 0，执行(3)；否则，转至(5)。

（3）执行循环体语句组。

（4）求解“循环变量增值”表达式，然后转向(2)。

（5）执行 for 语句的下一条语句。

执行过程如图 5.3 所示。

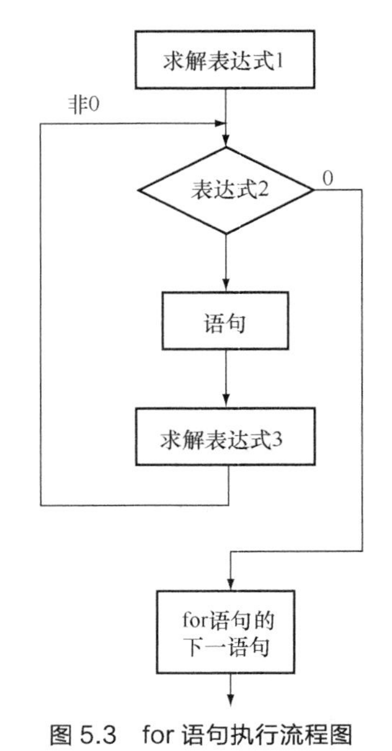

图 5.3　for 语句执行流程图

例：for(n=1;n<=20;n++)

```
s=s+n;
```

执行过程如图 5.4 所示。

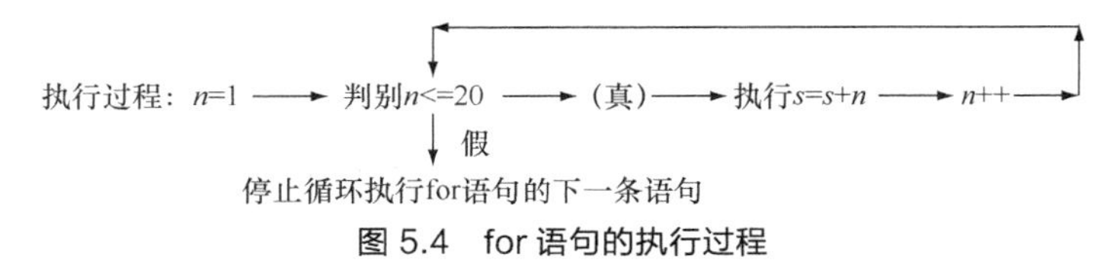

图 5.4　for 语句的执行过程

3．说明

（1）“循环变量赋初值”、“循环继续条件”和“循环变量增值”部分均可缺省，甚至全部缺省，但其间的分号不能省略。

①
```
i=1;
for(;i<=100;i++)
s=s+i;
```

for 中缺省循环变量赋初值，但是在 for 前面要有 i=1;

②
```
for(i=1;;i++)
s=s+i;
```

for 中缺省“循环继续条件”，相当于条件永远为真，无限循环。

③ for(;;)语句;

全部缺省即不设初值，不判断条件，循环变量不增值。无终止地执行循环体。

（2）当循环体语句组仅由一条语句构成时，可以不使用{}号括起来，但是当循环体语句组由多条语句构成时必须用{}号括起来。

（3）“循环变量赋初值”表达式，既可以是给循环变量赋初值的赋值表达式，也可以是与此无关的其他表达式（如逗号表达式）。

例：for(sum=0,i=1;i<=100;i++) sum+=i;

（4）“循环继续条件”部分是一个逻辑量，除一般的关系表达式（如 $n<=20$）或逻辑表达式（如 $a<b\&\&x<y$）外，也允许是数值（或字符）表达式，只要其值为非 0（真），就执行循环体。

例：for(n=0;(c=getchar())!='\n';n+=c);

在循环继续条件中先从键盘接收一个字符给 *c*，然后判断其值是否等于'\n'（换行符），如果不等于，就执行循环体，此语句最后有“;”说明循环体为空语句，所以执行 n+=c 即把字符的 ASCII 码值累加存入 *n* 变量。

此语句的作用是不断输入字符，将它们的 ASCII 值相加，直到输入一个换行符为止。

【例 5.4】 求 1～100 的累计和。

```
#include <stdio.h>
void main()
{
   int i,sum=0;                    /*将累计器 sum 初始化为 0*/
   for(i=1;i<=100;i++)
   sum+=i;                         /*实现累计*/
   printf("sum=%d\n",sum);
}
```

运行结果如下：

```
sum=5050
```

【例 5.5】 求 $s=1+1/2+1/3+\ldots+1/n$。

```
void main( )
{
   int i,n;
   float s=1;
   printf("input n: ");
   scanf("%d",&n);
   for(i=2;i<=n;i++)
   s=s+1.0/i;
   printf("s=%f\n",s);
}
```

运行结果：

```
input n:4↙
s=2.083333
```

注意：此程序求 1、1/2、1/3、…、1/*n* 累加和。由于 C 语言中的“/”除法运算是当除数和被除数都是 int 整型数时，相除的结果是整数商；当除数和被除数中只要有一个为实数时，相除的结果是实数商。因此，要求 $s=1+1/2+1/3+\ldots+1/n$ 中的 1/2、1/3、…、1 / *n* 各项都为实数，以上程序如果将 *i* 定义为 int 整型，执行 for(i=2;i<=n;i++) s=s+1/i;循环结果 $s=1$。因为 1/*i* 中分子 1 是整数，分母 *i* 是整型，则 1/2 的整数商是 0，同理 1/3…1/*n* 各项都是 0，所

以 $s=1+0+0+\cdots+0=1$。这样求得的结果不符合题意。

解决的办法如下。

方法 ①：i 变量定义为 int 整型，将 s=s+1/I;语句改写成 s=s+1.0/I;这样分子 1.0 是实型数，分母 i 是整型数，则商是实数。不会是整数，就避免以上出现的问题。本例题采用的是方法①。

方法 ②：将 i 定义成 float 实型变量，循环语句为 for(i=2;i<=n;i++) s=s+1/i;这样虽然分子是 1 整型，但是分母 i 是实型，因此相除结果是实数商也可避免以上出现的问题。

5.6 循环的嵌套

一个循环体内又包含另一个完整的循环结构，称为嵌套。

1．3 种循环（while、do while、for）可以互相嵌套

（1）
```
while()
{
   …
   while()
   {…}
}
```

（2）
```
while()
{
 …
   do{…}
   while();
   …
}
```

（3）
```
do
{…
   do
   {…}
   while();
}
while()
```

（4）
```
for(;;)
{…
   while()
     {…}
     …
}
```

（5）
```
for(;;)
{
   for(;;)
     {…}
}
```

（6）
```
do
{
   …
   for(;;)
         {…}
}while();
```

2．两层 for 组成的双循环的执行过程

当外循环控制变量每确定一个值时，内循环的控制变量就要从头至尾地循环一遍。

【例 5.6】 双循环程序举例。

```
void main( )
{
   int x,int y;
   for (x=1;x<2;x++)
   for(y=1;y<=3;y++)
   printf("x=%d,y=%d\n",x,y);
}
```

运行结果：

```
x=1,y=1
x=1,y=2
x=1,y=3
x=2,y=1
x=2,y=2
x=2,y=3
```

【例 5.7】 下面程序的输出结果是什么（训练阅读程序能力）？

```
void main()
{
   int k=0,m=0;
   int x,y;
   for(x=0;x<2;x++)
   {
      for(y=0;y<3;y++)
      k++;
      k-=y;
   }
   m=x+y;
   printf("k=%d,m=%d\n",k,m);
}
```

运行结果：

```
k=0,m=5
```

解析：本程序是双循环嵌套，注意：内循环体只有一个语句 k++;，因为没有大花括号。不要将 $k-=y$;语句也认为是内循环体语句。当 $x=0$ 时，内循环执行 3 次($y=0,1,2$),k++执行 3 次，故内循环结束时 $k=3$。

注　　意

当内循环结束时循环控制变量 y 的值是 3，接着执行 $k-=y$;语句，即 $k=k-y=3-3=0$。当 $x=1$ 时，内循环仍执行原操作，使 $y=3,k=0$。当 $x=2$ 外循环结束，执行 $m=x+y=2+3=5$。所以输出结果为 $k=0,m=5$。

5.7 几种循环的比较

以上分别介绍了 while、do while 和 for 循环语句。也可以通过 if 和 goto 语句的结合构造循环结构。从结构化程序设计角度考虑,不提倡使用 if 和 goto 语句构造循环。一般采用 while、do while 和 for 循环语句。下面对它们进行粗略比较。

（1）4 种循环都可以用来处理同一问题，一般情况下它们可以互相代替。但一般不提倡用 goto 型循环。

（2）while 和 do whi1e 循环，只在 while 后面指定循环条件，在循环体中包含应反复执行的操作语句，包括使循环趋于结束的语句（如 i++，或 i=+1 等）。 for 循环可以在表达式 3 中包含使循环趋于结束的操作，甚至可以将循环体中的操作全部放到表达式 3 中。因此 for 语句的功能更强，凡用 while 循环能完成的，用 for 都能实现。

（3）用 while 和 do while 循环时，循环变量初始化的操作应在 while 和 do whi1e 语句之前完成。而 for 语句可以在表达式 1 中实现循环变量的初始化。

（4）while 和 for 循环是先判断表达式，后执行语句；而 do while 循环是先执行语句，后判断表达式。

（5）对 while 循环、do while 循环和 for 循环，可以用 break 语句跳出循环，用 continue 语句结束本次循环（break 语句和 continue 语句的介绍见下节）。而对用 goto 语句和 for 语句构成的循环，不能用 break 语句和 continue 语句进行控制。

5.8 break 和 continue 语句

为了使循环控制更加灵活，C 语言提供了 3 种无条件转移控制语句：break（间断语句）、continue（连续语句）和 goto（转向语句）。前面我们已经介绍过 goto 语句的使用，下面主要介绍一下 continue 语句和 break 语句。

5.8.1 break 语句

格式：break;

功能：在循环中当满足特定条件时，使用 break 语句强行结束循环，转向执行循环语句的下一条语句。

【例 5.8】break 语句的应用。

```
void main()
{
   int r;
   float pi=3.14159,s;
   for(r=1;r<=10;r++)
   {
      s=pi*r*r;
      if(s>100) break;
      printf("r=%d,s=%f\n",r,s);
   }
}
```

运行结果：

```
r=1,s=3.141590
r=2,s=12.566360
r=3,s=28.274310
r=4,s=50.265440
r=5,s=78.539750
```

解析：程序的作用是计算 r=1 到 r=10 时的圆的面积，直到面积大于 100 为止。从上面的循环可以看到：当 s>100 时，执行 break;语句，提前结束循环，即不再继续执行其余的几次循环。

5.8.2 continue 语句

功能：对于 for 循环，跳过循环体其余语句，转向循环变量增量表达式的计算；对于 while 和 do while 循环，跳过循环体其余语句，但转向循环继续条件的判定。

【例 5.9】将 100～200 之间的不能被 3 整除的数输出（continue 应用举例）。

```
void main()
{
    int n;
    for (n=100;n<=200;n++)
    {
        if(n%3==0)
        continue;
        printf("%d\n",n);
    }
}
```

解析：当 n 能被 3 整除时，执行 continue 语句，结束本次循环，向前转到 for 执行 n++，进行下一次循环，当 n 不能被 3 整除时才执行 printf 函数输出 n 的值后，再进行下一次循环，

直到 $n>200$ 停止循环。

【例 5.10】分析下面程序的运行结果（continue 应用举例）。

```
void main()
{
    int i=0,s=0;
    do
    {
        if(i%2){i++;continue;}
        i++;
        s+=i;
    }while(i<7);
    printf("s=%d\n",s);
}
```

运行结果：

```
s=16
```

解析：

当 i%2 为 0 时，表示假跳过{i++;continue;}语句，执行 i++;s+=i;

当 i%2 为 1 时，表示真执行{i++;continue;}语句，所以本程序 *s* 的和是 1+3+5+7。

break 和 continue 语句对循环控制的影响如图 5.5 所示。

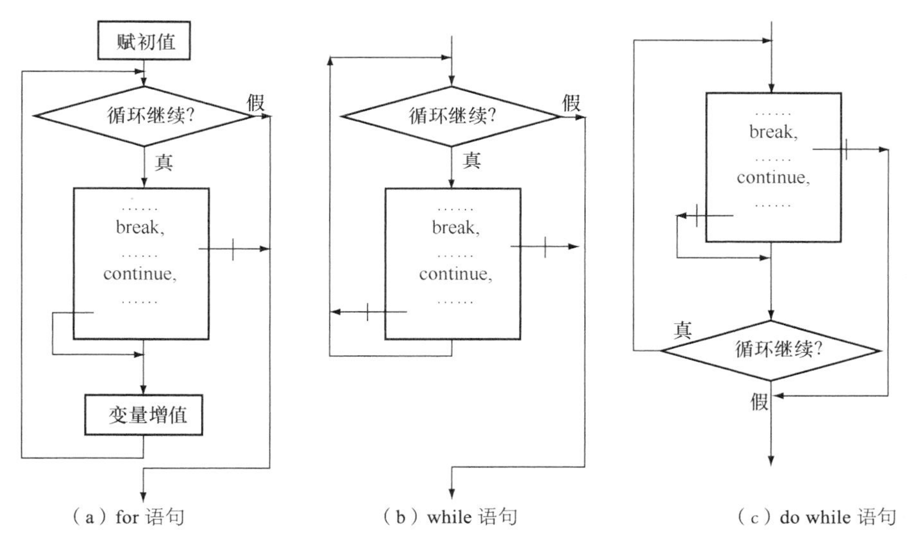

图 5.5　break 和 continue 对循环控制的影响

说明：

（1）break 能用于循环语句和 switch 语句中，continue 只能用于循环语句中；

（2）循环嵌套时，break 和 continue 只影响包含它们的最内层循环，与外层循环无关。

5.9　循环结构程序设计举例

【例 5.11】输出 10～100 之间的全部素数。所谓素数 n 是指，除 1 和 n 之外，不能被 $2-(n-1)$ 之间的任何整数整除的数。

算法设计要点如下所述。

（1）显然只要设计出判断某数 n 是否是素数的算法，外面再嵌套一个 for 循环即可；

（2）判断某数 n 是否是素数的算法：根据素数的定义，用 $2-(n-1)$之间的每一个数去整除 n，如果都不能被整除，则表示该数是一个素数。

判断一个数是否能被另一个数整除，可通过判断它们整除的余数是否为 0 来实现。

参考源程序如下：

```
void main()
{
   int i=11,j,counter=0;
   for(;i<=100;i+=2)                    /*外循环：为内循环提供一个整数 i*/
   {
      for(j=2;j<=i-1;j++)               /*内循环：判断整数 i 是否是素数*/
         if(i%j==0)                     /*不是素数*/
            break;                      /*强行结束内循环，执行下面的 if 语句*/
   if(counter%10==0)                    /*每输出 10 个数换一行*/
            printf("\n");
         if(j>=i)                       /*整数 i 是素数：输出，计数器加 1*/
         {
            printf()("%6d",i);
            counter++;
         }
     }
}
```

运行结果：

```
11 13 17 19 23 29 31 37 41 43
47 53 59 61 67 71 73 79 83 89
97
```

【例 5.12】相传古代印度国王舍罕要褒奖他的聪明能干的宰相达依尔（国际象棋发明者），问他需要什么，达依尔回答说："国王只要在国际象棋的棋盘上第 1 个格子放 1 粒麦子，第 2 个格子放 2 粒麦子，第 3 个格子放 4 粒麦子，依此类推，每一格加一倍，一直放到 64 格，我就感恩不尽了。"国王答应了，结果全印度的粮食用完还不够放。国王很纳闷，怎么也算不清这笔账。现在用 C 语言编程来算一下。

计算 s=1+2+22+23+…+264 算出小麦的颗粒数。1m^3 小麦大约 1.42×108 颗。

```
void main()
{
    int n;
    double v,sum=0.0,t=1.0;
    for(n=0;n<64;n++)
    {
       sum+=t;                          /*做累加各项*/
       t=2;                             /*做累乘求 2n 各项*/
    }
    printf("sum=%e\n",sum);
    v=sum/1.42e+8;
    printf("v=%e",v);
}
```

运行结果：

```
sum=1.84467e+19
v=1.29907e+11
```

【例 5.13】译密码。为使电文保密，往往按一定规律将其转换成密码，收报人再按约定的规律将其译回原文。例如，对英文字母 A～Z，a～z，即 ABCDEFGHIJKLMNOPQRSTUVWXYZ 和 abcdefghijklmnopqrstuvwxyz 可以按以下规律将电文变成密码：将字母 A 变成字母 E，即变成其后第 4 个字母；W 变成 A，X 变成 B，Y 变成 C，Z 变成 D。小写字母也按上述规律转换，非字母不变。如"China!"转换为"Glmre!"。

输入一行字符，要求输出其相应的密码，程序如下。

```
void main()
{
    char c;
    while((c=getchar())!= '\n')
   {
        if((c> ='a'&&c< ='z')||(c> ='A'&&c< ='Z'))
       {
          c=c+4;
          if(c>'Z'&&c< ='Z'+4||c>'z')
            c=c-26;
        }
    printf("% c", c);
    }
}
```

运行输入：

```
China!
```

运行结果：

```
Glmre!
```

【例 5.14】打印所有的“水仙花数”，所谓“水仙花数”是指一个 3 位数，其各位数字立方和等于该数本身。例如，153 是一个水仙花数，因为

$153 = 1^3 + 5^3 + 4^3$。

```
#include<stdio.h>
void main()
{
int i,x,y,z,num;
  for(i=100;i<1000;i++)
  {
    x=i/100;
    y=i/10-x*10;
    z=i%10;
        if(x*100+y*10+z==x*x*x+y*y*y+z*z*z)
{printf("\n%d\n",i);}
  }
getch();
}
```

运行结果：

```
153
370
371
407
```

【例 5.15】猴子吃桃的问题。猴子第 1 天摘下若干桃子，当即吃了一半又加一个，第 2 天早上又将剩下的桃子吃掉一半又加一个。以后每天早上都吃了前一天剩下的一半加一个。到第 10 天早上时想吃，就只剩下一个桃子了。求第一天共摘了多少桃子。

```
#include<stdio.h>
void main()
{
int x=1,y,i;
   for(i=0;i<9;i++)
   {
    y=(x+1)*2;
    x=y;
   }
printf("the number of peaches are  %d\n",y);
}
```

运行结果：

```
the number of peaches are 1534
```

小结与提示

通过本章的学习可以看到，所谓循环就是在循环条件为“真”时，让计算机反复执行一组指令，直到循环条件为“假”时终止。实际应用中用到的大多数循环通常分为两类：一类是次数确定的循环，一类是次数不确定的循环。

对 while、do while 和 for 这 3 种循环语句，它们之间既有相同点，又有差异。

① 3 种循环都可以用来处理同一问题，一般情况下它们可以互相代替。

② do while 循环类似于 while 循环，不同之处是它们执行循环体和计算表达式的先后顺序不同。此外，从流程图上可以看出，do while 循环至少要执行一次循环体，而 while 和 for 循环在进入循环体之前，首先要判断循环条件的表达式，若条件不成立，则循环体一次也不执行就结束循环流程。所以，这两种循环可能执行零次或若干次。

③ while 和 do while 循环，在 while 后面指定循环条件，在循环体中包含应重复执行的操作语句。而 for 循环可以在表达式 3 中包含使循环趋于结束的操作，甚至可以将循环体中的操作全部放到表达式 3 中。

④ 用 while 和 do while 循环时，循环变量初始化的操作应在 while 和 do while 之前完成。而 for 语句可以在表达式 1 中实现循环变量的初始化。

知识拓展

goto 语句的得失

自从计算机科学“一代宗师”Dijkstra 于 1968 年发表了著名的文章“Go To Statement Considered Harmful”之后，goto 语句就成了“过街老鼠”，人人喊打。甚至有人开玩笑说：“今天你敢用 goto，明天老板就让你 go home”。

“不要在程序中使用 goto”已经成为绝大多数开发者的“圣经”，但却很少有人认真思考过，为什么会这样？

goto 问题之所以这么显著，从历史的角度来看，在 Dijkstra 发表那篇文章之前，现代软件构造方法还没有出现，goto 语句是当时实现流程控制的主要手段。那篇文章发表之后，引发了大量的争论，并最终导致了当代程序员理所当然地认为结构化编程的出现与风靡。但有趣的地方也正在于此，结构化编程是由 goto 问题的争论产生的。从时间的顺序上讲，结构化编程语言 Pascal、C 及现代面向对象语言 C++、Java、C#均出现在 1968 年之后，但为什么这些语言都保留了 goto 或与 goto 功能相近的语句？

所以，问题本身并不在于 goto。Dijkstra 之所以竭力反对使用 goto 是因为泛滥地使用 goto 将会导致软件难以理解和跟踪。所以，我们要反对的是“难以理解和跟踪”的程序，而不是 goto 语句。

真正的“过街老鼠”不是 goto，而是标号（label），但是过多地使用 goto 的结果可能还是会给程序带了更多难懂的地方，毕竟维护和开发很少是同一班人马。但我个人还是认为，从技术角度来说，goto 还是没有问题的，它能给一些天才型的程序员带来更多的自由度，当然也会为他们带来更多的乐趣了。但是，从管理角度上来看，至少封杀 goto 的现象的确为我们的结构化编程带来更好的结果，这个是不容否认的，虽然在统计上，当高级语言编译成为低级语言或者汇编语言的时候，里面的 goto 指令或者近似的程序转移指令很多，比例很高，但是实际上，那些对程序员来说可以是透明的，那是在编译后的事情了，对于应用程序员来说，根本不用去考虑，更加容易阅读的代码对程序员才是真正的要点。综上，goto 还是属于那种比较难管理的，对整个工程来说，不利还是大于有利的方面。但是，我们不能完全否认 goto 的作用，有些时候，使用 goto 语句可以更好地简化程序结构，提高编程效率。所以，对于 goto 语句，我们不能简单地评判其好坏，只是建议大家不要滥用 goto 语句。

习题与项目练习

一、选择题

1. 下面程序的功能是将小写字母变成对应大写字母后的第 2 个字母。其中，y 变成 A、z 变成 B。请选择填空。

```
#include <stdio.h>
void main()
{char c;
  while((c=getchar())!='\n')
  {if(c>='a'&&c<='z')
     {
           【1】;
           if(c>'Z')
           【2】;
     }
     printf("%c",c);
  }
}
```

【1】 A. c+=2　　B. c−=32　　C. c=c+32+2　　D. c−=30

【2】 A. c=‘B’　　B. c=‘A’　　C. c−=26　　D. c=c+26

2. 下面程序的功能是在输入的一批正整数中求出最大者，输入 0 结束循环，请选择填空（　　）。

```
#include <stdio.h>
void main()
{
        int a,max=0;
        scanf("%d",&a);
        while((_____))
        {
            if(max<a) max=a;
            scanf("%d",&a);
        }
        printf("%d",max);
    }
```

A. a==0　　B. a　　C. !a==1　　D. !a

3. 下面程序的运行结果是（　　）。

```
#include <stdio.h>
void main()
{
        int num=0;
        while(num<=2)
        {
```

```
            num++;
            printf("%d\n",num);
        }
}
```

A. 1　　B. 1
2　　C. 1
2
3　　D. 1
2
3
4

4. 若运行以下程序时，从键盘输入 2473<回车>，则下面程序的运行结果是（　　）。

```
#include <stdio.h>
void main()
{
        int c;
        while((c=getchar())!='\n')
            switch(c-'2')
            {
                case 0:
                case 1: putchar(c+4);
                case 2: putchar(c+4); break;
                case 3: putchar(c+3);
                default: putchar(c+2); break;
            }
        printf("\n");
}
```

A. 668977　　B. 668966　　C. 66778777　　D. 6688766

5. C 语言中 while 和 do while 循环的主要区别是（　　）。

A. Do while 的循环体至少无条件执行一次

B. while 的循环控制条件比 do while 的循环控制条件严格

C. do while 允许从外部转到循环体内

D. do while 的循环体不能是复合语句

6. 以下能正确计算 $1\times2\times3\times\cdots\times10$ 的程序段是（　　）。

A.
```
do{i=1; s=1;
   s=s*i;
   i++;
  }while(i<=10);
```

B.
```
do{i=1; s=0;
   s=s*i;
   i++;
  }while(i<=10);
```

C.
```
i=1; s=1;
do{s=s*i;
   i++;
  }while(i<=10);
```

D.
```
i=1; s=0;
do{s=s*i;
   i++;
  }while(i<=10);
```

7. 以下程序段（　　）。

```
x=-1;
do
{       x=x*x;      }
while(!x);
```

A. 是死循环　　B. 循环执行二次

C. 循环执行一次　　D. 有语法错误

8. 以下描述中正确的是（　　）。

A. 由于 do-while 循环中循环体语句只能是一条可执行语句，所以循环体内不能使用复

合语句

B. do while 循环由 do 开始，用 while 结束，在 while（表达式）后面不能写分号

C. 在 do while 循环体中，一定要有能使 while 后面表达式的值变为零（“假”）的操作

D. do while 循环中，根据情况可以省略 while

9. 若有如下语句

```
int x=3;
do{ printf("%d\n"),x-=2; }while(!(--x));
```

则上面程序段（　　）。

A. 输出的是 1　　B. 输出的是 1 和−2

C. 输出的是 3 和 0　　D. 是死循环

10. 下面程序的功能是计算正整数 2345 的各位数字平方和，请选择填空。

```
#include <stdio.h>
void main()
{
        int n,sum=0;
        n=2345;
        do{
            sum=sum+【1】( );
            n=【2】( );
        }while(n);
        printf("sum=%d",sum);
}
```

【1】 A. n%10　　B. (n%10)*(n%10)　　C. n/10　　D. (n/10)*(n/10)

【2】 A. n/1000　　B. n/100　　C. n/10　　D. n%10

11. 下面程序是从键盘输入学号，然后输出学号中百位数字是 3 的学号，输入 0 时结束循环。请选择填空（　　）。

```
#include <stdio.h>
void main()
{
        long int num;
        scanf("%ld",&num);
        do{
             if(【1】____) printf("%ld",num);
             scanf("%ld",&num);
        while(【2】____);
}
```

【1】 A. num%100/10==3　　B. num/100%10==3

C. num%10/10==3　　D. num/10%10==3

【2】 A. n=n−2　　B. n=n　　C. n++　　D. n−=1

12. 等比数列的第一项 a=1，公比 q=2，下面程序的功能是求满足前 n 项和小于 100 的最大 n，请选择填空（　　）。

```
#include <stdio.h>
void main()
{
        int a,q,n,sum;
        a=1; q=2; n=sum=0;
        do{
             【1】____;
             ++n; a*=q;
        }while(sum<100);
        【2】____;
        printf("%d\n",n);
}
```

【1】 A. sum++　　B. sum+=a　　C. sum=a+a　　D. a+=sum

【2】 A. n=n−2　　B. n=n　　C. n++　　D. n−=1

13. 下面程序的功能是把 316 表示为两个加数的和，使两个加数分别能被 13 和 11 整除。请选择填空。

```
#include <stdio.h>
void main()
{
        int i=0,j,k;
        do{ i++; k=316-13*i; }while(____);
        j=k/11;
        printf("316=13*%d+11*%d",i,j);
}
```

A. k/11　　B. k%11　　C. k/11==0　　D. k%11==0

14. 下面程序的运行结果是（　　）。

```
#include <stdio.h>
void main()
{
        int y=10;
        do{ y--; }while(--y);
        printf("%d\n",y--);
}
```

A. −1　　B. 1　　C. 8　　D. 0

15. 若运行以下程序时，从键盘输入 ADescriptor<CR>(<CR>表示回车)，则下面程序的运行结果是（　　）。

```
#include <stdio.h>
void main()
{
        char c;
        int v0=0,v1=0,v2=0;
        do{
             switch(c=getchar())
             {
                 case 'a': case 'A':
                 case 'e': case 'E':
                 case 'i': case 'I':
                 case 'o': case 'O':
                 case 'u': case 'U': v1+=1;
                 default: v0+=1; v2+=1;
             }
        }while(c!= '\n');
        printf("v0=%d,v1=%d,v2=%d\n",v0,v1,v2);
}
```

A. v0=7,v1=4,v2=7　　B. v0=8,v1=4,v2=8

C. v0=11,v1=4,v2=11　　D. v0=12,v1=4,v2=12

16. 下面程序的运行结果是（　　）。

```
#include <stdio.h>
void main()
{
        int a=1,b=10;
        do{ b-=a; a++; }while(b--<0);
        printf("a=%d,b=%d\n",a,b);
}
```

A. a=3,b=11　　B. a=2,b=8　　C. a=1,b=−1　　D. a=4,b=9

17. 下面有关 for 循环的正确描述是（　　）。

A. for 循环只能用于循环次数已经确定的情况
B. for 循环是先执行循环体语句，后判断表达式
C. 在 for 循环中，不能用 break 语句跳出循环体
D. for 循环的循环体语句中，可以包含多条语句，但必须用花括号括起来

18. 对 for(表达式 1;;表达式 3)可理解为（　　）。

A. for(表达式 1;0;表达式 3)　　B. for(表达式 1;1;表达式 3)
C. for(表达式 1; 表达式 1;表达式 3)　　D. for(表达式 1; 表达式 3;表达式 3)

19. 若 i 为整型变量，则以下循环执行次数是（　　）。

```
for(i=2;i==0;) printf("%d",i--);
```

A. 无限次　　B. 0 次　　C. 1 次　　D. 2 次

20. 以下 for 循环的执行次数是（　　）。

```
for(x=0,y=0;(y=123)&&(x<4);x++)
```

A. 是无限循环　　B. 循环次数不定　　C. 执行 4 次　　D. 执行 3 次

21. 以下不是无限循环的语句为（　　）。

```
for(y=0,x=1;x>++y;x=i++) i=x
for(;;x++=i);
while(1) { x++; }
for(i=10;;i--) sum+=i;
```

二、填空题

1. 循环：for (x=0; x != 123;　) scanf ("%d", &x); 在______时被终止。

2. 设 int x=5; ，则循环语句：while (x>=1) x−−; 执行后，x 的值是______。

3. 下面程序的功能是用“辗转相除法”求两个正整数的最大公约数。请填空。

```
#include <stdio.h>
void main()
{
int r,m,n;
scanf("%d %d",&m,&n);
if(m<n) _____;
r=m%n;
while(r) { m=n; n=r; r=_____; }
printf("%d\n",n);
}
```

4. 当运行以下程序时，从键盘键入 right?<CR>（<CR>代表回车），则下面程序的运行结果是______。

```
#include <stdio.h>
void main()
{       char c;
        while((c=getchar()!='?') putchar(++c);
}
```

5. 下面程序的运行结果是______。

```
#include <stdio.h>
void main()
{
        int a,s,n,count;
        a=2; s=0; n=1; count=1;
        while(count<=7) { n=n*a; s=s+n; ++count; }
        printf("s=%d",s);
}
```

6. 当运行以下程序时，从键盘键入 China#<CR>（<CR>代表回车），则下面程序的运行结果是______。

```
#include <stdio.h>
void main()
{
int v1=0,v2=0; char ch;
while((ch=getchar())!='#')
switch(ch)
{
     case 'a':
     case 'h':
     default: v1++;
     case 'o': v2++;
}
printf("%d,%d\n",v1,v2);
}
```

7. 执行下面程序段后，k 值是______。

```
k=1; n=263;
do{ k*=n%10; n/=10; }while(n);
```

8. 下面程序段中循环体的执行次数是______。

```
a=10;
b=0;
do{ b+=2; a-=2+b; }while(a>=0);
```

9. 下面程序段的运行结果是______。

```
x=2;
do{ printf("*"); x--; }while(!x==0);
```

10. 下面程序段的运行结果是______。

```
i=1; a=0; s=1;
do{ a=a+s*i; s=-s; i++; }while(i<=10);
printf("a=%d",a);
```

11. 下面程序的功能是用 do while 语句求 1～1000 之间满足“用 3 除余 2、用 5 除余 3、用 7 除余 2”的数，且一行只打印 5 个数。请填空。

```
#include <stdio.h>
void main()
{
 int i=1,j=0;
 do{
         if(_____)
         {
            printf("%4d",i);
            j=j+1;
            if(_____) printf("\n");
         }
         i=i+1;
   }while(i<1000);
}
```

12. 下面程序的功能是统计正整数的各位数字中零的个数，并求各位数字中的最大者，请填空。

```
#include <stdio.h>
void main()
{ int n,count,max,t;
count=max=0;
scanf("%d",&n);
```

```
do{
    t=______;
    if(t==0) ++count;
    else if(max<t)______;
    n/=10;
}while(n);
printf("count=%d,max=%d",count,max);
}
```


13. 等差数列的第 1 项 a=2，公差 d=3，下面程序的功能是在前 n 项和中，输出能被 4 整除的所有的和，请填空。

```
#include <stdio.h>
void main()
{
int a,d,sum;
a=2; d=3; sum=0;
do{
    sum+=a;
    a+=d;
    if(______) printf("%d\n",sum);
}while(sum<200);
}
```

14. 下面程序的功能是求 1111 的个、十、百位上的数字之和，请填空。

```
#include <stdio.h>
void main()
{
        int i,s=1,m=0;
        for(i=1;i<=11;i++) s=s*11%1000;
        do{ m+=______; s=______; }while(s);
        printf("m=%d\n",m);
}
```

15. 当运行以下程序时，从键盘输入 1 2 3 4 5 −1<CR>（<CR>代表回车），则下面程序的运行结果是______。

```
#include <stdio.h>
void main()
{
        int k=0,n;
        do{ scanf("%d",&n); k+=n; }while(n!=-1);
        printf("k=%d n=%d\n",k,n);
}
```

16. 下面程序的运行结果是______。

```
#include <stdio.h>
void main()
{
        int i,x,y;
        i=x=y=0;
        do{
            ++i;
            if(i%2!=0) { x=x+i; i++; }
            y=y+i++;
        }while(i<=7);
        printf("x=%d,y=%d\n",x,y);
}
```

17. 下面程序的运行结果是______。

```
#include <stdio.h>
void main()
{
        int a,b,i;
        a=1; b=3; i=1;
```

```
        do{
            printf("%d,%d, ",a,b);
            a=(b-a)*2+b;
            b=(a-b)*2+a;
            if(i++%2==0) printf("\n");
        }while(b<100);
}
```

18．当运行以下程序时，从键盘输入-1 0<CR>（<CR>代表回车），则下面程序的运行结果是______。

```
#include <stdio.h>
void main()
{
        int a,b,m,n;
        m=n=1;
        scanf("%d %d",&a,&b);
        do{
            if(a>0) { m=2*n; b++; }
            else { n=m+n; a+=2; b++; }
        }while(a==b);
        printf("m=%d n=%d",m,n);
}
```

19．下面程序段是找出整数的所有因子，请填空。

```
scanf("%d",&x);
i=1;
for(;______;)
{
        if(x%i==0) printf("%3d",i);
        i++;
}
```

20．鸡兔共有 30 只，脚共有 90 个，下面程序段是用于计算鸡兔各有多少只，请填空。

```
for(x=1;x<=29;x++)
{
        y=30-x;
        if(______) printf("%d,%d\n",x,y);
}
```

三、程序阅读

1．阅读下面的程序，解释其功能。

```
#include<stdio.h>
void main()
{
  int x=1, total=0, y;
  while (x<=10)
  {
    y = x*x;.
    printf ("%d  ", y);
    total += y;
    ++x;
    }
  printf("\nTotal is %d\n", total);
}
```

2．阅读下面的程序，写出其执行结果。

```
#include<stdio.h>
void main()
{
  int a = 10, b = 14, c = 3;
  if (a<b) a = b;
  if (a<c) a = c;
  printf ("a=%d, b=%d, c=%d\n", a, b, c);
}
```

3. 有程序如下：

```
#include<stdio.h>
void main()
{
  char ch;
  ch = getchar();
  if (ch>='a' && ch<='m' || ch>='A' && ch<='M')
    ch = ch+3;
  else if (ch>='n' && ch<='z' || ch>='N' && ch<='Z')
    ch = ch-3;
  printf ("%c\n", ch );
}
```

假设从键盘上输入“Exit”或输入“next”后回车。试问printf语句打印出什么信息？

四、编程题

1. 利用while、do while、for循环语句，分别编写程序，求：1+2+3+…+99+100之和，并打印输出。

2. 接收键盘输入的一个个字符，并加以输出，直到键入的字符是“#”时终止。

3. 求以下算式的近似值：

$$1+\frac{1}{2}+\frac{1}{3}+\frac{1}{4}+\cdots+\frac{1}{n}\cdots$$

要求至少累加到$1/n$不大于0.00984为止。输出循环次数和累加和。

4. 编写一个程序，求出所有各位数字的立方和等于1099的3位整数。例如，379就是这样的一个满足条件的三位数。

5. 每个苹果0.8元，第1天买2个苹果，第2天开始，每天买前一天的2倍，直至购买的苹果个数达到不超过100的最大值。编写程序求每天平均花多少钱？

6. 试编程序，求一个整数任意次方的最后3位数。即求xy的最后3位数，要求x、y从键盘输入。

7. 编写程序，从键盘输入6名学生的5门成绩，分别统计出每个学生的平均成绩。

五、项目练习

学生成绩管理系统基础练习3

1. 项目说明

在第4章项目练习的基础上，循环完成下面功能直到选择退出：输入学生的课程成绩，计算并输出其总成绩和平均成绩，然后根据平均成绩输出学生的学习等第。要求如下：

平均成绩≥90为A等；平均成绩≥80为B等；平均成绩≥70为C等；

平均成绩≥60为D等；其余为E等；

2. 参考程序

```
#include<stdio.h>
void main()
{ float c_prog,math,eng,sum,ave;
  char grade;
  char ifnot;
  while(1)
{
  printf("请输入C语言成绩\n");
  scanf("%f",&c_prog);
  printf("请输入高等数学成绩\n");
  scanf("%f",&math);
  printf("请输入大学英语成绩\n");
  scanf("%f",&eng);
```

```
 sum=c_prog+math+eng;
 ave=sum/3;
 switch((int)ave/10)
{case 10:
 case 9: grade='A';break;
 case 8: grade='B';break;
 case 7: grade='C';break;
 case 6: grade='D'; break;
 default:grade='E';
}
 printf("C语言=%6.2f \n",c_prog);
 printf("高等数学=%6.2f \n",math);
 printf("大学英语=%6.2f \n",eng);
 printf("总分=%6.2f \n平均分=%6.2f\n",sum,ave);
 printf("等第=%c\n",grade);
 printf("\t\t是否继续? 退出请按n或N，其他键继续! \n");
 getchar();                              //接收最后一个输入函数的回车符
 scanf("%c",&ifnot);
 if(ifnot=='n'||ifnot=='N') break;   // 终止循环
}
}
```

讨论分析：

1. while的条件表达式为何用一个常量 1?

2. 程序倒数第3句getchar();的作用是什么？没有这个语句是否可以？请验证并说明其作用。

3. 能否用其他解决办法来代替getchar()？请查阅资料并进行验证。

第6章 数组

教学目标

通过本章的学习，使学生掌握数组的使用方法。

教学要求

知识要点	能力要求	关联知识
一维数组	（1）了解一维数组的定义 （2）掌握一维数组引用方法	类型说明符 数组名 [常量表达式];
二维数组	（1）了解二维数组的定义 （2）掌握二维数组引用方法	类型说明符 数组名[常量表达式 1][常量表达式 2]
字符数组	（1）了解字符数组的定义 （2）掌握字符数组引用方法	用来存放字符量的数组称为字符数组，字符数组的每个元素存放一个字符
字符串处理函数	（1）了解字符串处理函数 （2）掌握字符串处理函数的使用方法	puts,gets 函数

重点难点

- 一维数组的定义和引用方法
- 字符数组的定义和引用方法
- 字符串处理函数的使用方法

在学习了前面几章之后，我们已经掌握了程序设计的基本知识，能够进行一些简单的数据计算和处理。但是，在现实生活中我们经常会遇到批量数据处理的问题。例如，某个年级 3 000 名学生的信息处理问题，如果仍然使用前面所使用的单个变量的定义方法，我们需要进行 3 000 个简单变量命名，而如果需要处理每个学生的 N 个信息，则需要定义 $N\times3000$ 个变量来保存相关信息，并且这些变量之间要没有关联。因此，我们可能无法处理如此众多的信息。在程序设计中，为了处理数据方便，把具有相同类型的若干变量按有序的形式组织起来，这些按序排列的同类数据元素的集合称为数组。

在C语言中，数组属于构造数据类型。一个数组可以分解为多个数组元素，这些数组元素可以是基本数据类型（如整型、实型）或是构造类型。因此，按数组元素的类型不同，数组又可分为数值数组、字符数组、指针数组、结构数组等各种类别。本章介绍数值数组和字符数组，其余的在以后各章陆续介绍。

6.1 一维数组的定义和引用

由于数组是一组相同类型的变量的集合，和变量定义与使用一样，在C语言中使用数组必须先进行定义，然后才能够使用。

6.1.1 一维数组的定义

一维数组是指数组中每一个元素的位置编号只有一位。如果说单个变量是一个个独立的元素，则一维数组就是一组变量根据位置编号连在一起的一个线性结构。

一维数组的定义方式为

```
类型说明符 数组名 [常量表达式];
```

其中，

类型说明符是任意一种基本数据类型或构造数据类型。

数组名是用户定义的数组标识符，和变量名的意义相似。

方括号中的常量表达式表示数据元素的个数，也称为数组的长度。

例：

int a[10]; 数组类型为整型，数组名为 a，有 10 个元素。

float b[10],c[20]; 数组类型为实型，数组名分别为 b、c，其中 b 数组有 10 个元素，c 数组中有 20 个元素。

char ch[20]; 数组类型为字符型，数组名为 ch，有 20 个元素。

通过上述举例我们可以看出，数组的定义方式和普通变量的定义方式是一样的，区别在于在定义数组时我们需要指定数组中的元素个数。

对于数组类型说明应注意以下几点。

（1）数组的类型实际上是指数组元素的取值类型。对于同一个数组，其所有元素的数据类型都是相同的。

（2）数组名的书写规则应符合标识符的书写规定。

（3）数组名不能与其他变量名相同。

例：

```
void main()
{
  int a;
  float a[10];
  ……
}
```

是错误的。

（4）方括号中常量表达式表示数组元素的个数，如 a[10]表示数组 a 有 10 个元素。但是其下标从 0 开始计算。因此 10 个元素分别为 a[0],a[1],a[2],a[3],a[4]....a[9]。

需要说明的是，在 Visual C++6.0 环境中，如果我们定义了 a[10]这样一个数组，实际使用时可以使用 a[10]、 a[11]等。原则上我们建议大家只使用定义范围内的数组元素。

（5）不能在方括号中用变量来表示元素的个数，但是可以是符号常数或常量表达式。

例：

```
#define N 5
```

```
void main()
{
 int a[3+2],b[7+N];
……
}
```

程序中的数组定义是合法的,系统会自动计算表达式的值作为数组的最大标号值。

但是下述说明方式是错误的。

```
void main()
{
 int n=5;
 int a[n];
 ……
}
```

由于方括号中的 *n* 是变量，系统会出现"expected constant expression"、" cannot allocate an array of constant size 0"、和"'a' : unknown size"等错误信息，错误的原因就在于在方括号中使用了变量 *n*。

（6）允许在同一个类型说明中，说明多个数组和多个变量。

例：

int a,b,c,d,k1[10],k2[20];这和定义同一类型的变量是一致的。

（7）定义数组时，方括号中的常量表达式的值必须为整型，否则在 Visual C++6.0 环境中也会出现错误信息。例：

```
void main()
{
 int a[11.1];
 ……
```

} 是错误的。

6.1.2　一维数组元素的引用

数组是同类型变量的集合，数组元素是组成数组的基本单元，所以我们使用数组就是要使用其中的一个个变量。例如，如果我们定义了一个数组 a[10]，其中可以存放 10 个数，我们只能一个一个地使用这些数，而不能把 10 个数作为整体使用。在引用时，a[1]、a[2] a[3] ...a[9]表示数组的一个个元素，我们要使用的就是这些元素的值，数组本身是不能作为数据使用的。

数组元素的标识方法为数组名后跟一个下标。下标表示了元素在数组中的顺序号。

数组元素的一般形式为

```
数组名[下标]
```

其中，下标只能为整型常量或整型表达式。

例：

```
a[5]
a[i+j]
a[i++]
```

都是合法的数组元素。

这里要说明的是，引用数组元素时的 a[5]与定义数组时 int a[5]中的 a[5]所表示的含义是不一样的。例：

```
void main()
```

```
{
  int a[5];  /* 表示定义了一个 5 个元素的整型数组 ，数组名为 a */
  a[4]=5;    /* 表示引用了数组的第 5 个元素，元素名为 a[4],并赋值为 5 */
 .....
}
```

注 意

a 不是变量，而 a[4]是一个变量。

数组元素通常也称为下标变量。必须先定义数组， 才能使用下标变量。

例如，输出有 10 个元素的数组必须使用循环语句逐个输出各下标变量：

```
for(i=0; i<10; i++)
   printf("%d",a[i]);
```

而不能用一个语句输出整个数组。

printf("%d",a); 这样的写法是错误的。

【例 6.1】将 1–10 的 10 个自然数倒序输出。

```
    #include <stdio.h>
    void main()
    {
      int i,a[10];
      for(i=0;i<=9;i++)
          a[i]=i;
      for(i=9;i>=0;i--)
          printf("%d",a[i]);
}
```

解析：本例中将循环变量的值和数组下标值进行关联，通过数组下标值的改变实现自然数的倒序输出。这里也提醒学习者，for 语句的循环变量取值要结合实际问题灵活设计。

【例 6.2】输出 1～20 自然数中的奇数值。

```
#include <stdio.h>
void main()
{
  int i,a[10];
  for(i=0;i<10;)
      a[i++]=2*i+1;
  for(i=0;i<=9;i++)
  printf("%d",a[i]);
 }
```

解析：本例中用一个循环语句给 a 数组各元素送入奇数值，然后用第 2 个循环语句输出各个奇数。在第一个 for 语句中，表达式 3 省略了。在下标变量中使用了表达式 i++，用以修改循环变量，C 语言允许用表达式表示下标。

6.1.3 一维数组的初始化

给数组赋值的方法除了用赋值语句对数组元素逐个赋值外，还可采用初始化赋值和动态赋值的方法。

和变量的初始化赋值一样，数组初始化赋值是指在数组定义时给数组元素赋予初值。数组初始化是在编译阶段进行的。这样将减少运行时间，提高效率。

初始化赋值的一般形式为

```
类型说明符 数组名[常量表达式]={值 1，值 2，…，值 N};
```

其中，在{ }中的各数据值即为各元素的初值，各值之间用逗号间隔。

例：

```
int a[10]={ 0,1,2,3,4,5,6,7,8,9 };
```

相当于 a[0]=0;a[1]=1，…，a[9]=9;即系统按照顺序依次将后面{ }中的值赋给对应位置的数组元素。

C 语言对数组的初始化赋值还有以下几点规定。

（1）可以只给部分元素赋初值。

当{ }中值的个数少于元素个数时，只给前面部分元素赋值。

例：

```
int a[10]={0,1,2,3,4};
```

表示只给 a[0] ~ a[4]5 个元素赋值，而后 5 个元素自动赋 0 值。

（2）只能给元素逐个赋值，不能给数组整体赋值。

例如，给 10 个元素全部赋 1 值，只能写为

```
int a[10]={1,1,1,1,1,1,1,1,1,1};
```

而不能写为

```
int a[10]=1;
```

（3）如给全部元素赋值，则在数组说明中可以不给出数组元素的个数。

例：

```
int a[5]={1,2,3,4,5};
```

可写为

```
int a[]={1,2,3,4,5};
```

6.1.4　一维数组编程练习

【例 6.3】编程求任意 10 个数中的最大数。

```
#include <stdio.h>
void main()
{
  int i,max,a[10];
  printf("please input 10 numbers:\n");
  for(i=0;i<10;i++)
      scanf("%d",&a[i]);
  max=a[0];
  for(i=1;i<10;i++)
      if(a[i]>max) max=a[i];
  printf("maxmum=%d\n",max);
}
```

解析：在本例程序中，第 1 个 for 循环语句的作用是逐个输入 10 个数到数组 a 中，然后把第一个数 a[0]送入 max 中，在第 2 个 for 循环语句中，从第 2 个元素 a[1] ~ a[9]逐个与 max 中的内容比较，若比 max 的值大，则把该元素的值送入 max 中，因此 max 总是保留已比较过的下标变量中的最大者。比较结束，输出 max 的值即为最大数。

从本例可以看出，数组既可以初始化赋值，也可以在程序执行过程中，对数组做动态赋值，这时可用循环语句配合 scanf 函数逐个对数组元素赋值。

【例 6.4】一个学习小组有 5 个人，每个人有 3 门课的考试成绩，求全组各科平均成绩。

```
#include <stdio.h>
void main()
{
   int i,s1[5],s2[5],s3[5];
   float av1=0,av2=0,av3=0;
   for(i=0;i<5;i++)
   {
      printf("\n 请输入第%d 个学生成绩 :\n",i+1);
      scanf("%d,%d,%d",&s1[i],&s2[i] ,&s3[i] );
      av1=av1+s1[i];
      av2=av2+s2[i];
      av3=av3+s3[i];
   }
   av1=av1/5.0;
   av2=av2/5.0;
   av3=av3/5.0;
   printf("课程1平均成绩=%5.2f,课程2平均成绩=%5.2f,课程3平均成绩=%5.2f",av1,av2,av3);
}
```

解析：本例程序中用了 3 个一维数组存放 3 门课程的成绩，用 3 个变量存放 3 门课程的平均成绩。在一个 for 循环中，printf 中使用汉字提示信息，是为了便于广大同学理解，在 Visual C++中字符串可以使用汉字，其中的 *i* 值是为了在程序运行时便于调试人员了解程序运行的过程，希望广大同学认真理解和应用，在大批量数据输入时尤为重要。在 scanf 函数中同时输入一个人的 3 门课程成绩，要注意彼此间的分隔符号，在数据输入时要用相同的分隔符号。建议读者将一个 scanf 函数改成 3 个，运行时操作起来更方便。请读者思考，为什么要用 5.0 去除 3 个平均数呢？

【例 6.5】输入任意 10 个整数，用选择法按由小到大顺序进行排序。

```
#include <stdio.h>
void main()
{
 int i,j,temp,num[10];
 printf("please input 10 numbers\n");
 for(i=0;i<10;i++)
    scanf("%d",&num[i]);
 printf(" 10 numbers:\n");
 for(i=0;i<10;i++)
    printf("%d",num[i]);
 printf("\n");

 for(i=0;i<9;i++)
   for(j=i+1;j<10;j++)
     if(num[i]>num[j])
      {temp=num[i];num[i]=num[j];num[j]=temp;}

 printf("the sorted 10 numbers:\n");
 for(i=0;i<10;i++)
    printf("  %d",num[i]);
 printf("\n");
}
```

解析：本程序中，第一部分的两个循环语句完成 10 个数的输入和输出；第二部分的二重循环完成数据的选择比较；第三部分的循环语句完成排序后的数据输出。选择法排序的思路是对任意输入的 10 个数，首先用第一个量 num[0]和其余的 9 个进行比较，从 num[1]开始，如果这个数小于 num[0] ，则进行数据交换，让 num[0]中始终保持较小的数，第一轮循环结束后，num[0]中存放的就是 10 个数中最小的；第二轮循环用 num[1]和从 num[1]开始的数进行比较，第二轮循环结束后，num[1]中存放第二小的数。依此类推，完成后续的排序。在这个过程中第一轮比较 9 个数，第二轮比较 8 个数，如此下去比较的数的个数依次是 7、6、5、4、3、2、1。最后一个量不进行比较。

选择法排序不是最理想的排序方法，但是方法比较简单，容易理解。数的排序方法很多，如起泡法等，请读者查阅相关资料进行对比学习。

6.2 二维数组的定义和引用

6.2.1 二维数组的定义

前面介绍的数组只有一个下标，称为一维数组。在实际问题中有很多量是二维的或多维的，因此C语言允许构造多维数组。多维数组元素有多个下标，以标识它在数组中的位置，所以也称多下标变量。本小节只介绍二维数组，多维数组可由二维数组类推而得到。

二维数组定义的一般形式：

```
类型说明符 数组名[常量表达式 1][常量表达式 2]
```

其中，常量表达式 1 表示第一维下标的长度，常量表达式 2 表示第二维下标的长度。

例如：

```
int a[3][4];
```

说明了一个 3 行 4 列的数组，数组名为 a，其下标变量的类型为整型。该数组的下标变量共有 3×4 个，即：

```
a[0][0],a[0][1],a[0][2],a[0][3]
a[1][0],a[1][1],a[1][2],a[1][3]
a[2][0],a[2][1],a[2][2],a[2][3]
```

和一位数组的线性结构相比，二维数组是一个平面结构。也就是说，其下标在两个方向上变化，下标变量在数组中的位置也处于一个平面之中，而不像一维数组只是一个向量。但是，实际的硬件存储器却是连续编址的，即存储器单元是按一维线性排列的。 如何在一维存储器中存放二维数组，可有两种方式：一种是按行排列， 即放完一行之后顺次放入第二行；另一种是按列排列，即放完一列之后再顺次放入第二列。在C语言中，二维数组是按行排列的，即先存放 a[0]行，再存放 a[1]行，最后存放 a[2]行。每行中有 4 个元素也是依次存放（由于数组 a 说明为 int 类型，该类型占两个字节的内存空间，所以每个元素均占有两个字节）。

6.2.2 二维数组元素的引用

二维数组的元素也称双下标变量，其表示的形式为

```
数组名[下标][下标]
```

其中，下标应为整型常量或整型表达式。

例：　　a[3][4]

表示 a 数组 3 行 4 列的元素。

同一维数组的一样，二维数组的下标变量和数组说明在形式中有些相似，但这两者具有完全不同的含义。数组说明的方括号中给出的是某一维的长度，即可取下标的最大值；而数组元素中的下标是该元素在数组中的位置标识。前者只能是常量，后者可以是常量、变量或表达式。

【例 6.6】一个学习小组有 5 个人，每个人有 3 门课的考试成绩，求全组分科的平均成绩和各科总平均成绩。

课程名 \ 姓名	张	王	李	赵	周
Math	80	61	59	85	76
C	75	65	63	87	77
Foxpro	92	71	70	90	85

可设一个二维数组 a[5][3]存放 5 个人 3 门课的成绩。再设一个一维数组 v[3]存放所求得各分科平均成绩，设变量 average 为全组各科总平均成绩。编程如下：

```
#include <stdio.h>
void main()
{
  int i,j,s=0,average,v[3],a[5][3];
  printf("input score\n");
  for(i=0;i<3;i++)
  {
      for(j=0;j<5;j++)
      {
        scanf("%d",&a[j][i]);
        s=s+a[j][i];
      }
     v[i]=s/5;
     s=0;
   }
  average =(v[0]+v[1]+v[2])/3;
  printf("math ave:%d\nc languag ave:%d\ndbase ave:%d\n",v[0],v[1],v[2]);
  printf("total:%d\n", average );
}
```

解析：程序中首先用了一个双重循环。在内循环中依次读入某一门课程的各个学生的成绩，并把这些成绩累加起来，退出内循环后再把该累加成绩除以 5 送入 v[i]之中，这就是该门课程的平均成绩。外循环共循环 3 次，分别求出 3 门课各自的平均成绩并存放在 v 数组之中。退出外循环之后，把 v[0]、v[1]、v[2]相加除以 3 即得到各科总平均成绩。最后按题意输出各个成绩。请大家特别注意思考 s=0;这条语句的作用，并思考还可以将其放在程序中哪个位置？

通过上述学习，我们可以看到，二维数组能够较好地处理现实生活中的二维表的问题。应该注意的是，数组的使用一定要和循环结构相结合，一维数组的输入输出使用单层循环，二维数组的输入输出采用二重循环，以此类推，三维数组使用三重循环等。

此外，前面我们说一维数组是一个线性结构，二维数组是一个平面结构，可以继续推断，三维数组应该是一个三维立体结构。一个问题：四维数组是一个什么样的结构？请大家思考。

6.2.3 二维数组的初始化

前面我们已经讲过，所谓初始化就是在定义说明的同时给数组元素进行赋值，二维数组也可以在类型说明时给各下标变量赋以初值。二维数组可按行分段赋值，也可按行连续赋值。

例如，对数组 a[5][3]：

（1）按行分段赋值可写为

```
int a[5][3]={ {80,75,92},{61,65,71},{59,63,70},{85,87,90},{76,77,85} };
```

（2）按行连续赋值可写为

```
int a[5][3]={ 80,75,92,61,65,71,59,63,70,85,87,90,76,77,85};
```

这两种赋初值的结果是完全相同的。

【例 6.7】将例 6.6 使用数组初始化赋值。

```
#include <stdio.h>
void main()
{
  int i,j,s=0, average,v[3];
  int a[5][3]={{80,75,92},{61,65,71},{59,63,70},{85,87,90},{76,77,85}};
  for(i=0;i<3;i++)
      { for(j=0;j<5;j++)
        s=s+a[j][i];
        v[i]=s/5;
        s=0;
      }
  average=(v[0]+v[1]+v[2])/3;
  printf("math:%d\nc languag:%d\ndFoxpro:%d\n",v[0],v[1],v[2]);
  printf("total:%d\n", average);
}
```

解析：使用数组初始化赋值，并使用选择法按由小到大顺序进行排序。

对于二维数组初始化赋值还有以下说明。

（1）可以只对部分元素赋初值，未赋初值的元素自动取 0 值。

例：

```
int a[3][3]={{1},{2},{3}};
```

是对每一行的第一列元素赋值，未赋值的元素取 0 值。 赋值后各元素的值为

```
1 0 0
2 0 0
3 0 0
int a [3][3]={{0,1},{0,0,2},{3}};
```

赋值后的元素值为

```
0 1 0
0 0 2
3 0 0
```

（2）如对全部元素赋初值，则第一维的长度可以不给出。

例：

```
int a[3][3]={1,2,3,4,5,6,7,8,9};
```

可以写为

```
int a[][3]={1,2,3,4,5,6,7,8,9};
```

（3）数组是一种构造类型的数据。二维数组可以看作是由一维数组的嵌套而构成的。设一维数组的每个元素都又是一个数组，就组成了二维数组。当然，前提是各元素类型必须相同。根据这样的分析，1 个二维数组也可以分解为多个一维数组。C 语言允许这种分解。

如二维数组 a[3][4]，可分解为 3 个一维数组，其数组名分别为

```
a[0]
a[1]
a[2]
```

对这 3 个一维数组不需另做说明即可使用。这 3 个一维数组都有 4 个元素，例如：一维数组 a[0]的元素为 a[0][0]、a[0][1]、a[0][2]、a[0][3]。

必须强调的是，a[0]、a[1]、a[2]不能当作下标变量使用，它们是数组名，不是一个单纯的下标变量。

二维数组在进行某些数学计算时应用较多，如矩阵和行列式的计算。

6.3 字符数组

用来存放字符量的数组称为字符数组，字符数组的每个元素存放一个字符。

6.3.1 字符数组的定义

形式与前面介绍的数值数组相同。

例：

```
char c[10];
```

由于字符型和整型通用，也可以定义为 int c[10]，但这时每个数组元素占 2 个字节的内存单元，这样使用会浪费系统的存储空间，一般我们不提倡这样使用。

字符数组也可以是二维或多维数组。

例：

```
char c[5][10];
```

即二维字符数组。

6.3.2 字符数组的初始化

字符数组也允许在定义时作初始化赋值。

例：

```
char c[10]={'c', ' ', 'p', 'r', 'o', 'g', 'r', 'a', 'm'};
```

赋值后各元素的值为

```
数组 C     c[0]的值为'c'
           c[1]的值为' '
           c[2]的值为'p'
           c[3]的值为'r'
           c[4]的值为'0'
           c[5]的值为'g'
           c[6]的值为'r'
           c[7]的值为'a'
           c[8]的值为'm'
```

其中，c[9]未赋值，系统会自动将其定为空字符'\0'。

当对全体元素赋初值时也可以省去长度说明。

例如：

```
char c[]={'c', ' ', 'p', 'r', 'o', 'g', 'r', 'a', 'm'};
```

这时 C 数组的长度自动定为 9。

6.3.3 字符数组的引用

【例 6.8】输出两个字符串。

第 1 种方法，使用两个一维字符数组。

```
#include <stdio.h>
void main()
{
  int i;
  char a[5]={ 'B', 'A', 'S', 'I', 'C',};
```

```
  char b[5]={ 'd', 'B', 'A', 'S', 'E'};
  for(i=0;i<=4;i++)
     printf("%c",a[i]);
  printf("\n");
  for(i=0;i<=4;i++)
     printf("%c",b[i]);
  printf("\n");
}
```

第2种方法，使用一个二维字符数组。

```
#include <stdio.h>
void main()
{
  int i,j;
  char a[][5]={{ 'B', 'A', 'S', 'I', 'C',},{ 'd', 'B', 'A', 'S', 'E'}};
  for(i=0;i<=1;i++)
    {
      for(j=0;j<=4;j++)
          printf("%c",a[i][j]);
      printf("\n");
    }
}
```

解析：本例的二维字符数组由于在初始化时全部元素都赋以初值，因此一维下标的长度可以不加以说明。

6.3.4 字符串和字符串结束标志

在C语言中没有专门的字符串变量，通常用一个字符数组来存放一个字符串。前面介绍字符串常量时，已说明字符串总是以“\0”作为串的结束符。因此，当把一个字符串存入一个数组时，也把结束符“\0”存入数组，并以此作为该字符串是否结束的标志。有了“\0”标志后，就不必再用字符数组的长度来判断字符串的长度了。

C语言允许用字符串的方式对数组做初始化赋值。

例如：

```
char c[]={'c', ' ', 'p', 'r', 'o', 'g', 'r', 'a', 'm'};
```

可写为：

```
char c[]={"C program"};
```

或去掉{}写为：

```
char c[]="C program";
```

用字符串方式赋值比用字符逐个赋值要多占一个字节，用于存放字符串结束标志“\0”。上面的数组c在内存中的实际存放情况为：

C		p	r	o	g	r	a	m	\0

“\0”是由C编译系统自动加上的。由于采用了“\0”标志，所以在用字符串赋初值时一般无需指定数组的长度，而由系统自行处理。

由于使用字符串赋值比较方便，所以在很多实际程序设计过程中，我们一般更愿意使用字符串。

6.3.5 字符数组的输入输出

字符数组的输入和输出既可以一个一个输出字符数组中的字符，如例6.8，也可以一次性输出全部字符。在采用字符串方式后，字符数组的输入输出将变得简单方便。

除了上述用字符串赋初值的办法外，还可用 printf 函数和 scanf 函数一次性输出输入一个字符数组中的字符串，而不必使用循环语句逐个地输入输出每个字符。

【例 6.9】字符数组整体输出。

```
#include <stdio.h>
void main()
{
  char c[]="BASIC\ndBASE";
  printf("%s\n",c);
}
```

解析：注意在本例的 printf 函数中，使用的格式字符串为"%s"，表示输出的是一个字符串。而在输出表列中给出数组名则可，不能写为

```
printf("%s",c[]);
```

原因是%s 的控制格式是对一串字符，而 c[]是一个字符。

【例 6.10】字符数组整体输入和输出。

```
#include <stdio.h>
void main()
{
  char st[15];
  printf("input string:\n");
  scanf("%s",st);
  printf("%s\n",st);
}
```

解析：本例中由于定义数组长度为 15，因此输入的字符串长度必须小于 15，以留出一个字节用于存放字符串结束标志“\0”。应该说明的是，对一个字符数组，如果不做初始化赋值，则必须说明数组长度。还应该特别注意的是，当用 scanf 函数输入字符串时，字符串中不能含有空格，否则将以空格作为串的结束符。

例如，当输入的字符串中含有空格时，运行情况为

```
input string:
this is a book
```

输出为

```
this
```

从输出结果可以看出空格以后的字符都未能输出。为了避免这种情况，可多设几个字符数组分段存放含空格的串。

程序可改写如例 6.11 所示。

【例 6.11】

```
#include <stdio.h>
void main()
{
  char st1[6],st2[6],st3[6],st4[6];
  printf("input string:\n");
  scanf("%s%s%s%s",st1,st2,st3,st4);
  printf("%s %s %s %s\n",st1,st2,st3,st4);
}
```

解析：本程序分别设了 4 个数组， 输入的一行字符的空格分段分别装入 4 个数组。然后分别输出这 4 个数组中的字符串。

在前面介绍过，scanf的各输入项必须以地址方式出现，如 &a、&b 等。但在例 6.10 中却是以数组名方式出现的，这是为什么呢?

这是由于在C语言中规定，数组名就代表了该数组的首地址。整个数组是以首地址开头的一块连续的内存单元。

如有字符数组 char c[10]，在内存中可表示如下。

C[0]	C[1]	C[2]	C[3]	C[4]	C[5]	C[6]	C[7]	C[8]	C[9]

设数组 c 的首地址为 2000，也就是说，c[0]单元地址为 2000。则数组名 c 就代表这个首地址。因此，在 c 前面不能再加地址运算符&。如写作 scanf("%s",&c);则是错误的。在执行函数 printf("%s",c)时，按数组名 c 找到首地址，然后逐个输出数组中各个字符直到遇到字符串终止标志“\0”为止。

6.3.6　字符串处理函数

C语言提供了丰富的字符串处理函数，大致可分为字符串的输入、输出、合并、修改、比较、转换、复制、搜索几类。使用这些函数可大大减轻编程的负担。用于输入输出的字符串函数，在使用前应包含头文件“stdio.h”，使用其他字符串函数则应包含头文件“string.h”。

下面介绍几个最常用的字符串函数。

1．字符串输出函数 puts

格式：　puts (字符数组名)

功能：把字符数组中的字符串输出到显示器，即在屏幕上显示该字符串。

【例 6.12】

```
#include"stdio.h"
#include <stdio.h>
void main()
{
  char c[]="BASIC\ndBASE";
  puts(c);
}
```

解析：从程序中可以看出 puts 函数中可以使用转义字符，因此，输出结果成为两行。puts 函数完全可以由 printf 函数取代。当需要按一定格式输出时，通常使用 printf 函数。

2．字符串输入函数 gets

格式：　gets　(字符数组名)

功能：从标准输入设备键盘上输入一个字符串。

本函数得到一个函数值，即该字符数组的首地址。

【例 6.13】

```
#include"stdio.h"
#include <stdio.h>
void main()
{
  char st[15];
  printf("input string:\n");
  gets(st);
  puts(st);
}
```

解析：由本例可以看出当输入的字符串中含有空格时，输出仍为全部字符串。说明 gets 函数并不以空格作为字符串输入结束的标志，而只以回车作为输入结束。这是与 scanf 函数的不同之处。

3．字符串连接函数 strcat

格式：　strcat (字符数组名 1，字符数组名 2)

功能：把字符数组 2 中的字符串连接到字符数组 1 中字符串的后面，并删去字符串 1 后的串标志“\0”。本函数返回值是字符数组 1 的首地址。

【例 6.14】

```
#include"string.h"
#include <stdio.h>
void main()
{
  static char st1[30]="My name is ";
  int st2[10];
  printf("input your name:\n");
  gets(st2);
  strcat(st1,st2);
  puts(st1);
}
```

解析：本程序把初始化赋值的字符数组与动态赋值的字符串连接起来。要注意的是，字符数组 1 应定义足够的长度，否则不能全部装入被连接的字符串。

4．字符串拷贝函数 strcpy

格式：　strcpy (字符数组名 1，字符数组名 2)

功能：把字符数组 2 中的字符串拷贝到字符数组 1 中。串结束标志“\0”也一同拷贝。字符数名 2 也可以是一个字符串常量。这时相当于把一个字符串赋予一个字符数组。

【例 6.15】

```
#include"string.h"
#include <stdio.h>
void main()
{
  char st1[15],st2[]="C Language";
  strcpy(st1,st2);
  puts(st1);printf("\n");
}
```

解析：本函数要求字符数组 1 应有足够的长度，否则不能全部装入所拷贝的字符串。

5．字符串比较函数 strcmp

格式：　strcmp(字符数组名 1，字符数组名 2)

功能：按照 ASCII 码顺序比较两个数组中的字符串，并由函数返回值返回比较结果。

　　字符串 1＝字符串 2，返回值＝0；

　　字符串 2〉字符串 2，返回值〉0；

　　字符串 1〈字符串 2，返回值〈0。

本函数也可用于比较两个字符串常量，或比较数组和字符串常量。

【例 6.16】

```
#include"string.h"
#include <stdio.h>
void main()
{ int k;
  static char st1[15],st2[]="C Language";
  printf("input a string:\n");
  gets(st1);
  k=strcmp(st1,st2);
  if(k==0) printf("st1=st2\n");
```

```
  if(k>0) printf("st1>st2\n");
  if(k<0) printf("st1<st2\n");
}
```

解析：本程序中把输入的字符串和数组 st2 中的串比较，比较结果返回到 k 中，根据 *k* 值再输出结果提示串。当输入为 dbase 时，由 ASCII 码可知“dBASE”大于“C Language”故 *k* > 0,输出结果“st1>st2”。

6．测字符串长度函数 strlen

格式： strlen(字符数组名)

功能：测字符串的实际长度(不含字符串结束标志“\0”）并作为函数返回值。

【例 6.17】

```
#include"string.h"
#include <stdio.h>
void main()
{ int k;
  static char st[]="C language";
  k=strlen(st);
  printf("The lenth of the string is %d\n",k);
}
```

运行结果：The lenth of the string is 10

6.3.7 数组程序举例

【例 6.18】把一个整数按大小顺序插入已排好序的数组中。

为了把一个数按大小插入已排好序的数组中，应首先确定排序是从大到小还是从小到大进行的。设排序是从大到小进行的，则可把欲插入的数与数组中各数逐个比较，当找到第一个比插入数小的元素 *i* 时，该元素之前即为插入位置。然后从数组最后一个元素开始到该元素为止，逐个后移一个单元。最后把插入数赋予元素 *i* 即可。如果被插入数比所有的元素值都小则插入最后位置。

```
#include <stdio.h>
void main()
{
  int i,j,p,q,s,n,a[11]={127,3,6,28,54,68,87,105,162,18};
  for(i=0;i<10;i++)
     { p=i;q=a[i];
   for(j=i+1;j<10;j++)
   if(q<a[j]) {p=j;q=a[j];}
   if(p!=i)
   {
     s=a[i];
     a[i]=a[p];
     a[p]=s;
   }
   printf("%d ",a[i]);
     }
   printf("\ninput number:\n");
   scanf("%d",&n);
   for(i=0;i<10;i++)
     if(n>a[i])
     {for(s=9;s>=i;s--) a[s+1]=a[s];
     break;}
     a[i]=n;
   for(i=0;i<=10;i++)
     printf("%d ",a[i]);
   printf("\n");
}
```

解析：本程序首先对数组 a 中的 10 个数从大到小排序并输出排序结果。然后输入要插入

的整数 *n*。再用一个 for 语句把 *n* 和数组元素逐个比较，如果发现有 *n*>a[*i*]时，则由一个内循环把 *i* 以下各元素值顺次后移一个单元。后移应从后向前进行（从 a[9]开始到 a[*i*]为止）。后移结束跳出外循环。插入点为 *i*，把 *n* 赋予 a[*i*]即可。 如所有的元素均大于被插入数，则并未进行过后移工作。此时 *i*=10，结果是把 *n* 赋于 a[10]。最后一个循环输出插入数后的数组各元素值。

程序运行时，输入数 47。从结果中可以看出 47 已插入到 54 和 28 之间。

【例 6.19】在二维数组 a 中选出各行最大的元素组成一个一维数组 b。

```
a=( 3  16 87  65
    4  32 11 108
   10  25 12  37)
b=(87 108 37)
```

本题的编程思路是，在数组 a 每一行中寻找最大的元素，找到之后把该值赋予数组 b 应的元素即可。程序如下：

```
#include <stdio.h>
void main()
{
    int a[][4]={3,16,87,65,4,32,11,108,10,25,12,27};
    int b[3],i,j,l;
    for(i=0;i<=2;i++)
      { l=a[i][0];
    for(j=1;j<=3;j++)
    if(a[i][j]>l) l=a[i][j];
    b[i]=l;}
    printf("\narray a:\n");
    for(i=0;i<=2;i++)
      { for(j=0;j<=3;j++)
    printf("%5d",a[i][j]);
    printf("\n");}
      printf("\narray b:\n");
    for(i=0;i<=2;i++)
      printf("%5d",b[i]);
    printf("\n");
}
```

解析：程序中第一个 for 语句中又嵌套了一个 for 语句组成了双重循环。外循环控制逐行处理，并把每行的第 0 列元素赋予 *l*。进入内循环后，把 *l* 与后面各列元素比较，并把比 *l* 大者赋予 *l*。内循环结束时 *l* 即为该行最大的元素，然后把 *l* 值赋予 b[*i*]。等外循环全部完成时，数组 b 中已装入了 a 各行中的最大值。后面的两个 for 语句分别输出数组 a 和数组 b。

【例 6.20】输入 5 个国家的名称，按字母顺序排列输出。

本题编程思路如下：5 个国家名应由一个二维字符数组来处理。然而 C 语言规定可以把一个二维数组当成多个一维数组处理。因此本题又可以按 5 个一维数组处理， 而每一个一维数组就是一个国家名字符串。用字符串比较函数比较各一维数组的大小，并排序，输出结果即可。

编程如下：

```
#include"string.h"
#include <stdio.h>
void main()
{
    char st[20],cs[5][20];
    int i,j,p;
    printf("input country's name:\n");
    for(i=0;i<5;i++)
      gets(cs[i]);
```

```
    printf("\n");
    for(i=0;i<5;i++)
     {
       p=i;strcpy(st,cs[i]);
       for(j=i+1;j<5;j++)
       if(strcmp(cs[j],st)<0) {p=j;strcpy(st,cs[j]);}
       if(p!=i)
      {
       strcpy(st,cs[i]);
       strcpy(cs[i],cs[p]);
       strcpy(cs[p],st);
      }
    puts(cs[i]);
    }
    printf("\n");
}
```

解析：本程序的第一个 for 语句中，用 gets 函数输入 5 个国家名字符串。上面说过 C 语言允许把一个二维数组按多个一维数组处理，本程序说明 cs[5][20]为二维字符数组，可分为 5 个一维数组 cs[0]、cs[1]、cs[2]、cs[3]、cs[4]。因此，在 gets 函数中使用 cs[i]是合法的。在第 2 个 for 语句中又嵌套了一个 for 语句组成双重循环。这个双重循环完成按字母顺序排序的工作。在外层循环中把字符数组 cs[i]中的国名字符串拷贝到数组 st 中，并把下标 i 赋予 p。进入内层循环后，把 st 与 cs[i]以后的各字符串做比较，若有比 st 小者则把该字符串拷贝到 st 中，并把其下标赋予 p。内循环完成后如 p 不等于 i 说明有比 cs[i]更小的字符串出现，因此交换 cs[i]和 st 的内容。至此，已确定了数组 cs 的第 i 号元素的排序值。然后输出该字符串。在外循环全部完成之后即完成全部排序和输出。

小结与提示

数组是 C 语言编程中常用的一种构造型数据类型，也是程序设计中最常用的数据结构。数组可分为数值数组（整数组、实数组），字符数组以及后面将要介绍的指针数组、结构体数组等。数组可以是一维的，二维的或多维的，但最常用的是一维数组和二维数组。

要特别说明的是，数组类型说明由类型说明符、数组名、数组长度（数组元素个数）3 部分组成。数组元素又称下标变量，数组的类型是指下标变量取值的类型。

对数组的赋值可以用数组初始化赋值、输入函数动态赋值和赋值语句赋值 3 种方法实现。对数值数组不能用赋值语句整体赋值、输入或输出，而必须用循环语句逐个对数组元素进行操作。字符数组可以使用字符串整体赋值。

字符数组和字符串通常情况下的区别并不明显，通常使用更多的是字符串和相应的字符串函数，要特别注意字符串函数的使用方法。

要特别说明的是，在实际程序调试过程中，对于字符数组和字符串的输入要注意回车符的影响，故注意使用 getchar()等函数来接收回车符。

知识拓展

三维数组的使用

三维数组在平时的编程中我们接触较少，下面的程序是一个趣味小程序，其作用是将输入的整数年份用*字样显示出来。请大家体会其编程思路，并体会数组的维数和循环结构的关系，即我们在对数组进行输入和输出操作时，一维数组要使用一重循环，二维数组要使用二重循环，三维数组要使用三重循环，以此类推。

```
#include <stdio.h>
#include <string.h>
void main()
{
    int i,j,k;
    int year;
    int d[4][5][3];
    int data[10][5][3] ={
    {1,1,1,1,0,1,1,0,1,1,0,1,1,1,1},
    {0,1,0,1,1,0,0,1,0,0,1,0,1,1,1},
    {1,1,1,0,0,1,1,1,1,1,0,0,1,1,1},
    {1,1,1,0,0,1,1,1,1,0,0,1,1,1,1},
    {1,0,1,1,0,1,1,1,1,0,0,1,0,0,1},
    {1,1,1,1,0,0,1,1,1,0,0,1,1,1,1},
    {1,1,1,1,0,0,1,1,1,1,0,1,1,1,1},
    {1,1,1,0,0,1,0,0,1,0,0,1,0,0,1},
    {1,1,1,1,0,1,1,1,1,1,0,1,1,1,1},
    {1,1,1,1,0,1,1,1,1,0,0,1,1,1,1},
};
    printf("请输入年份\n");
    scanf("%d",&year);
    for (i = 3; i>=0; --i)
    {
        memcpy(d[i], data[year%10], sizeof(int)*15);
        year /= 10;
    }
    for (i = 0; i<5; i++)
    {
        for (j= 0; j<4; j++)
        {
            for (k=0; k<3; k++)
            {
                char star = (d[j][i][k] == 0) ? ' ' : '*';
                printf("%c", star);
            }
            printf("  ");
        }
        printf("\n");
    }

}
```

习题与项目练习

一、选择题

1. 若有定义 inta[10];则对 a 数组元素的正确应用是（　　）。

A. a[10];　　B. a(10)　　C. a[10−10];　　D. a[10.0]

2. 以下对二维数组 a 的正确说明的是（　　）。

A. int a[3][];　　B. float a[][4];　　C. double a[3][4];　　D. float a(3)(4);

3. 以下能对一维数组 a 进行正确初始化的语句是（　　）。

A. int a[10]=(0,0,0,0,0);　　B. int a[10]={};

C. int a[]={0};　　D. int a[10]=(10*1);

4. 若有说明 int a[3][4];则对 a 数组元素的正确引用是（　　）。

A. a[2][4]　　B. a[1,3]　　C. a[1+1][0]　　D. a(2)(1)

5. 若有说明 inta[][3]={1,2,3,4,5,6,7};则 a 数组第一维的大小是（　　）。

A. 2　　B. 3　　C. 4　　D. 不正确

6. 以下语句定义正确的是（　　）。

A. int a[1][4]={1,2,3,4,5};　　B. float x[3][]={{1},{2},{3}};

C. long b[2][3]={{1},{1,2}{1,2,3}};　　D. double y[][3]={0};

7. 下列语句的执行结果是（　　）。

```
static char str[10]={"china"};
printf("%d",strlen(str));
```

A. 10　　B. 6　　C. 5　　D. 0

8. 合法的数组定义是（　　）。

A. int a[]="language";　　B. int a[5]={0,1,2,3,4,5};

C. char a="string";　　D. char a[]={"0,1,2,3,4,5"};

二、填空题

1. 若有定义 double a[20];则数组 a 元素的最小下标值是__________，最大下标值是__________。

2. 在 C 语言中，二维数组元素在内存中的存放顺序是按__________存放的。

3. 对于数组 a[m][n]来说，使用某个元素时，行下标最大值是______，列下标最大值是__________。

4. 若有定义 int a[3][5]={{0,1,2,3,4},{3,2,1,0},{0}};则初始化后 a[1][2]的值是_____，a[2][1]的值是_________。

5. 下面程序的输出结果是_________。

```
# include <stdio.h>
void main( )
{  int i,j,n=1,a[2][3];
   for(i=0;i<2;i++)
   for(j=0;j<3;j++)
    a[i][j]=n++;
    for(i=0;i<2;i++)
    for(j=0;j<3;j++)
    printf("%4d",a[i][j]);
}
```

6. 下面程序的输出结果是_________。

```
# include <stdio.h>
void main( )
{ char ch[8]={"652ab31"};
  int i,s=0;
  for(i=0,ch[i]> '0'&&ch[i]<= '9';i+=2)
  s=10*s+ch[i]- '0';
  printf("%d\n",s);
}
```

三、编程题

1. 定义含有 10 个元素的数组，并将数组中的元素按逆序重新存放后输出。

2. 假设 10 个整数用一个一维数组存放，编写一个程序求其最大值和次大值。

3. 输入几个学生的成绩，在第 1 行输出成绩，在第 2 行成绩的下面输出该成绩的名次。

4. 编写一个程序，将两个字符串连接起来，不要用 strcat 函数。

5. 输入一串字符，以“？”结束，统计其中每个数字 0、1、2、…、9 出现的次数。

6. 编写一个程序，将两个字符串 s1 和 s2 进行比较，如果 s1>s2，输出一个正数；s1=s2，输出 0；s1<s2，输出一个负数。不要用 strcmp()函数，两个字符串用 gets()函数输入。输出的正数或负数的绝对值是相比较的两个字符串的相应字符的 ASCII 码的差值。

四、项目练习

学生成绩管理系统基础练习 4

用数组完成简易学生成绩管理系统中学生成绩信息的输入与输出。

使用数组编程设计一个简易学生成绩表。假设这个班级有 *M* 个学生，每个学生有 *N* 门课程。要求输入学生的姓名、*N* 门课程成绩，并计算总分、平均分（总分、平均分放在数组后部）。

1. 项目说明

本项目的关键在于如何设计数组来存放这些学生的信息，练习如何使用数组进行编程，特别是对二维数组、字符数组的使用。

实现本项目设计的方法有很多，这里介绍一种。首先要定义 5 个数组来存放 *M* 个学生的 3 门课程成绩数据和每个人的总分和平均分，定义一个存放学生姓名的字符串数组；其次要设计输入、输出数据的循环结构；最后，要设计一个比较友好的程序界面便于使用和调试。

2. 参考程序

参考程序如下，请大家在练习过程中自行修改。本参考程序中使用了较多的提示信息以便于同学们在调试程序中使用，希望大家养成良好的编程习惯。此外，大家还要注意清屏函数 system("cls")的使用和 getchar()函数在字符串输入时的使用方法。需要说明的是，在实际的项目编程时，我们会使用很多系统提供的库函数，请大家查阅相关资料了解其使用方法。

/*学生信息为姓名、3 门课程成绩，总分、平均分*/

```
#include <stdio.h>
#include<string.h>
#include<stdlib.h>
#define M 3                    /*定义学生个数，可根据实际情况确定数值*/
void main()
{
    int i,j;
    int math[M],c_prog[M],eng[M],sum[M],ave[M]; /*定义存放学生课程及总分、平均分的数组*/
    char name[M][10];          /*定义存放学生姓名的字符数组，姓名长度 10 个字符*/
    printf("\n\n\t\t     = = = = = = = = = = = = = = = = = = =");      /*界面*/
    printf("\n\n\t\t     = = = 欢迎使用班级成绩管理系统= = =");
    printf("\n\n\t\t     = = = = = = = = = = = = = = = = = = =");
    printf("\n\n\n\n\n\n\t\t***********按回车键继续*****************\n");
    getchar();                 /*接收回车键*/
    system("cls");             /*清屏函数*/
    for(i=0;i<M;i++)
    {
    sum[i]=0;
    printf("\n\n***************请输入第%d 个学生信息***********\n\n",i+1);
    printf("\t 请输入第%d 个学生姓名\n",i+1);        /*注意 i+1 的作用*/
    scanf( "%10s",name[i]);     /* 将本行换成  gets(name[i]);会如何?   */
    printf("\t 请输入第%d 个学生高等数学成绩\n",i+1);
    scanf("%d",&math[i]);
    printf("\t 请输入第%d 个学生 C 语言成绩\n",i+1);
    scanf("%d",&c_prog[i]);
    printf("\t 请输入第%d 个学生大学英语成绩\n",i+1);
    scanf("%d",&eng[i]);
    sum[i]=math[i]+c_prog[i]+eng[i];
    ave[i]=sum[i]/3;
    }
    getchar();
    printf("\n\n\n\n\n\n\t***********按回车键显示学生成绩表*****************\n");
```

```
    getchar();
    system("cls");
    printf("\n\n\n\n\t***************学生成绩信息表*****************\n");
    printf("\n姓  名    高数成绩  C语言成绩    大学英语成绩    总  分     平均分\n");
    for(i=0;i<M;i++)
    {   printf("  %-10s",name[i]);
        printf("%-10d ",math[i]);
        printf("%-10d ",c_prog[i]);
        printf("%-10d ",eng[i]);
        printf("%-10d ",sum[i]);
        printf("%-10d ",ave[i]);
        printf("\n");
    }
}
```

讨论分析：

1. scanf（"%10s",name[i]);　换成　gets(name[i]);会如何？

2. 第 31 行和第 33 行的 getchar()的作用分别是什么？如果换成 gets(name[i]);第 31 行的 getchar()位置该如何调整？请验证。

PART 7

第 7 章 函数

教学目标

通过本章的学习，使学生掌握函数的使用方法。

教学要求

知识要点	能力要求	关联知识

函数定义和调用的方法	（1）了解函数的定义
	（2）掌握函数的调用方法
		类型标识符 函数名()
		{
		声明部分
		语句
		}

函数的参数和函数的值的含义	（1）了解函数的值的含义
	（2）掌握函数参数的定义
		类型标识符 函数名(形式参数表列)
		{
		声明部分
		语句
		}

形式参数和实际参数	掌握形参和实参的值的传递	无论实参是何种类型的量，在进行函数调用时，它们都必须具有确定的值，以便把这些值传送给形参
局部变量和全局变量	了解局部变量和全局变量	变量说明的方式不同，其作用域也不同

重点难点

- 函数定义和调用的方法
- 函数的参数和函数的值的含义
- 形式参数和实际参数，局部变量和全局变量的含义和作用

7.1 函数概述

C源程序是由函数组成的，一个实用的 C 程序往往由多个函数组成。函数是C源程序的基本模块，通过对函数模块的调用实现特定的功能。C语言中的函数相当于其他高级语言的子程序。C语言不仅提供了极为丰富的库函数，还允许用户建立自己定义的函数。用户可把自己为解决某个问题的算法编成一个个相对独立的函数模块，然后用调用的方法来使用函数。可以说，C程序的全部工作都是由各式各样的函数完成的，所以也把C语言称为函数式语言。

由于采用了函数模块式的结构，C语言易于实现结构化程序设计。使程序的层次结构清晰，便于程序的编写、阅读、调试。

在C语言中可从不同的角度对函数分类。

（1）从函数定义的角度看，函数可分为库函数和用户定义函数两种。

① 库函数：由C系统提供，用户无须定义，也不必在程序中做类型说明，只需在程序前包含有该函数原型的头文件即可在程序中直接调用。在前面各章的例题中反复用到的 printf、scanf、getchar、putchar、gets、puts、strcat 等函数均属此类。

② 用户定义函数：由用户按需要写的函数。对于用户自定义函数，不仅要在程序中定义函数本身，而且在主调函数模块中还必须对该被调函数进行类型说明，然后才能使用。

（2）C语言的函数兼有其他语言中的函数和过程两种功能，从这个角度看，又可把函数分为有返回值函数和无返回值函数两种。

① 回值函数：此类函数被调用执行完后将向调用者返回一个执行结果，称为函数返回值。如数学函数即属于此类函数。由用户定义的这种要返回函数值的函数，必须在函数定义和函数说明中明确返回值的类型。

② 无返回值函数：此类函数用于完成某项特定的处理任务，执行完成后不向调用者返回函数值。这类函数类似于其他语言的过程。由于函数无须返回值，用户在定义此类函数时可指定它的返回为“空类型”，空类型的说明符为“void”。

（3）从主调函数和被调函数之间数据传送的角度看，C 语言的函数又可分为无参函数和有参函数两种。

① 无参函数：函数定义、函数说明及函数调用中均不带参数。主调函数和被调函数之间不进行参数传送。此类函数通常用来完成一组指定的功能，可以返回或不返回函数值。

② 有参函数：也称为带参函数。在函数定义及函数说明时都有参数，称为形式参数。在函数调用时也必须给出参数，称为实际参数。进行函数调用时，主调函数将把实参的值传送给形参，供被调函数使用。

（4）C语言提供了极为丰富的库函数，这些库函数又可从功能角度做以下分类。

① 字符类型分类函数：用于对字符按 ASCII 码分类：字母、数字、控制字符、分隔符、大小写字母等。

② 转换函数：用于字符或字符串的转换；在字符量和各类数字量(整型、实型等)之间进行转换；在大、小写之间进行转换。

③ 目录路径函数：用于文件目录和路径操作。

④ 诊断函数：用于内部错误检测。

⑤ 图形函数：用于屏幕管理和各种图形功能。

⑥ 输入输出函数：用于完成输入输出功能。

⑦ 接口函数：用于与 DOS、BIOS 和硬件的接口。

⑧ 字符串函数：用于字符串操作和处理。

⑨ 内存管理函数：用于内存管理。

⑩ 数学函数：用于数学函数计算。

⑪ 日期和时间函数：用于日期、时间转换操作。

⑫ 进程控制函数：用于进程管理和控制。

⑬ 其他函数：用于其他各种功能。

以上各类函数不仅数量多，而且有的还需要硬件知识才会使用，因此要想全部掌握则需要一个较长的学习过程。读者应首先掌握一些最基本、最常用的函数，再逐步深入。由于课时关系，我们只介绍了很少一部分库函数，其余部分读者可根据需要查阅有关手册。

还应该指出的是，在C语言中，所有的函数定义，包括主函数 void main 在内，都是平行的。也就是说，在一个函数的函数体内，不能再定义另一个函数，即不能嵌套定义。但是函数之间允许相互调用，也允许嵌套调用。习惯上把调用者称为主调函数。函数还可以自己调用自己，称为递归调用。

要特别声明的是，void main 函数是主函数，它可以调用其他函数，而不允许被其他函数调用。因此，C程序的执行总是从 void main 函数开始，完成对其他函数的调用后再返回到 void main 函数，最后由 void main 函数结束整个程序。一个C源程序必须有、也只能有一个主函数 void main。

7.2 函数定义的一般形式

1．无参函数的定义形式

```
类型标识符 函数名()
{
 声明部分
 语句
}
```

例：

```
void Hello()
{
   printf ("Hello,this is a c program \n");
}
```

其中，型标识符和函数名称为函数头。类型标识符指明了本函数的类型，函数的类型实际上是函数返回值的类型。该类型标识符与前面介绍的各种说明符相同。函数名是由用户定义的标识符，函数名后有一个空括号，其中无参数，但括号不可少。

{ }中的内容称为函数体。在函数体中声明部分，是对这个函数体内部所用到的变量的类型说明。

在很多情况下都不要求无参函数有返回值，此时函数类型符可以写为 void。

如上例，Hello 为函数名，Hello 函数是一个无参函数，当被其他函数调用时，输出 Hello,this is a c program 字符串。

2．有参函数定义的一般形式

```
类型标识符 函数名(形式参数表列)
{
 声明部分
 语句
}
```

例：

```
int max(int a, int b)
{
  if (a>b) return a;
  else return b;
}
```

这里定义了一个有参函数用于求两个数中的较大的数。有参函数比无参函数多了一个内容，即形式参数表列。在形参表中给出的参数称为形式参数，它们可以是各种类型的变量，各参数之间用逗号间隔。在进行函数调用时，主调函数将赋予这些形式参数实际的值。形参既然是变量，必须在形参表中给出形参的类型说明。

在 max 函数中，第一行说明 max 函数是一个整型函数，其返回的函数值是一个整数。形参为 a、b，均为整型量。a、b 的具体值是由主调函数在调用时传送过来的。在{ }中的函数体内，除形参外没有使用其他变量，因此只有语句而没有声明部分。在 max 函数体中的 return 语句是把 a（或 b）的值作为函数的值返回给主调函数。有返回值函数中至少应有一个 return 语句。

在C程序中，一个函数的定义可以放在任意位置，既可放在主函数 void main 之前，也可放在 void main 之后。

例如，可把 max 函数置在 void main 之后，也可以把它放在 void main 之前。修改后的程序如下所示。

【例 7.1】输入两个数，输出其中较大的数。

```
int max(int a,int b)
{
    if(a>b)return a;
    else return b;
}
#include <stdio.h>
void main()
{
    int max(int a,int b);
    int x,y,z;
    printf("input two numbers:\n");
    scanf("%d%d",&x,&y);
    z=max(x,y);
    printf("maxmum=%d",z);
}
```

解析：现在我们可以从函数定义、函数说明及函数调用的角度来分析整个程序，从中进一步了解函数的各种特点。

程序的第 1 行至第 5 行为 max 函数定义。进入主函数后，因为准备调用 max 函数，故先对 max 函数进行说明（程序第 9 行）（函数定义和函数说明并不是一回事，在后面还要专门讨论）。可以看出函数说明与函数定义中的函数头部分相同，但是末尾要加分号。程序第 13 行为调用 max 函数，并把 x、y 中的值传送给 max 的形参 a、b。max 函数执行的结果（a 或 b）将返回给变量 z。最后由主函数输出 z 的值。

7.3 函数的参数和函数的值

7.3.1 形式参数和实际参数

形式参数（简称形参）和实际参数（简称实参）是函数中两个重要的概念，请大家一定要认真理解和分析，很多初学者使用和理解它们时会遇到困难。

所谓形参，是指我们在定义函数时，在函数名后面的括号中声明的参数，也是我们所定义的这个函数体中要进行处理的元素，只在所定义的这个函数体内可以使用，离开该函数则不能使用，它们实际上是一种形式上的元素，其值需要由调用这个函数的主调函数中的实际参数传送。实参出现在主调函数中，进入被调函数后，实参变量也不能使用。形参和实参的功能是作数据传送。发生函数调用时，主调函数把实参的值传送给被调函数的形参从而实现主调函数向被调函数的数据传送。

函数的形参和实参具有以下特点。

（1）形参变量只有在被调用时才分配内存单元，在调用结束时，即刻释放所分配的内存单元。因此，形参只有在函数内部有效。函数调用结束返回主调函数后则不能再使用该形参变量。

（2）实参可以是常量、变量、表达式、函数等，无论实参是何种类型的量，在进行函数调用时，它们都必须具有确定的值，以便把这些值传送给形参。因此应预先用赋值、输入等办法使实参获得确定值。

（3）实参和形参在数量上、类型上、顺序上应严格一致，否则会发生“类型不匹配”的错误。

（4）函数调用中发生的数据传送是单向的，即只能把实参的值传送给形参，而不能把形参的值反向地传送给实参。因此，在函数调用过程中，形参的值发生改变，而实参中的值不会变化。这一点要特别注意理解。

【例 7.2】求 *n* 个数的累加和。

```
#include <stdio.h>
void main()
{
    int n;
    printf("input number\n");
    scanf("%d",&n);
    s(n);
    printf("n=%d\n",n);
}
void s(int n)
{
    int i;
    for(i=n-1;i>=1;i--)
      n=n+i;
    printf("n=%d\n",n);
}
```

解析：

本程序中定义了一个函数 *s*，该函数的功能是求 $\sum n_i$ 的值。在主函数中输入 *n* 值，并作为实参，在调用时传送给 *s* 函数的形参量 *n*（注意，本例的形参变量和实参变量的标识符都为 *n*，但这是两个不同的量，各自的作用域不同）。在主函数中用 printf 语句输出一次 *n* 值，这个 *n* 值是实参 *n* 的值。在函数 *s* 中也用 printf 语句输出了一次 *n* 值，这个 *n* 值是形参最后取得的 *n*

值 0。从运行情况看，输入 *n* 值为 100，即实参 *n* 的值为 100。把此值传给函数 *s* 时，形参 *n* 的初值也为 100，在执行函数过程中，形参 *n* 的值变为 5 050。返回主函数之后，输出实参 *n* 的值仍为 100。可见实参的值不随形参的变化而变化。

7.3.2 函数的返回值

函数的值是指函数被调用之后，执行函数体中的程序段所取得的并返回给主调函数的值。如调用正弦函数取得正弦值，调用例 7.1 的 max 函数取得的最大数等。对函数的值(或称函数返回值)有以下一些说明。

（1）函数的值只能通过 return 语句返回主调函数。

return 语句的一般形式为：

```
return 表达式;
```

或者为

```
return (表达式);
```

该语句的功能是计算表达式的值，并返回给主调函数。在函数中允许有多个 return 语句，但每次调用只能有一个 return 语句被执行，因此只能返回一个函数值。

（2）函数值的类型和函数定义中函数的类型应保持一致。如果两者不一致，则以函数类型为准，自动进行类型转换。

（3）如函数值为整型，在函数定义时可以省去类型说明。

（4）不返回函数值的函数，可以明确定义为“空类型”，类型说明符为“void”。如例 7.2 中函数 s 并不向主函数返函数值，因此定义为：

```
void s(int n)
{ …
 }
```

一旦函数被定义为空类型后，就不能在主调函数中使用被调函数的函数值了。例如，在定义 *s* 为空类型后，在主函数中写下述语句：

```
sum=s(n);
```

就是错误的。

为了使程序有良好的可读性并减少出错，凡不要求返回值的函数都应定义为空类型。

7.4 函数的调用

7.4.1 函数调用的一般形式

前面已经说过，在程序中是通过对函数的调用来执行函数体的，其过程与其他语言的子程序调用相似。

C 语言中，函数调用的一般形式为：

```
函数名(实际参数表)
```

例：s(n)

```
max(x,y)
```

对无参函数调用时则无实际参数表。实际参数表中的参数可以是常数、变量或其他构造类型数据及表达式。各实参之间用逗号分隔。

7.4.2　函数调用的方式

在C语言中，可以用以下几种方式调用函数。

（1）函数表达式：函数作为表达式中的一项出现在表达式中，以函数返回值参与表达式的运算。这种方式要求函数是有返回值的。例如，z=max(x,y)是一个赋值表达式，把 max 的返回值赋予变量 z。

（2）函数语句：函数调用的一般形式加上分号即构成函数语句。

例：　　printf ("%d",a);scanf ("%d",&b);都是以函数语句的方式调用函数。

（3）函数实参：函数作为另一个函数调用的实际参数出现。这种情况是把该函数的返回值作为实参进行传送，因此要求该函数必须是有返回值的。

例：　　printf("%d",max(x,y));　　即把 max 调用的返回值又作为 printf 函数的实参来使用的。

在函数调用中还应该注意的一个问题是求值顺序的问题。所谓求值顺序是指对实参表中各量是自左至右使用，还是自右至左使用。对此，各系统的规定不一定相同。介绍 printf 函数时已提到过，这里从函数调用的角度再强调一下。

【例 7.3】

```
#include <stdio.h>
void main()
{
    int i=8;
    printf("%d\n%d\n%d\n%d\n",++i,--i,i++,i--);
}
```

解析：如按照从右至左的顺序求值。运行结果应为

```
8
7
7
8
```

如对 printf 语句中的++i、--i、i++、i--从左至右求值，结果应为

```
9
8
8
9
```

注　意

无论是从左至右求值，还是自右至左求值，其输出顺序都是不变的，即输出顺序总是和实参表中实参的顺序相同。

7.5　数组作为函数参数

数组可以作为函数的参数使用，进行数据传送。数组用作函数参数有两种形式，一种是把数组元素（下标变量）作为实参使用；另一种是把数组名作为函数的形参和实参使用。

1．数组元素作函数实参

数组元素就是下标变量，它与普通变量并无区别。 因此它作为函数实参使用与普通变量是完全相同的，在发生函数调用时，把作为实参的数组元素的值传送给形参，实现单向的值

传送。

【例 7.4】判别一个整数数组中各元素的值，若大于 0 则输出该值，若小于等于 0 则输出 0 值。编程如下。

```
void nzp(int v)
{
    if(v>0)
      printf("%d ",v);
    else
      printf("%d",0);
}
#include <stdio.h>
void main()
{
    int a[5],i;
    printf("input 5 numbers\n");
    for(i=0;i<5;i++)
      {scanf("%d",&a[i]);
      nzp(a[i]);}
}
```

解析：

本程序中首先定义一个无返回值函数 nzp，并说明其形参 *v* 为整型变量。在函数体中根据 *v* 值输出相应的结果。在 void main 函数中用一个 for 语句输入数组各元素，每输入一个就以该元素作实参调用一次 nzp 函数，即把 *a*[*i*]的值传送给形参 *v*，供 nzp 函数使用。

2．数组名作为函数参数

用数组名作函数参数与用数组元素作实参有以下几点不同。

（1）用数组元素作实参时，只要数组类型和函数的形参变量的类型一致，那么作为下标变量的数组元素的类型也和函数形参变量的类型是一致的。因此，并不要求函数的形参也是下标变量。换句话说，对数组元素的处理是按普通变量对待的。用数组名作函数参数时，则要求形参和相对应的实参都必须是类型相同的数组，都必须有明确的数组说明。当形参和实参二者不一致时，即会发生错误。

（2）在普通变量或下标变量作函数参数时，形参变量和实参变量是由编译系统分配的两个不同的内存单元。在函数调用时发生的值传送是把实参变量的值赋予形参变量。在用数组名作函数参数时，不是进行值的传送，即不是把实参数组的每一个元素的值都赋予形参数组的各个元素。因为实际上形参数组并不存在，编译系统不为形参数组分配内存。那么，数据的传送是如何实现的呢？我们曾介绍过，数组名就是数组的首地址。因此在数组名作函数参数时所进行的传送只是地址的传送，也就是说，把实参数组的首地址赋予形参数组名。形参数组名取得该首地址之后，也就等于有了实在的数组。实际上是形参数组和实参数组为同一数组，共同拥有一段内存空间。

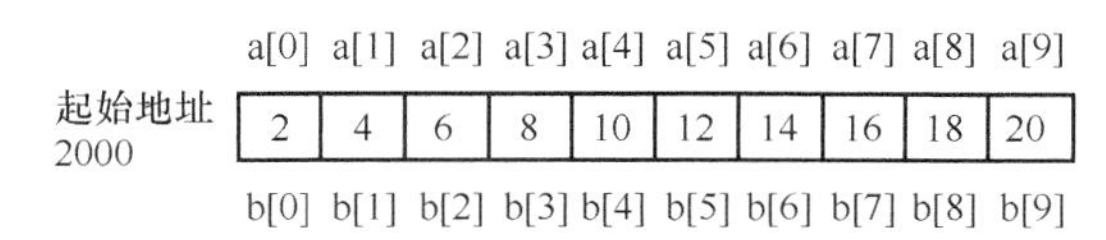

上图说明了这种情形。图中设 a 为实参数组，类型为整型。a 占有以 2000 为首地址的一块内存区。b 为形参数组名。当发生函数调用时，进行地址传送，把实参数组 a 的首地址传送给形参数组名 b，于是 b 也取得该地址 2000。于是 a、b 两数组共同占有以 2000 为首地址的一段连续内存单元。从图中还可以看出 a 和 b 下标相同的元素实际上也占相同的两个内存单元（整型数组每个元素占二字节）。例如，a[0]和 b[0]都占用 2000 和 2001 单元，当然 a[0]等于

b[0]。类推则有 a[*i*]等于 b[*i*]。

【例 7.5】数组 a 中存放了一个学生 5 门课程的成绩，求平均成绩。

```
float aver(float a[5])
{
    int i;
    float av,s=a[0];
    for(i=1;i<5;i++)
      s=s+a[i];
    av=s/5;
    return av;
}
#include <stdio.h>
void main()
{
    float sco[5],av;
    int i;
    printf("\ninput 5 scores:\n");
    for(i=0;i<5;i++)
      scanf("%f",&sco[i]);
    av=aver(sco);
    printf("average score is %5.2f",av);
}
```

解析：本程序首先定义了一个实型函数 *aver*，有一个形参为实型数组 a，长度为 5。在函数 *aver* 中，把各元素值相加求出平均值，返回给主函数。主函数 void main 中首先完成数组 sco 的输入，然后以 *sco* 作为实参调用 *aver* 函数，函数返回值送入 *av*，最后输出 *av* 值。从运行情况可以看出，程序实现了所要求的功能。

（3）前面已经讨论过，在变量作函数参数时，所进行的值传送是单向的，即只能从实参传向形参，不能从形参传回实参。形参的初值和实参相同，而形参的值发生改变后，实参并不变化，两者的终值是不同的。而当用数组名作函数参数时，情况则不同。由于实际上形参和实参为同一数组，因此当形参数组发生变化时，实参数组也随之变化。当然这种情况不能理解为发生了“双向”的值传递。但从实际情况来看，调用函数之后实参数组的值将由于形参数组值的变化而变化。

【例 7.6】题目同例 7.4。改用数组名作函数参数。

```
void nzp(int a[5])
{
    int i;
    printf("\nvalues of array a are:\n");
    for(i=0;i<5;i++)
    {
 if(a[i]<0) a[i]=0;
 printf("%d ",a[i]);
    }
}
#include <stdio.h>
void main()
{
    int b[5],i;
    printf("\ninput 5 numbers:\n");
    for(i=0;i<5;i++)
      scanf("%d",&b[i]);
    printf("initial values of array b are:\n");
    for(i=0;i<5;i++)
      printf("%d ",b[i]);
    nzp(b);
    printf("\nlast values of array b are:\n");
    for(i=0;i<5;i++)
 printf("%d ",b[i]);
}
```

解析：

本程序中函数 *nzp* 的形参为整数组 a，长度为 5。主函数中实参数组 b 也为整型，长度也为 5。在主函数中首先输入数组 b 的值，然后输出数组 b 的初始值。接着以数组名 b 为实参调用 *nzp* 函数。在 *nzp* 中，按要求把负值单元清零，并输出形参数组 a 的值。 返回主函数之后，再次输出数组 b 的值。从运行结果可以看出，数组 b 的初值和终值是不同的，数组 b 的终值和数组 a 是相同的。这说明实参形参为同一数组，它们的值同时得以改变。

用数组名作为函数参数时还应注意以下几点。

a．形参数组和实参数组的类型必须一致，否则将引起错误。

b．形参数组和实参数组的长度可以不相同，因为在调用时，只传送首地址而不检查形参数组的长度。当形参数组的长度与实参数组不一致时，虽不至于出现语法错误(编译能通过)，但程序执行结果将与实际不符，这是应予以注意的。

【例 7.7】如把例 7.6 修改如下。

```
void nzp(int a[8])
{
    int i;
    printf("\nvalues of array aare:\n");
    for(i=0;i<8;i++)
    {
      if(a[i]<0)a[i]=0;
      printf("%d ",a[i]);
    }
}
#include <stdio.h>
void main()
{
    int b[5],i;
    printf("\ninput 5 numbers:\n");
    for(i=0;i<5;i++)
      scanf("%d",&b[i]);
    printf("initial values of array b are:\n");
    for(i=0;i<5;i++)
      printf("%d ",b[i]);
    nzp(b);
    printf("\nlast values of array b are:\n");
    for(i=0;i<5;i++)
      printf("%d ",b[i]);
}
```

解析：

本程序与例 7.6 程序比，*nzp* 函数的形参数组长度改为 8，函数体中，for 语句的循环条件也改为 $i<8$。因此，形参数组 a 和实参数组 b 的长度不一致，编译能够通过，但从结果看，数组 a 的元素 a[5]、a[6]、a[7]显然是无意义的。

在函数形参表中，允许不给出形参数组的长度，或用一个变量来表示数组元素的个数。

例如，可以写为

```
void nzp(int a[])
```

或写为

```
void nzp(int a[], int n)
```

其中，形参数组 a 没有给出长度，而由 *n* 值动态地表示数组的长度。*n* 的值由主调函数的实参进行传送。

【例 7.8】

```
void nzp(int a[],int n)
{
    int i;
    printf("\nvalues of array a are:\n");
    for(i=0;i<n;i++)
      {
   if(a[i]<0) a[i]=0;
   printf("%d ",a[i]);
      }
}
#include <stdio.h>
void main()
{
    int b[5],i;
    printf("\ninput 5 numbers:\n");
    for(i=0;i<5;i++)
      scanf("%d",&b[i]);
    printf("initial values of array b are:\n");
    for(i=0;i<5;i++)
      printf("%d ",b[i]);
    nzp(b,5);
    printf("\nlast values of array b are:\n");
    for(i=0;i<5;i++)
      printf("%d ",b[i]);
}
```

解析：

本程序 *nzp* 函数形参数组 a 没有给出长度，由 *n* 动态确定该长度。在 void main 函数中，函数调用语句为 nzp(b，5)，其中实参 5 将赋予形参 *n* 作为形参数组的长度。

7.6 局部变量和全局变量

在讨论函数的形参变量时曾经提到，形参变量只在被调用期间才分配内存单元，调用结束立即释放。这一点表明形参变量只有在函数内才是有效的，离开该函数就不能再使用了。这种变量有效性的范围称为变量的作用域。不仅对于形参变量，C 语言中所有的量都有自己的作用域。变量说明的方式不同，其作用域也不同。C 语言中的变量，按作用域范围可分为两种，即局部变量和全局变量。

7.6.1 局部变量

局部变量也称为内部变量。局部变量是在函数内做定义说明的。其作用域仅限于函数内，离开该函数后再使用这种变量是非法的。

例：

```
int f1(int a)        /*函数f1*/
{
int b,c;
……
}
a,b,c 有效
int f2(int x)        /*函数f2*/
{
int y,z;
……
}
x,y,z 有效
void main()
{
```

```
    int m,n;
    ……
  }
m,n 有效
```

在函数 f1 内定义了 3 个变量，*a* 为形参，*b*、*c* 为一般变量。在 f1 的范围内 *a*、*b*、*c* 有效，或者说 *a*、*b*、*c* 变量的作用域限于 f1 内。同理，*x*、*y*、*z* 的作用域限于 f2 内。*m*、*n* 的作用域限于 void main 函数内。关于局部变量的作用域还要说明以下几点。

（1）主函数中定义的变量也只能在主函数中使用，不能在其他函数中使用。同时，主函数中也不能使用其他函数中定义的变量。因为主函数也是一个函数，它与其他函数是平行关系。这一点是与其他语言不同的，应予以注意。

（2）形参变量是属于被调函数的局部变量，实参变量是属于主调函数的局部变量。

（3）允许在不同的函数中使用相同的变量名，它们代表不同的对象，分配不同的单元，互不干扰，也不会发生混淆。如在例 7.8 中，形参和实参的变量名都为 n，是完全允许的。

（4）在复合语句中也可定义变量，其作用域只在复合语句范围内。

例：

```
void main()
{
  int s,a;
  …
{
  int b;
  s=a+b;
  …                     /*b 作用域*/
}
…                       /*s、a 作用域*/
}
```

【例 7.9】

```
#include <stdio.h>
void main()
{
    int i=2,j=3,k;
    k=i+j;
    {
      int k=8;
      i=3;
      printf("%d%d\n",i,k);
    }
    printf("%d\n",k);
}
```

解析：

本程序在 void main 中定义了 i,j,k 三个变量，其中 k 未赋初值。而在复合语句内又定义了一个变量 k，并赋初值为 8。应该注意这两个 k 不是同一个变量。在复合语句外由 void main 定义的 k 起作用，而在复合语句内则由在复合语句内定义的 k 起作用。因此程序第 5 行的 k 为 void main 所定义，其值应为 5。第 9 行输出 i，k 值，该行在复合语句内，由复合语句内定义的 k 起作用，其初值为 8，故输出值为 8。i 是在整个程序中有效的，第 8 行对 i 赋值为 3，故输出也为 3。而第 9 行已在复合语句之外，输出的 k 应为 void main 所定义的 k，此 k 值由第 4 行已获得为 5，故输出也为 5。

7.6.2 全局变量

全局变量也称外部变量，它是在函数外部定义的变量。它不属于哪一个函数，它属于一个源程序文件，其作用域是整个源程序。在函数中使用全局变量，一般应作全局变量说明。只有在函数内经过说明的全局变量才能使用。全局变量的说明符为 extern。但在一个函数之前定义的全局变量，在该函数内使用可不再加以说明。

例如：

```
int a,b;              /*外部变量*/
void f1()             /*函数f1*/
{
  ……
}
float x,y;            /*外部变量*/
int fz()              /*函数fz*/
{
  ……
}
void main()           /*主函数*/
{
  ……
}
```

解析：从上例可以看出 *a*、*b*、*x*、*y* 都是在函数外部定义的外部变量，都是全局变量。但 *x*、*y* 定义在函数 *f*1 之后，而在 *f*1 内又无对 *x*、*y* 的说明，所以它们在 *f*1 内无效。*a*、*b* 定义在源程序最前面，因此在 *f*1、*f*2 及 void main 内不加说明也可使用。

【例 7.10】输入正方体的长宽高 *l*、*w*、*h*。求体积及 3 个面 *x*y*、*x*z*、*y*z* 的面积。

```
int s1,s2,s3;
int vs( int a,int b,int c)
{
    int v;
    v=a*b*c;
    s1=a*b;
    s2=b*c;
    s3=a*c;
    return v;
}
#include <stdio.h>
void main()
{
 int v,l,w,h;
 printf("\ninput length,width and height\n");
 scanf("%d%d%d",&l,&w,&h);
 v=vs(l,w,h);
 printf("\nv=%d,s1=%d,s2=%d,s3=%d\n",v,s1,s2,s3);
}
```

【例 7.11】外部变量与局部变量同名。

```
int a=3,b=5;     /*a、b 为外部变量*/
max(int a,int b) /*a、b 为局部变量*/
{int c;
 c=a>b?a:b;
 return(c);
}
#include <stdio.h>
void main()
{int a=8;
 printf("%d\n",max(a,b));
}
```

解析：

如果同一个源文件中，外部变量与局部变量同名，则在局部变量的作用范围内，外部变量被“屏蔽”，即它不起作用。

7.7 函数程序设计举例

【例 7.12】输入两个整数，分别求它们的最大公约数和最小公倍数。

```
#include <stdio.h>
void main()
{
 int a,b;
 int p,q;
 int hcf(int x,int y);
 int lcd(int x,int y);
 printf("请输入两个整数\n");
 scanf("%d,%d",&a,&b);
 p=hcf(a,b);
 q=lcd(a,b);
 printf("两个整数的最大公约数为%d\n",p);
 printf("两个整数的最小公倍数为%d\n",q);
}

int hcf(int x,int y)        /* 求最大公约数函数*/
{ int i ,temp;
  if(x>y)
     {temp=x;x=y;y=temp;}
  for(i=x;i>=1;i--)
     if(x%i==0&&y%i==0) break;
  return(i);
}
 int lcd(int x,int y)        /* 求最小公倍数函数*/
{ int i ,temp;
  if(x>y)
     {temp=x;x=y;y=temp;}
  for(i=y;i<=x*y;i++)
     if(i%x==0&&i%y==0) break;
  return(i);
}
```

解析：

本例中，我们分别定义了 int hcf(int x,int y)和 int lcd(int x,int y)两个函数，在主函数中将实参 *a* 和 *b* 分别传递给函数中的形参 *x* 和 *y*。尽管两个函数中定义了相同的形参，但由于在不同的函数中，故可以使用。编程的数学思想是，对任意两个整数，最大公约数不能大于两个数中较小的数，不能小于 1；最小公倍数不能小于两个数中较大的数，不能大于两个数的积。因此，我们采用逐个尝试的方法，分别采用递增和递减的方式进行整除，遇到第一个满足条件的数就终止循环，这个时候的 *i* 值就是我们要求的公约数和公倍数。本方法从数学角度来看可能不是太科学，但是便于大家理解，计算方法比较简单，主要用来说明函数的定义和调用问题。

小结与提示

本章主要介绍了函数的定义和使用方法，包括函数的一般定义方法，函数的调用，函数的返回值，函数之间的参数传递、局部变量和全局变量的定义与使用等知识。这些知识是函数中的最基本的基础知识，必须熟练掌握并理解相关概念。要通过本章的学习进一步理解函数在 C 语言中的特殊作用，真正理解 C 程序是由函数构成的含义。掌握函数的定义和调用方法，理解形式参数和实际参数、全局变量和局部变量的含义、作用域。

要特别说明的是，函数是体现结构化程序设计的典型要素，如何构造函数要结合具体的问题去进行分析。一般函数的大小要控制在 100 行以内。

知识拓展

几个字符函数的使用方法

在 C 语言中，字符操作函数在编程过程的使用比较多，但很多初学者会由于不熟悉各种函数的使用方法而出错，下面简单介绍一下 C 语言编程过程中比较容易出错的字符操作函数。

1．gets 函数和 scanf 函数

gets 函数可以一次接收一行输入串，其中可以有空格,也就是说，空格可以作为字符串的一部分输入，在回车时，自动将字符串结束标志“\0”赋予字符数组最后一个元素。而 scanf 函数接收的字符串不会含有空格，即遇到空格时，认为字符串输入结束，也就是说，空格是 scanf 默认的结束符号。scanf 和 gets 不能混合使用，即如果一个程序中用 scanf 的话，一般不能再用 gets，反之亦然。

如果在 for 循环中出现 gets 和 scanf 交替使用的情况，在后面该输入数据的时候会出现直接跳过的现象，其原因是，在结束前一个 scanf 时输入的回车被后一个 gets 输入时接受，也就是说前一个地方输入的“数据+回车”分别被两个地方接受。此种问题会出现在 gets 和 scanf 交接处。此时，只需要在程序中统一改为 scanf 和 gets 就可以了。

2．getchar 和 getch 和 getche 的区别

getchar 有一个 int 型的返回值，当程序调用 getchar 时，程序就等着用户按键，用户输入的字符被存放在键盘缓冲区中，直到用户按回车为止（回车字符也放在缓冲区中）。getchar 函数的返回值是用户输入的第 1 个字符的 ASCII 码,如出错返回−1,且将用户输入的字符回显到屏幕；如用户在按回车之前输入了不止一个字符，其他字符会保留在键盘缓存区中，等待后续 getchar 调用读取。也就是说，后续的 getchar 调用会直接读取缓冲区中的字符，直到缓冲区中的字符读完为后，才等待用户按键。

getch 与 getchar 基本功能相同，差别是 getch 直接从键盘获取键值，不等待用户按回车，只要用户按一个键，getch 就立刻返回，getch 返回值是用户输入字符的 ASCII 码，出错返回−1，输入的字符不会回显在屏幕上。getch 函数常用于程序调试中，在调试时，在关键位置显示有关的结果以待查看，然后用 getch 函数暂停程序运行，当按任意键后程序继续运行。getch 函数也可以在程序输出时作为等待停留的控制，以便于用户控制，起到按任意键继续的作用。

需要指出的是，getch 所在头文件是 conio.h，而不是 stdio.h。概括地说，使用 getch 函数无回显，无须回车；而使用 getchar()则有回显，须回车。

习题与项目练习

一、选择题

1. C 语言规定，简单变量作实参时，它和对应形参之间的数据传递方式是（　　）。

A. 地址传递　　　　B. 单向值传递

C. 由实参传给形参，再由形参传回给实参　　　　D. 由用户指定传递方式

2. C 语言规定，函数返回值的类型由（　　）。

A. return 语句中的表达式类型所决定　　B. 调用该函数时的主调函数类型所决定

C. 调用该函数时系统临时决定　　D. 在定义该函数时所指定的函数类型决定

3. 函数 func((a,b,c,d),(e,f,g))；调用语句含有实参的个数为（　　）。

A. 1　　B. 2　　C. 4　　D. 以上都不对

4. 下面程序的输出结果是（　　）。

```
#includ <stdio.h>
void main ()
{  int i=1,j=3;
   printf("%d,",i++);
   { int i=0;i+=j*2;
     printf("%d, %d,",i,j);
     }
     printf("%d, %d,",i,j);
}
```

A. 1,6,3,6,3　　B. 1,6,3,2,3　　C. 17,3,6,3　　D. 1,7,3,2,3

5. 下面程序的输出结果是（　　）。

```
#includ <stdio.h>
int m=13;
int fun2(int x,int y)
{ int m=3;
  return(x*y-m);
}
void main ()
{ int a=7,b=5;
  printf("%d\n",fun2(a,b)/m);
}
```

A. 1　　B. 2　　C. 7　　D. 10

6. 下面程序的输出结果是（　　）。

```
#includ <stdio.h>
int b=2;
int func(int *a)
{ b+=*a;
  return(b);
}
void main ()
{ int a=2,res=2;
  res+=func(&a);
  printf("%d\n",res);
}
```

A. 4　　B. 6　　C. 8　　D. 10

二、填空题

1. 从函数定义的角度看，函数可分为________函数和________函数两种。

2. 对于有返回值的函数来说，通常函数体内包含有_____语句，用于将返回值带给调用函数。

3. 调用带参数的函数时，实参列表中的实参必须与函数定义时的形参________相同、____相符。

4. 对带有参数的函数进行调用时，参数的传递方式主要有_______调用和_______调用两种方式。

5. C 语言程序中，函数不允许嵌套_______，但允许嵌套_______。

6. 下面程序的输出结果是______ 。

```
#includ <stdio.h>
int func(int n)
{ if(n= =1) return(1);
 else return(func(n-1)+1);
}
void main ()
{ int i,j=0;
 for(i=1;i<3;i++) j+=func(i);
 printf("%d\n",j);
}
```


三、编程题

1. 编写一递归函数，求 Fibonacci 数列的前 40 项。Fibonacci 数列的描述为第 1 项、第 2 项的值为 1，从第 3 项开始，每一项的值为前面两项的和。

2. 编写函数，实现将字符串中指定的字符删除。

3. 用函数编程求两个数的最大公约数和最小公倍数。

四、项目练习

学生成绩管理系统基础练习 5

用函数改写第 6 章简易学生成绩管理系统程序，将界面、输入和输出 3 部分分别定义成 3 个函数。

1. 项目说明

在使用函数进行编程时，要注意将整个程序分成可以独立完成某项任务的程序段，然后按照函数的定义方法进行定义和调用。由于本项目是一个简易的信息管理系统，在定义函数类型时使用了 void 类型。由于输入和输出的操作对象是相同的，所以使用了全局变量（这是为了介绍函数的一个示例）。

2. 参考程序

```
#include <stdio.h>
#include<string.h>
#include<stdlib.h>
#include "conio.h"
#define M 3                        /*定义学生个数*/
int i,j;
float math[M],c_prog[M],eng[M],sum[M],ave[M]; /*定义存放课程及总分、平均分的数组*/
char name[M][10];                        /*定义存放姓名学生数组*/

void main()
{ void menu();
  void input();
  void output();
  menu();
  input();
  output();
}

void menu()/* 界面函数*/
{
     printf("\n\n\t\t      = = = = = = = = = = = = = = = = = = = =");
     printf("\n\n\t\t      = = = 欢迎使用班级成绩管理系统= = =");
     printf("\n\n\t\t      = = = = = = = = = = = = = = = = = = = =");
     printf("\n\n\n\t\t***********按任意键继续*****************\n");
     getch();                     /*接收任意字符*/
     system("cls");               /*清屏函数*/
}

void input()/* 输入函数*/
{
  for(i=0;i<M;i++)
  {
```

```
   sum[i]=0;
   printf("\t\t***************请输入第%d个学生信息***********\n\n",i+1);
   printf(" \t\t请输入第%d个学生姓名\n",i+1);          /*注意i+1的作用*/
   scanf("%10s",name[i]);
   printf("\t\t请输入第%d个学生高等数学成绩\n",i+1);
   scanf("%f",&math[i]);
   printf("\t\t请输入第%d个学生C语言成绩\n",i+1);
   scanf("%f",&c_prog[i]);
   printf("\t\t请输入第%d个学生大学英语成绩\n",i+1);
   scanf("%f",&eng[i]);
   sum[i]=math[i]+c_prog[i]+eng[i];
   ave[i]=sum[i]/3;

  }
 printf("\n\n\t\t***********按任意键显示学生成绩表*****************\n");
 getch();
 system("cls");
}

void  output()/* 输出函数*/
{
 printf("\n\n    ***************学生成绩信息表*****************\n");
 printf("\n  姓名     高数成绩  C语言成绩 大学英语成绩 总分      平均分\n");
 for(i=0;i<M;i++)
 {
  printf("  %-10s",name[i]);
  printf("%-10.2f",math[i]);
  printf("%-10.2f",c_prog[i]);
  printf("%-10.2f",eng[i]);
  printf("%-10.2f",sum[i]);
  printf("%-10.2f",ave[i]);
  printf("\n");
 }
}
```

研讨与分析：

1. 请将本章程序与前面章节的程序进行对比分析，注意程序中的某些细节的作用。
2. 讨论分析本程序中全局变量使用的优缺点。
3. 讨论分析字符数组、字符函数的使用方法。

PART 8

第 8 章 结构体

教学目标

通过本章的学习，使学生掌握结构体及结构体成员变量的使用方法。

教学要求

知识要点	能力要求	关联知识
结构体的含义	（1）掌握结构体的定义方法 （2）了解结构体的含义	struct 结构名 {成员 1； 成员 2； …… 成员 N }；
结构体成员变量的使用方法	（1）掌握结构体类型变量的定义 （2）掌握结构体成员变量的使用方法	先定义结构，再说明结构体变量。在定义结构体类型的同时说明结构体变量。直接说明结构体变量
结构体数组	（1）了解结构体数组的定义 （2）掌握结构体使用方法	结构体数组的每一个元素都是具有相同结构体类型的下标结构体变量

重点难点

- 结构体类型变量的定义
- 结构体成员变量的使用方法
- 结构体数组的定义和使用方法

8.1 结构体的定义

在处理实际问题的过程中，我们会发现一个问题的一组数据往往具有不同的数据类型。例如，在处理学生成绩信息的时候，姓名应为字符型，学号可为整型或字符型，成绩可为整型或实型。因此，我们不能用一个数组来存放这一组数据，因为数组中各元素的类型和长度都必须一致，以便于编译系统处理。为了解决这个问题，C语言中给出了一种构造数据类型——结构体。结构体相当于其他高级语言中的记录，是一种构造类型，它是由若干“成员”组成的。每一个成员可以是一个基本数据类型或者是一个构造类型。我们把这种由不同数据类型的多个成员所构造成的整体成为结构体。和C语言的其他构造数据类型一样，在说明和使用之前必须先定义它，也就是构造结构体。

定义一个结构体的一般形式为

```
struct 结构名
{成员 1;
 成员 2;
…
 成员 N
};
```

成员表列由若干个成员组成，每个成员都是该结构的一个组成部分。对每个成员也必须做类型说明，其形式为

```
类型说明符 成员名;
```

成员名的命名应符合标识符的书写规定。例：

```
struct student
{
    int num;
    char name[20];
    char sex;
    float score;
};
```

在这个结构定义中，结构名为stu，该结构由4个成员组成。第1个成员为num，整型变量；第2个成员为name，字符数组；第3个成员为sex，字符变量；第4个成员为score，实型变量。应注意，在括号后的分号是不可少的。结构定义之后，就和其他数据类型一样，可进行变量说明。凡说明为结构student的变量都由上述4个成员组成。由此可见，结构是一种复杂的数据类型，是数目固定、类型不同的若干有序变量的集合。

8.2 结构体类型变量的说明与表示方法

8.2.1 结构体类型变量的说明

说明结构体变量有以下3种方法（以上面定义的stu为例来加以说明）。

1．先定义结构，再说明结构体变量

例：

```
struct student
{  char num[8];
   char name[8];
   float score[3];
```

```
    float total;
    float avr;
};
struct student stu1,stu2;
```

以上程序说明了两个变量 stu1 和 stu2 为 student 结构体类型。

2．再定义结构体类型的同时说明结构体变量

例：

```
struct student
{   char num[8];
    char name[8];
    float score[3];
    float total;
    float avr;
}stu1,stu2;
```

这种形式的说明的一般形式为

```
struct 结构名
{
   成员表列
}变量名表列;
```

3．直接说明结构体变量

例：

```
Struct
{   char num[8];
    char name[8];
    float score[3];
    float total;
    float avr;
}stu1,stu2;
```

这种形式的说明的一般形式为

```
struct
{
   成员表列
}变量名表列;
```

第 3 种方法与第 2 种方法的区别在于，第 3 种方法中省去了结构名，而直接给出结构体变量。3 种声明 stu1、stu2 的方法效果是相同的。stu1 和 stu2 都具有下面这种结构，即每个 student 型变量都有 7 个成员。

num	name	score[0]	score[1]	score[2]	total	avr

在进行变量声明之后，说明了 stu1、stu2 变量为 student 类型后，即可向这两个变量中的各个成员赋值。

结构体的成员也可以是一个结构，即构成了嵌套的结构。例如，下面给出了另一个数据结构。

num	name	sex	birthday			score
			month	day	year	

按上表可给出以下结构定义：

```
struct date
{
     int month;
     int day;
```

```
        int year;
    };
    struct{
        int num;
        char name[20];
        char sex;
        struct date birthday;
        float score;
    }stu1,stu2;
```

以上程序中首先定义一个结构 date，由 month（月）、day（日）、year（年）3 个成员组成。在定义并说明变量 stu1 和 stu2 时，其中的成员 birthday 被说明为 data 结构体类型。

8.2.2　结构体变量成员的表示方法

在程序中使用结构体变量时，往往不把它作为一个整体来使用。在 ANSI C 中除了允许具有相同类型的结构体变量相互赋值以外，一般对结构体变量的使用，包括赋值、输入、输出、运算等都是通过结构体变量的成员来实现的，结构体变量的所有成员在使用上和基本型变量完全相同，唯一不同的是成员变量的标识符结构和普通变量是不一样的。

表示结构体变量成员的一般形式是

结构体变量名.成员名

例：

```
stu1.num            即第 1 个人的学号
stu2.sex            即第 2 个人的性别
```

如果成员本身又是一个结构，则必须逐级找到最低级的成员才能使用。

例：

```
stu1.birthday.month
```

即成员可以在程序中单独使用第 1 个人出生的月份，在使用上与普通变量完全相同。

8.3　结构体变量的赋值与初始化

8.3.1　结构体变量的赋值

结构体变量的赋值就是给各成员赋值。可用输入语句或赋值语句来完成。

【例 8.1】给结构体变量赋值并输出其值。

```
#include<stdio.h>
void main()
{
    struct student
    {
      char num[8];
      char name[8];
      char sex;
      float score;
    } stu1,stu2;
    stu1.num="102";
    stu1.name="Zhang ping";
    printf("input sex and score\n");
    scanf("%c %f",&stu1.sex,&stu1.score);
    stu2=stu1;
    printf("Number=%s\nName=%s\n",stu2.num,stu2.name);
    printf("Sex=%c\nScore=%f\n",stu2.sex,stu2.score);
}
```

解析：

本程序中用赋值语句给 num 和 name 两个成员赋值，这是两个字符数组。用 scanf 函数动态地输入 sex 和 score 成员值，然后把 stu1 的所有成员的值整体赋予 stu2。最后分别输出 stu2 的各个成员值。本例表示了结构体变量的赋值、输入和输出的方法。要特别声明的是，结构体变量不能整体进行输入和输出操作，输入和输出只能对结构体变量的成员进行，结构体变量的整体操作只能是同一类型间的赋值运算。

8.3.2 结构体变量的初始化

和其他类型变量一样，对结构体变量可以在定义时进行初始化赋值。

【例 8.2】对结构体变量初始化。

```
#include<stdio.h>
void main()
{
    struct student    /*定义结构*/
    {
      char num[8];
      char name[8];
      char sex;
      float score;
      }stu2,stu1={"102","Zhang ping",'M',78.5};
  stu2=stu1;
  printf("Number=%s\nName=%s\n",stu2.num,stu2.name);
  printf("Sex=%c\nScore=%f\n",stu2.sex,stu2.score);
}
```

解析：

本例中，stu2、stu1 均被定义为外部结构体变量，并对 stu1 做了初始化赋值。在 void main 函数中，把 stu1 的值整体赋予 stu2，然后用两个 printf 语句输出 stu2 各成员的值。

8.4 结构体数组的定义

数组的元素也可以是结构体类型，因此可以构成结构体型数组。结构体数组的每一个元素都是具有相同结构体类型的下标结构体变量。在实际应用中，经常用结构体数组来表示具有相同数据结构的一个群体。如一个班的学生档案、一个车间职工的工资表等。

方法和结构体变量相似，只需说明它为数组类型即可。

例：

```
struct student
{
     char num[8];
     char name[8];
     char sex;
     float score;
}stu[5];
```

以上程序定义了一个结构体数组 stu，共有 5 个元素：stu[0]～stu[4]。每个数组元素都具有 struct student 的结构形式。对结构体数组可以做初始化赋值。例：

```
struct student
{
     char num[8];
     char name[8];
     char sex;
     float score;
```

```
}stu[5]={
        {"101","Li ping",'M',45},
        {"102","Zhang ping",'M',62.5},
        {"103","He fang",'F',92.5},
        {"104","Cheng ling",'F',87},
        {"105","Wang ming",'M',58}
        };
```

当对全部元素做初始化赋值时，也可不给出数组长度。

【例 8.3】计算学生的平均成绩和不及格的人数。

```
struct student
{
    int num;
    char *name;
    char sex;
    float score;
}stu[5]= {
            {"101","Li ping",'M',45},
            {"102","Zhang ping",'M',62.5},
            {"103","He fang",'F',92.5},
            {"104","Cheng ling",'F',87},
            {"105","Wang ming",'M',58}
            };
#include<stdio.h>
void main()
{
    int i,c=0;
    float ave,s=0;
    for(i=0;i<5;i++)
    {
      s+=stu[i].score;
      if(stu[i].score<60) c+=1;
    }
    printf("s=%f\n",s);
    ave=s/5;
    printf("average=%f\ncount=%d\n",ave,c);
}
```

解析：

本例程序中定义了一个外部结构体数组 stu，共 5 个元素，并做了初始化赋值。在 void main 函数中用 for 语句逐个累加各元素的 score 成员值存于 s 之中，如 score 的值小于 60(不及格)则计数器 C 加 1，循环完毕后计算平均成绩，并输出全班总分、平均分及不及格人数。

【例 8.4】建立同学通讯录。

```
#include"stdio.h"
#define NUM 3
struct mem
{
    char name[20];
    char phone[10];
};
void main()
{
    struct mem man[NUM];
    int i;
    for(i=0;i<NUM;i++)
     {
      printf("input name:\n");
      gets(man[i].name);
      printf("input phone:\n");
      gets(man[i].phone);
     }
    printf("name\t\t\tphone\n\n");
```

```
    for(i=0;i<NUM;i++)
      printf("%s\t\t\t%s\n",man[i].name,man[i].phone);
}
```


解析：

本程序中定义了一个结构 mem，它有两个成员 name 和 phone 用于表示姓名和电话号码。在主函数中定义 man 为具有 mem 类型的结构体数组。在 for 语句中，用 gets 函数分别输入各个元素中两个成员的值，然后在 for 语句中用 printf 语句输出各元素中两个成员值。

小结与提示

结构体是一种用户自定义数据类型，我们可以根据实际问题的需要来定义某一结构体中的成员个数、类型等，每个成员都有自己的数据类型。一个结构体变量所占有的内存空间大小是所有成员所占有的内存空间之和。结构体变量作为一个整体只能进行同类型变量的整体赋值，不可以使用 printf 和 scanf 函数直接进行输入和输出，我们只能对结构体的一个成员使用 printf 和 scanf 函数进行输入和输出。

结构体数组是一种比较常用的数据类型，要熟练掌握结构体数组在输入和输出操作上的方法。要特别说明的是，对结构体数组按某一成员的大小进行排序操作时，数据的交换是整体性的，后面的项目练习中会有相关的内容，请大家参考。

知识拓展

漫谈编程思想

什么是编程思想？答案可能很会复杂，但也可以很简单。一句话来讲就是，编程思想即用计算机来解决人们实际问题的思维方式。编程思想发展至今大体经过 3 个阶段。

1．过程性的编程思想

计算机只能认识 0 和 1，但人却不能只是用二进制 0、1 来写程序。为了程序书写的方便就出现了 0、1 的第一层抽象标记：汇编语言。汇编里面的那些标记是直接对应硬件的。硬件生产厂商都有明确的指令说明书，这些汇编标记是可以被硬件直接识别的。如 CPU，生产 CPU 的厂家都会有寄存器的标识（如 ax、bx、cx），操作指令标识（mov），等等。学习汇编的核心是你需要认识到汇编是一种过程性的编程语言，并且目前的 CPU 只能执行过程性的程序，任何高级语言都必须转换成过程性的编程语言后再交给 CPU 执行。在汇编里主要有 3 个操作：比较、跳转（goto）、过程调用（call）。为什么说它是过程性的编程思想，因为所有的程序语句都必须按照处理过程去设计。

2．结构性的编程思想

随着人们解决的问题越来越复杂，汇编程序束缚了计算机软件的发展。因此，编程思想发生了一场革命性的变化——结构性的编程方法出现了。结构化编程的核心有两点，一是单入单出，二是模块化。C 语言里面有几个能表现出结构化思想的地方：分支（if）、循环（while，for）、结构体（struct），只要你会用这 3 个，那么你就可以写出结构化的程序，但不代表你就了解什么是结构化的编程方法。什么叫做结构化？为什么说 goto 会破坏程序的结构化？结构体有什么作用？你能说出结构体的哪些好处？这些都是值得认真体会的地方。结构化编程里面最具代表性的书籍就要属《数据结构》，专门讲怎么用结构性的编程思想来解决实际中的算法问题。需要说明的是，某些的时候，结构化的编程会使程序更繁杂（如结构化编程希望函数只能有一个入口、一个出口，然而有时一个出口会使程序看起来更繁杂）。

3．面向对象的编程思想

这是现在用得最多的编程思想。什么是面向对象，它和结构性的思想有什么不同？从程序语法上看，面向对象比结构性的程序多了以下两个特性。

（1）结构体成员的私有化。结构化程序里面，结构体的成员都是公有的。然而在面向对象里面，结构体改称为类，并且成员分为公有和私有两个部分。就因为这一点的不同，就产生了接口的概念。接口不就是类成员的公有部分么?

（2）类的继承。因为出现了继承，才出现了多态。然而就是因为多态，才出现诸如：隐藏，虚函数...等等这些概念。多态的出现，能够让同一组数据，在不同的阶段，用同一种表达方式，执行不同的操作。如果把这个东西领悟到了，那么你会感叹一句"原来程序是可以这么写的"。

因为以上两点的变化，编程思想也随之发生了巨大转变。它可以让程序更适合人的思维方法来编写。面向对象的编程语言就很多了，如 C++ , JAVA , C# …。总体说来，C++和 JAVA 有很大的不同，而 JAVA 和 C#却非常相似。其实他们都是来实现面向对象编程的工具。

目前编程思想的发展大体上就到这一步，将来的编程思想的会是一个什么样子，目前还不得而知。如果你是初学者，可以按照上面的顺序来学习计算机。希望在每个环节中能掌握其重点，相信一年之后，你就会有所感悟。

习题与项目练习

一、选择题

1. 若程序中有下面的说明和定义

```
struct abc
{ int x;
  char y;}
   struct abc s1,s2;
```

则会发生的情况是____。

A. 编译出错　　B. 程序将顺利编译、连接、执行

C. 能顺利通过编译、连接，但不能执行　　D. 能顺利通过编译，但连接出错

1. 给结构体变量分配的内存是____。

A. 各成员所占的字节和　　B. 各成员所占的字节中最大的容量

C. 第一个成员所占的字节的容量　　D. 最后一个成员所占的字节的容量

2. 已知结构 eisei 类型的变量 a,其初始化赋值如下：

```
struct eisei a={"IO",5,1.7691};
```

请写出结构 eisei 的类型定义。____

A.
```
eisei struct{
     char name[];
    int kodo;
     float shuki;}
```

B.
```
struct eisei{
     char name[];
     int kodo;
     double shuki;}
```

C. struct eisei{
int name;
int kodo;
float shuki;}

D. eisei struct{
int name;
int kodo;
float shuki;}

3. 若 int 类型占 2 个字节，则以下程序的输出结果为____。

```
struct st
{  char a[10];
   int b;
   double c;};
printf("%d",sizeof(struct st));
```

A. 20　　B. 10　　C. 2　　D. 8

4. 对以下程序中初值中的整数 2 的引用方式为____。

```
static struct
{ char ch;
  int j;
  double x;}arr[2][3]= {{{'a',1,3.45},{'b',2,7.98},{'c',3,1.93}}};
```

A. arr[0][1].j　　B. arr[0][1].ch　　C. arr[1][0].ch　　D. arr[1][0].j

5. 根据下面的定义，能打印出字母 M 的语句是____。

```
struct person
{ char name[9];
  int age;
};
struct person c[10]={"John",17,"Paul",19,"Mary",18,"Adam",16};
```

A. printf("%c\n",c[3].name)

B. printf("%c\n",c[3].name[1])

C. printf("%c\n",c[2].name[1])

D. printf("%c\n",c[2].name[0])

二、填空题

1. 引用结构变量中成员的一般形式是______________。

2. 设已定义 p 为指向某一结构体类型的指针，引用其成员可写成________________，也可写成________________。

3. 在 C 语言中，用关键字____________________来表示结构体类型。

4. 下面程序的运行结果是____________________。

```
 #include <stdio.h>
 struct node
{ int x;
char c;};
void func(struct node b)
{ b.x=20;
b.c='y';
}
void main( )
{ static struct node a={10,'x'};
fun(a);
printf("%d,%c",a.x,a.c);
}
```

5.下面程序的运行结果是____________________。

```
   #include <stdio.h>
   void main( )
   { struct example
{ union
{ int x;
```

```
int y;
}in;
int a;
int b;
}e;
e.a=1;
e.b=2;
e.in.x=e.a*e.b;
e.in.y=e.a+e.b;
pringtf("%d,%d",e.in.x,e.in.y);
```

下面程序的运行结果为__________________。

```
struct abc{
        int a, b, c;
        };
main()
{ struct abc s[2]={{1,2,3},{4,5,6}};
  int t;
  t=s[0].a+s[1].b;
  printf("%d\n",t);
}
```

三、编程题

1. 编写程序：有 *n* 名学生，每个学生的数据包括学号、姓名、成绩，要求找出成绩最高者的姓名和成绩。

2. 在第 1 题的基础上练习。有 *n* 个学生，每个学生的数据包括学号、姓名、3 门课的成绩，从键盘输入 *n* 个学生数据，要求打印出 3 门课总平均成绩以及最高分的学生的数据（包括学号、姓名、3 门课成绩、平均分数）。

四、项目练习

学生成绩管理系统基础练习 6

1. 项目说明

在第 7 章项目设计的基础上，用结构体修改简易学生成绩管理系统中的学生信息，注意练习结构体的结构设计和结构体数组元素的输入、输出方法。

2. 参考程序

```
#include <stdio.h>
#include<string.h>
#include<stdlib.h>
#include "conio.h"
#define M 3                          /*定义学生个数*/
int i;
struct student
{
char name[10];
float c_prog;
float  math;
float eng;
float sum,ave;
}stu[M];

void main()
{ void menu();
  void input();
  void output();
  menu();
  input();
  output();
}

void menu()/* 界面函数*/
```

```
{
    printf("\n\n\t\t     = = = = = = = = = = = = = = = = = = = = =");      /*界面*/
    printf("\n\n\t\t     = = = 欢迎使用班级成绩管理系统= = =");
    printf("\n\n\t\t     = = = = = = = = = = = = = = = = = = = = =");
    printf("\n\n\n\t\t***********按任意键继续*****************\n");
    getch();                         /*接收任意字符*/
    system("cls");                    /*清屏函数*/
}
void input()/* 输入函数*/
{
  for(i=0;i<M;i++)
  {
   stu[i].sum=0;
   printf("\t\t***************请输入第%d 个学生信息***********\n\n",i+1);
   printf(" \t\t 请输入第%d 个学生姓名\n",i+1);          /*注意 i+1 的作用*/
   scanf("%10s",stu[i].name);
   printf("\t\t 请输入第%d 个学生高等数学成绩\n",i+1);
   scanf("%f",&stu[i].math);
   printf("\t\t 请输入第%d 个学生 C 语言成绩\n",i+1);
   scanf("%f",&stu[i].c_prog);
   printf("\t\t 请输入第%d 个学生大学英语成绩\n",i+1);
   scanf("%f",&stu[i].eng);
   stu[i].sum=stu[i].math+stu[i].c_prog+stu[i].eng;
   stu[i].ave=stu[i].sum/3;

  }
 printf("\n\n\t\t***********按任意键显示学生成绩表*****************\n");
 getch();
 system("cls");
}
void  output()/* 输出函数*/
{
 printf("\n\n    ***************学生成绩信息表*****************\n");
 printf("\n  姓名     高数成绩  C 语言成绩 大学英语成绩 总分       平均分\n");
 for(i=0;i<M;i++)
 {
  printf("%-10s",stu[i].name);
  printf("%-10.2f",stu[i].math);
  printf("%-10.2f",stu[i].c_prog);
  printf("%-10.2f",stu[i].eng);
  printf("%-10.2f",stu[i].sum);
  printf("%-10.2f",stu[i].ave);
  printf("\n");
 }
}
```

讨论分析：

1. 分析结构体中的元素在输入输出操作上和普通变量的异同点。

2. 结合编程实际，分析一般数组、结构体变量、结构体数组在使用上的区别并进行相应练习。

PART 9

第 9 章 算法与项目设计

教学目标

通过本章的学习，使学生掌握算法和项目的设计。

教学要求

知识要点	能力要求	关联知识
算法	（1）掌握两种算法的图形表示方法 （2）了解并掌握算法的含义	程序=数据结构+算法
项目设计	掌握结构化程序设计的方法	用3种结构作为表示一种良好算法的基本单元：顺序、选择、循环。任何复杂的算法都是由这3种基本结构按一定规律组成的

重点难点

- 算法的含义
- 两种算法的图形表示方法
- 结构化程序设计方法

通过前面的学习，我们已经可以使用C语言编写程序，但你是否注意到在进行程序设计之前我们其实已经思考过如何去解决这些问题了。任何时候，解决任何问题都需要进行思考，从而提出解决问题的方法和步骤，这些方法和步骤通俗地讲就是算法。

9.1 算法概述

关于算法有很多不同的描述，在日常生活中，解决许多问题，都必须按照一定的步骤去实现。广义地说，为解决一个问题而采取的方法和步骤，就称为“算法（algorithm）”。例如，去超市买面包，应该按照如下步骤进行：①进入超市，找到卖面包的具体货架；②选择要买的面包种类；③决定要买的各种面包的数量；④检查生产日期是否符合自己的要求；⑤取面包到购物筐；⑥到收款台结账；⑦离开超市。这就是买面包的“算法”。同样，要进行程序设计，也必须要有进行程序设计的算法。

以比较简单的问题为例，如求圆的周长，则应该先确定圆的半径 r 的值，再利用公式计算圆的周长 l，然后输出圆的周长。由于程序比较简单，因此初学者并没有意识到每个程序都需要事先设计出“算法”，相反会觉得多此一举。

如果要编写解决较复杂问题的程序，则必须按照利用计算机处理问题的步骤来进行，有些较大的程序还要通过团队开发的形式来实现，算法的设计是至关重要的。瑞士著名计算机科学家沃思（Nikiklaus Wirth）在 1976 年对过程化程序提出了一个抽象的公式：

程序=数据结构+算法

也就是说，不管多么复杂的程序，一般应包括以下两个方面的内容。

① 数据描述。即在程序中要指定数据的类型和数据的组织形式，即数据结构（Data Structure）。例如，将变量 i 定义为 long 型数据，则变量 i 在内存中占有的存储空间大小、能够存储数据的范围也确定了，程序中能够对变量 i 进行的操作同时也确定了。

② 算法描述。所谓算法，就是指为解决某个特定问题而采取的确定的、有限的操作步骤。例如，求表达式 1+2+3+…+50 的和。可以先进行 1+2，再加 3，再加 4，一直加到 50，即可求出该表达式的和。解决这个问题的每一个步骤是确定的，也是有限的，这就是解决这个求和问题的一种算法。

在计算机程序方面，算法是一系列解决问题的清晰指令，代表着用系统的方法描述解决问题的策略机制。也就是说，利用算法能够对一定规范的输入，在有限时间内获得所要求的输出。如果一个算法有缺陷，或不适合于某个问题，执行这个算法将不会解决这个问题。

计算机算法可分为两大类：

① 数值运算算法：求解数值；

② 非数值运算算法：事务管理领域。

9.2 简单算法举例

【例 9.1】求两个数的平均值。

步骤 1：输入第 1 个数。

步骤 2：输入第 2 个数。

步骤 3：将两个数相加求和。

步骤 4：将和除以 2。

这样简单的思路我们在头脑中早已成型，所以感觉不到其思考的过程，其实这就是求两个数平均值的算法。

【例 9.2】求 1×2×3×4×5。

最原始方法：

步骤 1：先求 1×2，得到结果 2；

步骤 2：将步骤 1 得到的乘积 2 乘以 3，得到结果 6；

步骤 3：将 6 再乘以 4，得 24；

步骤 4：将 24 再乘以 5，得 120。

这样的算法虽然正确，但太烦琐。

改进的算法：

S1：使 t=1；

S2：使 i=2；

S3：使 $t \times i$，乘积仍然放在在变量 t 中，可表示为 $t \times i \rightarrow t$；

S4：使 i 的值+1，即 $i+1 \rightarrow i$；

S5：如果 $i \leqslant 5$，返回重新执行步骤 S3 以及其后的 S4 和 S5；否则，算法结束。

如果计算 100！只需将 S5:若“$i \leqslant 5$”改成 $i \leqslant 100$ 即可。

如果改求 1×3×5×7×9×11，算法也只需做很少的改动：

S1: $1 \rightarrow t$;

S2: $3 \rightarrow i$;

S3: $t \times i \rightarrow t$;

S4: $i+2 \rightarrow t$;

S5：若 $i \leqslant 11$，返回 S3，否则，结束。

该算法不仅正确，而且是较好的计算机算法，因为计算机是高速运算的自动机器，实现循环轻而易举。

思考：若将 S5 写成：“S5:若 $i < 11$，返回 S3;否则，结束”。

【例 9.3】有 50 个学生，要求将他们之中成绩在 80 分以上者打印出来。

如果，n 表示学生学号，n_i 表示第个学生学号；g 表示学生成绩，g_i 表示第个学生成绩；

则算法可表示如下：

S1: $1 \rightarrow i$;

S2：如果 $g_i \geqslant 80$，则打印 n_i 和 g_i，否则不打印；

S3: $i+1 \rightarrow i$;

S4:若 $i \leqslant 50$，返回 S2；否则，结束。

【例 9.4】判定 2000～2500 年中的每一年是否闰年，将结果输出。

闰年的条件：

1）能被 4 整除；2）但不能被 100 整除的年份；

3）能被 100 整除；4）又能被 400 整除的年份。

设 y 为被检测的年份，则算法可表示如下：

S1：$2000 \rightarrow y$;

S2：若 y 不能被 4 整除，则输出 y“不是闰年”，然后转到 S6；

S3：若 y 能被 4 整除，不能被 100 整除，则输出 y“是闰年”，然后转到 S6；

S4：若 y 能被 100 整除，又能被 400 整除，输出 y“是闰年”；否则输出 y“不是闰年”，然后转到 S6；

S5：输出 y “不是闰年”；

S6：$y+1 \to y$；

S7：当 $y \leqslant 2500$ 时，返回 S2 继续执行；否则，结束。

根据题意，可以如图 9.1 表示。

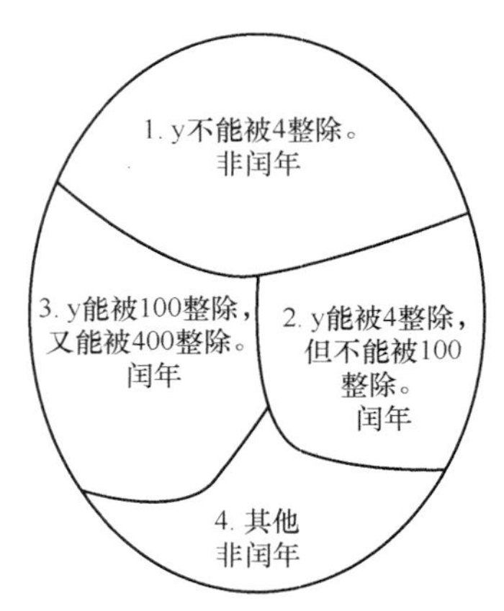

图 9.1　例 9.4 图解

【例 9.5】求 $1-\frac{1}{2}+\frac{1}{3}-\frac{1}{4}+\cdots+\frac{1}{99}-\frac{1}{100}$。

算法可表示如下：

S1: sigh=1；

S2: sum=1；

S3: deno=2；

S4: sigh=(−1)×sigh；

S5: term= sigh×(1/deno)；

S6: term=sum+term；

S7: deno= deno +1；

S8：若 deno≤100，返回 S4；否则，结束。

【例 9.6】对一个大于或等于 3 的正整数，判断它是不是一个素数。

算法可表示如下：

S1：输入 n 的值

S2: $i=2$

S3: n 被 i 除，得余数 r

S4：如果 $r=0$，表示 n 能被 i 整除，则打印 n “不是素数”，算法结束；否则执行 S5；

S5: $i+1 \to i$

S6：如果 $i \leqslant n-1$，返回 S3；否则打印 n “是素数”；然后算法结束。

改进：

S6：如果 $i \leqslant \sqrt{n}$，返回 S3；否则打印 n “是素数”；然后算法结束。

9.3　算法的特性

算法的特性包括以下几点。

（1）确定性。算法的每一种运算必须有确定的意义，该种运算应执行何种动作应无二义性，目的明确。

（2）可行性。要求算法中有待实现的运算都是基本的，每种运算至少在原理上能由人用纸和笔在有限的时间内完成。

（3）输入。一个算法有 0 个或多个输入，在算法运算开始之前给出算法所需数据的初值，这些输入取自特定的对象集合。

（4）输出。作为算法运算的结果，一个算法产生一个或多个输出，输出是同输入有某种特定关系的量。

（5）有穷性。一个算法总是在执行了有穷步的运算后终止，即该算法是可达的。

对于程序设计人员，必须会设计算法，并根据算法写出程序。

9.4 怎样表示一个算法

9.4.1 用自然语言表示算法

所谓自然语言就是人类日常交流所使用的语言，除了很简单的问题，一般不用自然语言表示算法。

9.4.2 用流程图表示算法

流程图也叫程序流程图，是一种应用十分广泛的图形算法表示工具，具有易学易用的特点，并且使用流程图表示算法，直观形象，易于理解。流程图的基本图形符号如图 9.2 所示。

【例 9.7】将例 9.2 的算法用流程图表示。

解：如图 9.3 所示。

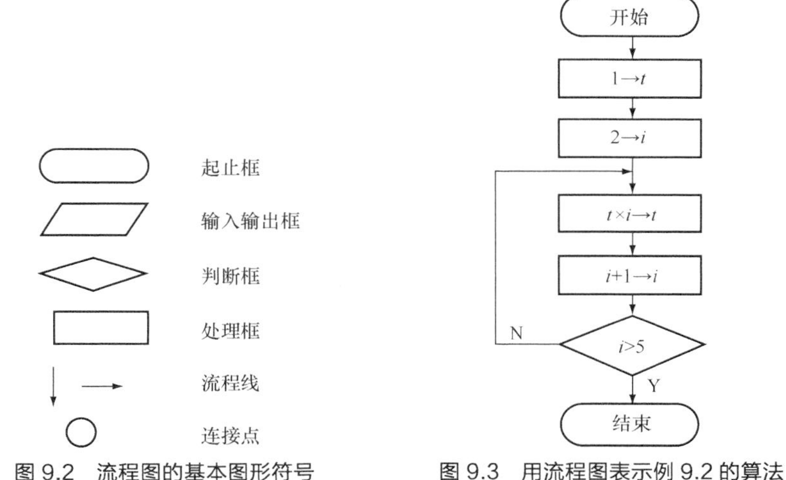

图 9.2 流程图的基本图形符号　　图 9.3 用流程图表示例 9.2 的算法

【例 9.8】将例 9.3 的算法用流程图表示。

解：如图 9.4 所示。

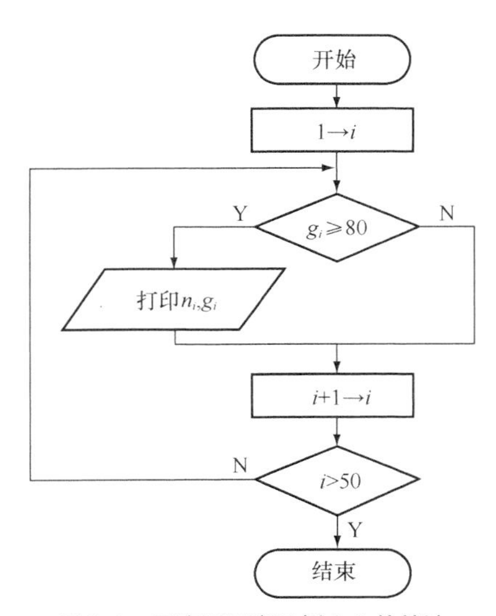

图 9.4 用流程图表示例 9.3 的算法

【例 9.9】将例 9.4 的算法用流程图表示。

解：如图 9.5 所示。

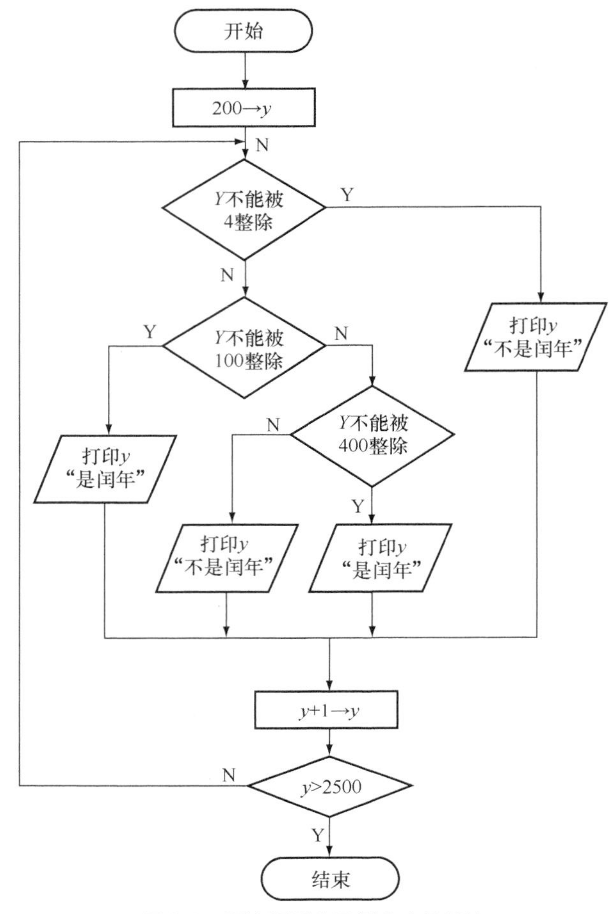

图 9.5　用流程图表示例 9.4 的算法

9.4.3　3 种基本结构

C 语言是一种结构化程序设计语言，而结构化程序一般具有 3 种基本结构。

1．顺序结构

顺序结构如图 9.6 所示。

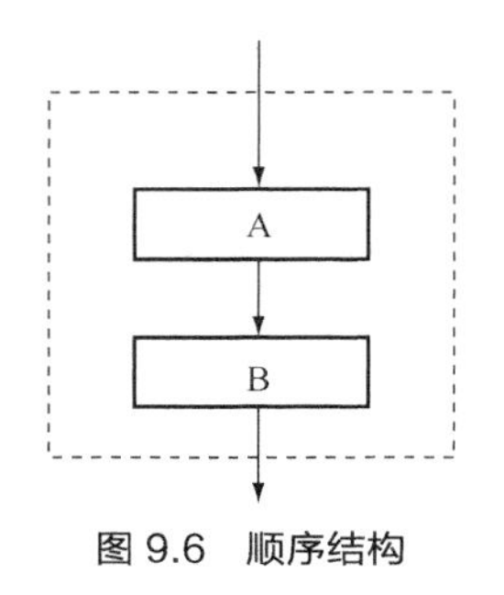

图 9.6　顺序结构

2．选择结构

选择结构如图 9.7 所示。

3．循环结构

循环结构如图 9.8 所示。

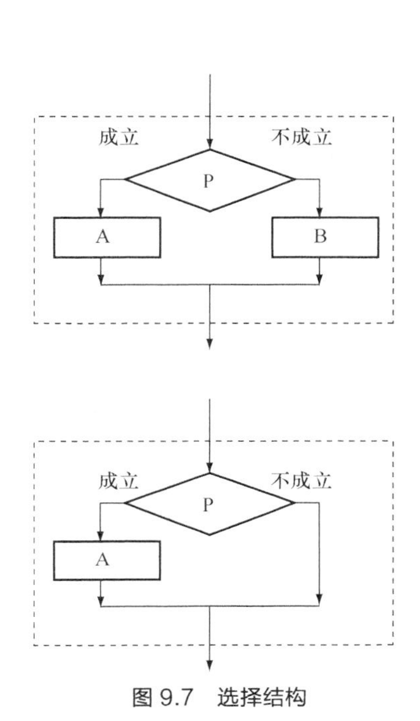

图 9.7　选择结构

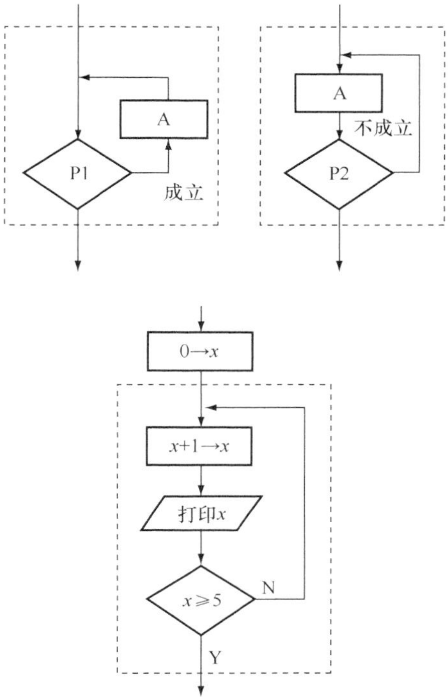

图 9.8　循环结构

3 种基本结构的共同特点：

（1）只有一个入口；

（2）只有一个出口；

（3）结构内的每一部分都有机会被执行到；

（4）结构内不存在“死循环”。

9.4.4　用 N-S 流程图表示算法

1973 年，美国学者提出了一种新型流程图：N-S 流程图。

用 N-S 流程图表示顺序结构如图 9.9 所示。

用 N-S 流程图表示选择结构如图 9.10 所示。

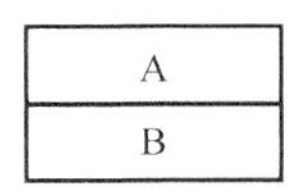

图 9.9　用 N-S 流程图表示顺序结构

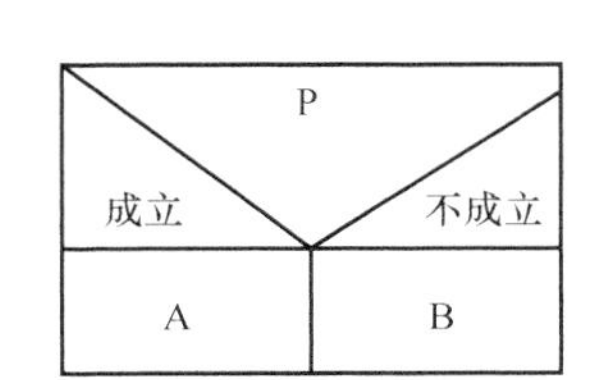

图 9.10　用 N-S 流程图表示选择结构

用 N-S 流程图表示循环结构如图 9.11 所示。

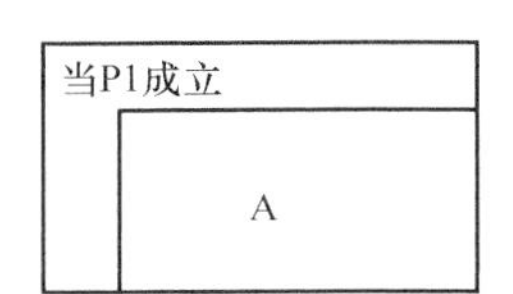

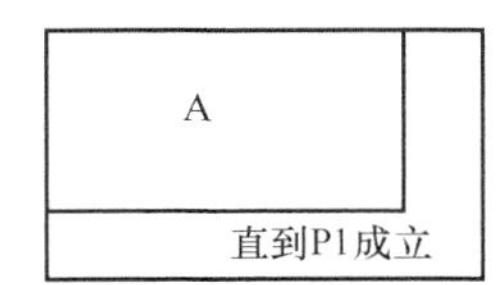

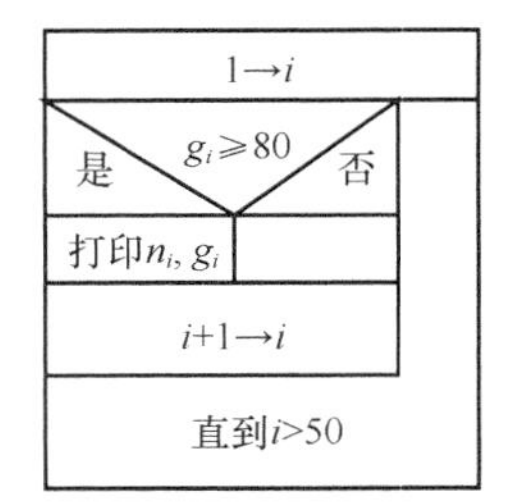

图 9.11　用 N-S 流程图表示循环结构

9.5　结构化程序设计方法概述

1966 年提出的 3 种基本结构，用 3 种结构作为表示一种良好算法的基本单元：顺序、选择、循环。任何复杂的算法都是由这 3 种基本结构按一定规律组成。结构化程序设计的优点是易编、易读、易懂、易维护，强调程序设计风格和程序结构的规范化，其核心思想是自顶向下、逐步细化，模块化设计、结构化编码。

9.6　简易学生成绩管理系统的设计

本节我们进行一个简易的系统开发，其目的是为了让大家巩固前面所学的知识，进一步理解算法和结构化程序设计的知识。请大家参照练习。

9.6.1　简易学生成绩管理系统功能描述

本项目是一个简易学生成绩管理系统，其功能主要有：

（1）完成班级 *N* 个学生的个人信息和 *M* 门课程的成绩输入；

（2）完成班级 *N* 个学生的个人信息和 *M* 门课程的成绩列表输出；

（3）能够按照一定顺序进行班级学生成绩信息的排序；

（4）能够按照一定方式进行学生成绩信息的查找；

（5）能够按照一定方式进行学生成绩信息的修改；

（6）能够进行学生成绩信息的删除操作。

要求本系统具有一定的操作界面，采用模块化程序设计，其整体架构如图 9.12 所示。

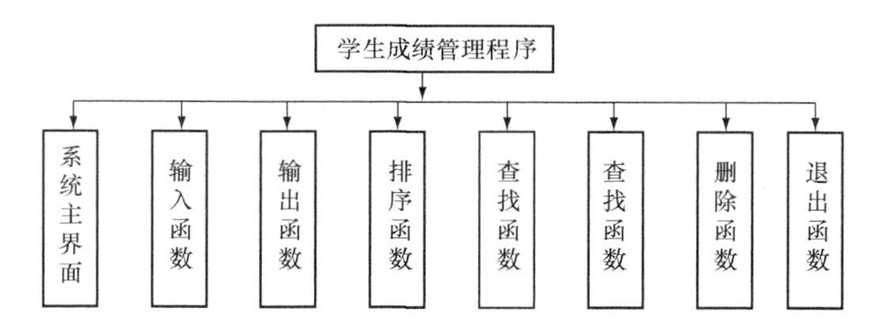

图 9.12　学生成绩管理系统整体架构

9.6.2 简易学生成绩管理系统各模块的程序流程图

1．主函数流程图

主函数流程图如图 9.13 所示。

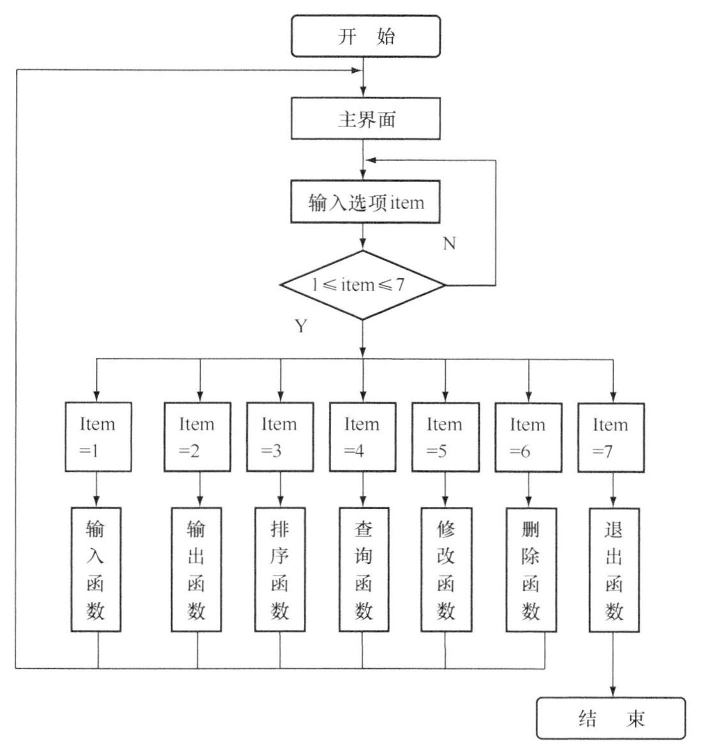

图 9.13 学生成绩管理系统主函数流程图

2．输入函数

输入函数流程图如图 9.14 所示。

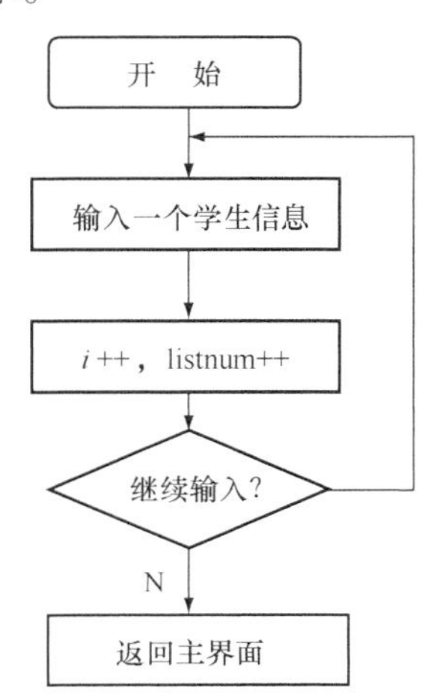

图 9.14 学生成绩管理系统输入函数流程图

3．输出函数

输出函数流程图如图 9.15 所示。

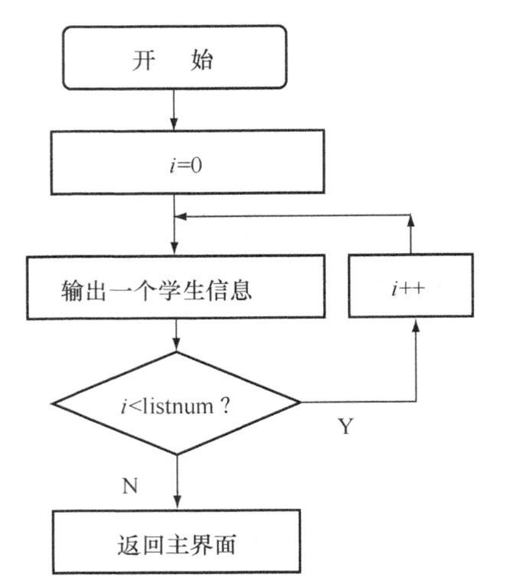

图 9.15　学生成绩管理系统输出函数流程图

4．排序函数

排序函数流程图如图 9.16 所示。

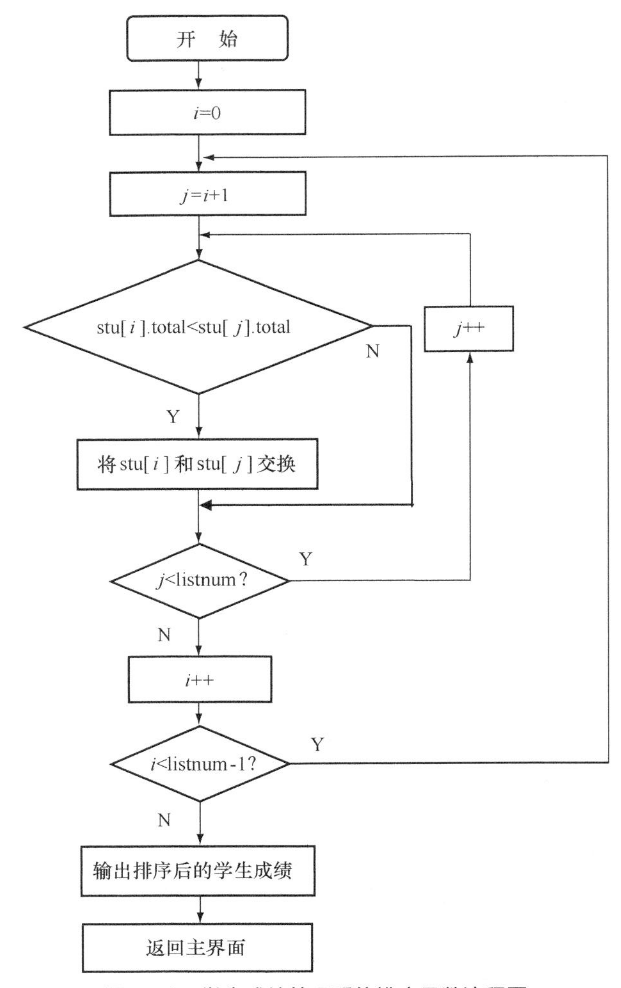

图 9.16　学生成绩管理系统排序函数流程图

5．查询函数

查询函数流程图如图 9.17 所示。

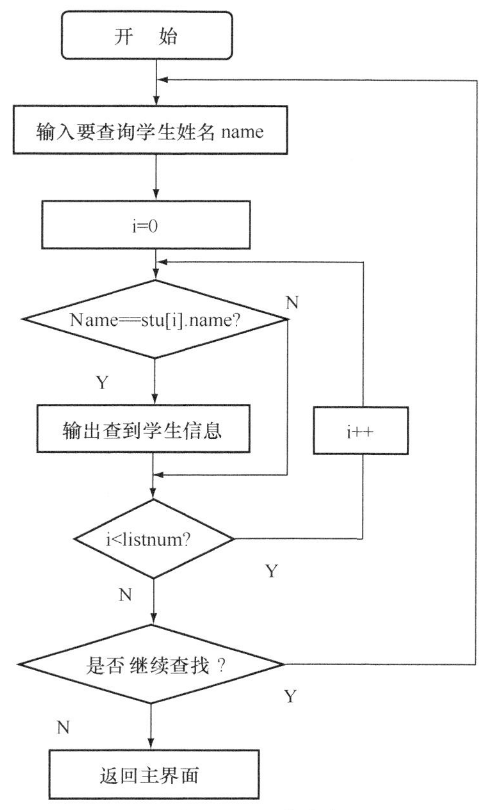

图 9.17 学生成绩管理系统查询函数流程图

6．信息修改函数和信息删除函数

信息修改函数和信息删除函数的程序流程图和查找函数的流程图相似，请大家参照练习。

9.6.3 简易学生成绩管理系统程序设计

以下为本项目的参考程序，请大家在上机运行过程中注意调整输出函数中的字符间隔以使输出界面整齐和美观。此外，本参考程序为学生练习程序，可能存在考虑不周和算法不十分科学的地方，请广大读者批评指正。

```
#include <stdio.h>
#include<string.h>
#include<stdlib.h>
#include <conio.h>
#define N 100                //定义记录数
#define M 3                  //定义班级课程数目
#define Esc 27               //定义键盘退出键 Esc
int listnum=0;               //文件中的记录数
struct student               //定义学生记录的结构
{  char num[8];              // 学号
   char name[8];             //姓名
   float score[M];           //三门课成绩
   float total;              //个人总分
   float avr;                //个人平均分
}stu[N];
```

```
void menu()//系统主界面
{   printf("\n\n\t\t      = = = = = = = = = = = = = = = = = = = = =");
    printf("\n\n\t\t      = = = 欢迎使用班级成绩管理系统= = =");
    printf("\n\n\t\t      = = = = = = = = = = = = = = = = = = = = =");
    printf("\n\n\t\t                 1.学生成绩录入");
    printf("\n\n\t\t                 2.学生成绩输出 ");
    printf("\n\n\t\t                 3.学生成绩排序 ");
    printf("\n\n\t\t                 4.按姓名查找学生成绩信息");
    printf("\n\n\t\t                 5.按姓名修改学生成绩信息 ");
    printf("\n\n\t\t                 6.按姓名删除学生成绩信息 ");
    printf("\n\n\t\t                 Esc 退出系统 ");
    printf("\n\n\t\t     ----------------------------------------");
    printf("\n\n\t\t        请您输入操作选项: ");
}

void exit()//系统退出界面
{
    system("cls");
    printf("\n\n\n\n\n\n\n\n\t\t 谢谢使用班级学生成绩管理系统! \n\n\n\n");
    printf("**********************按任意键退出***********************\n");
}

void input()  //输入子函数
{   int flag=1,i=0,j=0;
    char c;
    system("cls");
    printf("\n\n\n\n\t==========欢迎进入学生成绩录入系统============\n\n");
   do
   {printf("\n\n\n\t\t 请输入学生信息: \n\n");
    printf("\t 请输入学号: ");
    scanf("%s",stu[i].num);
    printf("\t 请输入姓名: ");
    scanf("%s",stu[i].name);
    stu[i].total=0;
    for(j=0;j<M;j++)
    {printf("\t 请输入%s 成绩: ",j==0 ? "C 语言" : j==1 ? "高等数学" : j==2 ? "大学英语
" : "错误");
     scanf("%f",&stu[i].score[j]);
     stu[i].total=stu[i].total+stu[i].score[j];}
     stu[i].avr=stu[i].total/3;
     i++;listnum++;
     printf("\n\t 是否继续输入学生成绩(Y/N)?");
     while(1)
     {   c=getch();
         if(c=='Y'||c=='y') flag=1;
         if(c=='N'||c=='n') flag=0;
         if(c=='N'||c=='n'||c=='Y'||c=='y') break;
     }
    system("cls");
    }while(flag==1);
  }

  void output()  //输出子函数
  { int i,j;
    system("cls");
    printf("\n\n\n***************学生成绩信息表********************\n\n");
    printf("\n 学号    姓 名    C 语言    高等数学    大学英语    总 分    平均分\n\n");
    for(i=0;i<listnum;i++)
    {printf("%-8s%-10s",stu[i].num,stu[i].name);
     for(j=0;j<M;j++)
     printf("%-9.2f",stu[i].score[j]);
     printf("%-9.2f",stu[i].total);
     printf("%-9.2f\n",stu[i].avr);
    }
    printf("\n\n\n*************按任意键返回主界面******************\n");
    getch();
  }

void sort() //排序子函数
```

```
{int i,j;
  struct student temp;
  system("cls");
  for(i=0;i<listnum-1;i++)                    //选择法排序
     for(j=i+1;j<listnum;j++)
        if(stu[i].total<stu[j].total)
            {    temp=stu[i];
                 stu[i]=stu[j];
                 stu[j]=temp;
            }
  printf("\n \n\n\t 排序后的学生成绩信息如下: \n\n\n");
  printf("\n 学号     姓  名    C 语言    高等数学    大学英语    总  分    平均分\n\n");
  for(i=0;i<listnum;i++)
      {printf("%-8s%-10s",stu[i].num,stu[i].name);
       for(j=0;j<M;j++)
       printf("%-9.2f",stu[i].score[j]);
       printf("%-9.2f",stu[i].total);
       printf("%-9.2f\n",stu[i].avr);
      }
  printf("\n\n\n *****************按任意键返回主界面******************\n");
  getch();
}

void search()  //查询子函数
{int i,j,flag=1,ifsearch=0;
 char name[8],c;
 system("cls");
 printf("\n\n\n\n\t==========欢迎进入学生成绩查询系统============\n\n");
 while(flag==1)
  {
   printf("\n\t 请输入要查找的学生姓名后按回车键:");
   scanf("%s",name);
   for(i=0;i<listnum;i++)
      if(strcmp(name,stu[i].name)==0)  //进行姓名比较
      { ifsearch=1;
       printf("\n 学号     姓  名    C 语言    高等数学    大学英语    总  分    平均分\n\n");
       printf("%-8s%-10s",stu[i].num,stu[i].name);
       for(j=0;j<M;j++)
         printf("%-9.2f",stu[i].score[j]);
       printf("%-9.2f",stu[i].total);
       printf("%-9.2f\n",stu[i].avr);
      }
   if(ifsearch==0) printf("\n\n\t 对不起，没有这个学生的成绩信息!");
   printf("\n\n\n\t 是否继续查找? ? (Y/N)?");
   while(1)
     {
      c=getch();
      if(c=='Y'||c=='y') {flag=1;ifsearch=0;}
      if(c=='N'||c=='n') flag=0;
      if(c=='N'||c=='n'||c=='Y'||c=='y') break;
     }
  }
  }

void change() //修改子函数
{int i,j,flag=1,ifsearch=0;
 char name[8],c;
 system("cls");
 printf("\n\n\n\n\t==========欢迎进入学生成绩修改系统============\n\n");
 while(flag==1)
 {
  printf("\n\n\n\n\t 请输入要修改的学生姓名后按回车键:");
  scanf("%s",name);
  for(i=0;i<listnum;i++)
  {
     if(strcmp(name,stu[i].name)==0)
     {
       ifsearch=1;
       printf("\n\n\n\n\n\t 要修改学生的课程成绩为\n\n");
```

```
        printf("\n学号    姓 名    语 文   数 学   外 语   总  分   平均分\n\n");
        printf("%-8s%-10s",stu[i].num,stu[i].name);
        for(j=0;j<M;j++)
        printf("%-9.2f",stu[i].score[j]);
        printf("%-9.2f",stu[i].total);
        printf("%-9.2f\n",stu[i].avr);
        printf("\n\n\t确定修改该学生信息(y/n)? \n\n");
        while(1)
        {   c=getch();
            if(c=='Y'||c=='y') flag=1;
            if(c=='N'||c=='n') flag=0;
            if(c=='N'||c=='n'||c=='Y'||c=='y') break;
        }
        if(flag==1)
        {printf("\t请输入要修改学生的成绩:\n\n");
         stu[i].total=0;
         for(j=0;j<M;j++)
        { printf("请输入 %s 成绩: ",j==0 ? "C语言" : j==1 ? "数学" : j==2 ? "英语" :
"错误");
         scanf("%f",&stu[i].score[j]);
         stu[i].total=stu[i].total+stu[i].score[j];
        }
       stu[i].avr=stu[i].total/3;
       }
     }
   }
     if(ifsearch==0) printf("\n\n\n\t对不起，没有这个学生的成绩信息\n\n\n");
     printf("\n\t是否继续修改(Y/N)?");
     while(1)
         {
         c=getch();
         if(c=='Y'||c=='y') {flag=1;ifsearch=0;}
         if(c=='N'||c=='n') flag=0;
         if(c=='N'||c=='n'||c=='Y'||c=='y') break;
         }
   }
  }

  void del()  //删除子函数
  {int i,j,flag=1,member=0,ifsearch=0;
   char name[8],c;
   system("cls");
   printf("\n\n\n\n\t==========欢迎进入学生成绩删除系统============\n\n");
   while(flag==1)
   {
    printf("\n\n\n\n\t请输入要删除的学生姓名后按回车键:");
    scanf("%s",name);
    for(i=0;i<listnum;i++)
    {
     if(strcmp(name,stu[i].name)==0)
     { system("cls");
       ifsearch=1;
       printf("\n\n\n\n\n\t要删除的学生信息\n\n");
       printf("\n学号    姓 名    C语言   高等数学   大学英语   总  分   平均分\n\n");
       printf("%-8s%-10s",stu[i].num,stu[i].name);
       for(j=0;j<M;j++)
         printf("%-9.2f",stu[i].score[j]);
       printf("%-9.2f",stu[i].total);
       printf("%-9.2f\n",stu[i].avr);
       printf("\n\n\t确定删除该学生信息(y/n)? \n\n");
      while(1)
       {c=getch();
        if(c=='Y'||c=='y') flag=1;
        if(c=='N'||c=='n') flag=0;
        if(c=='N'||c=='n'||c=='Y'||c=='y') break;
       }
       if(flag==1)
       {for(j=i;j<listnum-1;j++)
        stu[j]=stu[j+1];
```

```
          member++;
        }
      }
    }
    if(ifsearch==0) printf("\n\n\n\t对不起，没有这个学生的成绩信息\n\n");
    printf("\n\t是否继续删除操作(Y/N)?\n\n");
    while(1)
    {
      c=getch();
      if(c=='Y'||c=='y') {flag=1;ifsearch=0;}
      if(c=='N'||c=='n') flag=0;
      if(c=='N'||c=='n'||c=='Y'||c=='y') break;
    }
  }
  listnum=listnum-member;
}

void main()//主函数
{
 char item;
 do
 {
    menu();
    while(1)
    {
    item=getch();
    if((item>='1'&&item<='6')||item==Esc) break;
     else printf("\t选项输入错误，请重新输入\n");
    }
    switch(item)
    {
     case '1':input();break;
     case '2':output();break;
     case '3':sort();break;
     case '4':search();break;
     case '5':change();break;
     case '6':del();break;
    }
 }while(item!=Esc);
   exit();
}
```

小结与提示

本章简要介绍了计算机程序算法的一些基础知识，包括算法的概念、特性和表示方法等。这是在前面学习的基础上，为做好程序设计所必须了解的知识。特别需要说明的是，对于结构化程序设计的思想的理解和算法的图形表示法中的程序流程图表示法和N-S图表示法要认真加以理解和练习，这是进行程序设计的基础。

知识拓展

计算机之父——冯·诺依曼

现在使用的计算机，其基本工作原理是存储程序和程序控制，由世界著名数学家冯·诺依曼提出，他被称为“计算机之父”。

约翰·冯·诺依曼（JohnVonNouma，1903－1957），美籍匈牙利人，1903年12月28日生于匈牙利的布达佩斯。1911～1921年，冯·诺依曼在布达佩斯的卢瑟伦中学读书期间，就崭露头角而深受老师的器重。在费克特老师的个别指导下，两人合作发表了第一篇数学论文，此时冯·诺依曼还不到 18 岁。1921～1923 年在苏黎世大学学习。在 1926 年以优异的成绩获得了布达佩斯大学数学博士学位，此时冯·诺依曼年仅 22 岁。1927～1929 年，冯·诺依曼相继在柏林大学和汉堡大学担任数学讲师。1930 年接受了普林斯顿大学客座教授的职位，1931 年成为该校终身教授。1933 年转到该校的高级研究所，成为最初的六位教授之一，并在那里工作了一生。冯·诺依曼是普林斯顿大学、宾夕法尼亚大学、哈佛大学、伊斯坦堡大学、马里兰大学、哥伦比亚大学和慕尼黑高等技术学院等校的荣誉博士，是美国国家科学院、秘鲁国立自然科学院和意大利国立林且学院等院的院士。1954 年，他任美国原子能委员会委员；1951～1953 年任美国数学会主席。1954 年夏，冯·诺依曼被发现患有癌症。1957 年 2 月 8 日，在华盛顿去世，终年 54 岁。

冯·诺依曼在数学的诸多领域都进行了开创性工作，并做出了重大贡献。第二次世界大战之前，他主要从事算子理论、鼻子理论、集合论等方面的研究。1923 年他做了关于集合论中超限序数的论文，这篇论文显示了冯·诺依曼处理集合论问题所特有的方式和风格。他把集合论加以公理化，他的公理化体系奠定了公理集合论的基础。他从公理出发，用代数方法导出了集合论中许多重要概念、基本运算、重要定理等。特别在 1925 年的一篇论文中，冯·诺依曼就指出了任何一种公理化系统中都存在着无法判定的命题。

1933 年，冯·诺依曼解决了希尔伯特第 5 问题，即证明了局部欧几里得紧群是李群。1934 年他又把紧群理论与波尔的殆周期函数理论统一起来。他还对一般拓扑群的结构有深刻的认识，弄清了它的代数结构和拓扑结构与实数是一致的。他对其子代数进行了开创性工作，并奠定了它的理论基础，从而建立了算子代数这门新的数学分支。这个分支在当代的有关数学文献中均称为冯·诺依曼代数。这是有限维空间中矩阵代数的自然推广。冯·诺依曼还创立了博奕论这一现代数学的又一重要分支。1944 年，他发表了奠基性的重要论文《博奕论与经济行为》，论文中包含博奕论的纯粹数学形式的阐述以及对于实际博奕应用的详细说明。文中还包含了诸如统计理论等教学思想。冯·诺依曼还在格论、连续几何、理论物理、动力学、连续介质力学、气象计算、原子能和经济学等领域都做过重要的工作。

冯·诺依曼对人类的最大贡献是对计算机科学、计算机技术和数值分析的开拓性工作。现在一般认为 ENIAC 机是世界第一台电子计算机，它是由美国科学家研制的，于 1946 年 2 月 14 日在费城开始运行。ENIAC 机证明电子真空技术可以大大地提高计算技术，不过，ENIAC 机本身存在两大缺点：①没有存储器；②它用布线接板进行控制，计算速度也就被这一工作抵消了。ENIAC 机研制组的莫克利和埃克特显然是感到了这一点，他们也想尽快着手研制另一台计算机，以便改进。冯·诺依曼由 ENIAC 机研制组的戈尔德斯廷中尉介绍参加 ENIAC 机研制小组后，便带领这批富有创新精神的年轻科技人员，向着更高的目标进军。1945 年，他们在共同讨论的基础上，发表了一个全新的“存储程序通用电子计算机方案”EDVAC（Electronic Discrete Variable Automatic Computer 的缩写）。在这过程中，冯·诺依曼显示出他丰富的数理基础知识，充分发挥了他的顾问作用及探索问题和综合分析的能力。

EDVAC 方案明确奠定了新机器由 5 个部分组成：运算器、逻辑控制装置、存储器、输入和输出设备，并描述了这 5 部分的职能和相互关系。EDVAC 机还有两个非常重大的改进，即①采用了二进制，不但数据采用二进制，指令也采用二进制；②建立了存储程序，指令和数据可一起放在存储器里，并做同样处理，简化了计算机的结构，大大提高了计算机的速度。1946 年 7～8 月间，冯·诺依曼和戈尔德斯廷、勃克斯在 EDVAC 方案的基础上，为普林斯顿大学高级研究所研制 IAS 计算机时，又提出了一个更加完善的设计报告《电子计算机逻辑设计初探》，既有理论又有具体设计的文件，首次在全世界掀起了一股“计算机热”，它们的综合设计思想，便是著名的“冯·诺依曼机”，其中心就是有存储程序。

原则上指令和数据一起存储，这个概念被誉为“计算机发展史上的一个里程碑”，它标志着电子计算机时代的真正开始，指导着以后的计算机设计。随着科学技术的进步，今天人们又认识到“冯·诺依曼机”的不足，它妨碍了计算机速度的进一步提高，故而提出了“非冯·诺依曼机”的设想。冯·诺依曼还积极参与了推广应用计算机的工作，对如何编制程序及进行数值计算都做出了杰出的贡献。冯·诺依曼于 1937 年获美国数学会的波策奖；1947 年获美国总统颁发的功勋奖章、美国海军优秀公民服务奖；1956 年获美国总统颁发的自由奖章和爱因斯坦纪念奖以及费米奖。

习题与项目练习

请参照本章简易学生成绩管理系统的设计构架编写一个简易职工工资管理系统。要求包含信息输入、输出、查询、修改、删除等模块。系统信息结合实际自行设计。

PART 10

第 10 章 指针

教学目标

通过本章的学习，使学生掌握指针、链表和枚举的使用方法。

教学要求

知识要点	能力要求	关联知识
指针	（1）理解指针的含义 （2）掌握不同类型的指针定义方法	指针变量，指针变量作为函数的参数，数组指针，函数指针，字符指针
链表	（1）理解链表和动态存储的含义 （2）掌握链表的基本操作方法	链表的操作，删除元素，插入元素

枚举	（1）了解枚举类型的定义
	（2）掌握枚举类型的使用方法
		enum <枚举类型名>
		{
		<枚举元素表>
		};

重点难点

- 不同类型的指针定义方法
- 链表的基本操作方法
- 枚举类型的使用方法

在前面的章节中，我们已经学习了C语言的基本数据类型和控制语句，像其他高级语言一样，我们已经能够使用C语言进行基本的编程练习。但是这些知识和其他高级语言几乎没有区别，也没有体现出C语言的精妙之处。C语言区别于其他语言的最大特点在于指针，指针是C语言中广泛使用的一种数据类型，运用指针编程是C语言最主要的风格之一。利用指针变量可以表示各种数据结构；能很方便地使用数组和字符串；并能像汇编语言一样处理内存地址，从而编出精练而高效的程序。指针极大地丰富了C语言的功能。学习指针是学习C语言中最重要的一环，能否正确理解和使用指针是我们是否掌握C语言的一个标志。同时，指针也是C语言学习中最困难的一部分，在学习中除了要正确理解基本概念，还必须要多编程，多上机调试。

10.1 指针的基本概念

指针是一个比较抽象的概念。在计算机中，所有的数据都是存放在存储器中的。一般把存储器中的一个字节称为一个内存单元，不同的数据类型所占用的内存单元数不等，如整型量占 2 个单元，字符量占 1 个单元等，在前面已有详细的介绍。为了正确地访问这些内存单元，必须为每个内存单元编号。根据一个内存单元的编号即可准确地找到该内存单元。内存单元的编号也叫做地址。正如在实际生活中，我们可以通过一个客人在旅馆的房间号找到这个客人一样，我们可以根据内存单元的编号或地址就可以找到所需的内存单元，在 C 语言中，我们把这个地址称为指针。

内存单元的指针和内存单元的内容是两个不同的概念。可以用一个通俗的例子来说明它们之间的关系。我们到旅馆去寻找客人，我们可以根据客人居住的房间号找到房间，在房间里我们可以找到客人。在这里，房间号是房间的指针，客人是房间的内容。对于一个内存单元来说，单元的地址即为指针，其中存放的数据才是该单元的内容。在C语言中，允许用一个变量来存放指针，这种变量称为指针变量。因此，一个指针变量的值就是某个内存单元的地址或称为某内存单元的指针。

如图 10.1 所示，设有字符变量 C，其内容为“K”（ASCII 码为十进制数 75），C 占用了 011A 号单元（地址用十六进数表示）。设有指针变量 P，内容为 011A，这种情况我们称为 P 指向变量 C，或说 P 是指向变量 C 的指针。

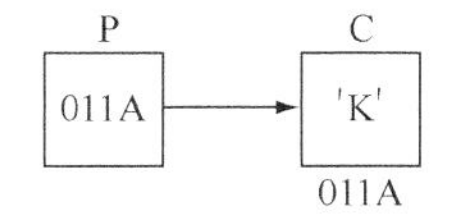

图 10.1 字符变量及指针变量

严格地说，一个指针是一个地址，是一个常量。而一个指针变量却可以被赋予不同的指针值，是变量。但常把指针变量简称为指针。为了避免混淆，我们约定：“指针”是指地址，是常量，“指针变量”是指取值为地址的变量。定义指针的目的是为了通过指针去访问内存单元。

既然指针变量的值是一个地址，那么这个地址不仅可以是变量的地址，也可以是其他数据结构的地址。在一个指针变量中存放一个数组或一个函数的首地址有何意义呢？ 因为数组或函数都是连续存放的，通过访问指针变量取得了数组或函数的首地址，也就找到了该数组或函数。这样一来，凡是出现数组，函数的地方都可以用一个指针变量来表示，只要该指针变量中赋予数组或函数的首地址即可。这样做，将会使程序的概念十分清楚，程序本身也精练、高效。在C语言中，一种数据类型或数据结构往往都占有一组连续的内存单元。

10.2 变量的指针和指向变量的指针变量

变量的指针就是变量的地址。存放变量地址的变量是指针变量。即在C语言中，允许用一个变量来存放指针，这种变量称为指针变量。因此，一个指针变量的值就是某个变量的地址或称为某变量的指针。

为了表示指针变量和它所指向的变量之间的关系，在程序中用“*”符号表示“指向”，例如，i_pointer 代表指针变量，而*i_pointer 是 i_pointer 所指向的变量，如图 10.2 所示。

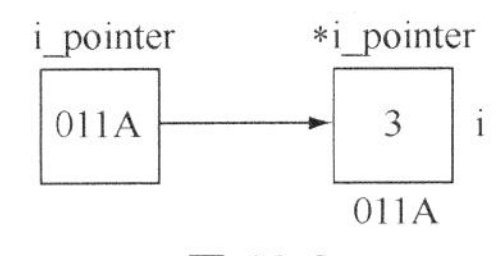

图 10.2

因此，下面两个语句作用相同：

```
i=3;
*i_pointer=3;
```

第 2 个语句的含义是将 3 赋给指针变量 i_pointer 所指向的变量。

10.2.1 指针变量的定义

对指针变量的定义包括 3 个内容：

（1）指针类型说明，即定义变量为一个指针变量；

（2）指针变量名；

（3）变量值（指针）所指向的变量的数据类型。

其一般形式为

```
类型说明符 *变量名;
```

其中，*表示这是一个指针变量，变量名即为定义的指针变量名，类型说明符表示本指针变量所指向的变量的数据类型。

例：　int *p1;

表示 p1 是一个指针变量，它的值是某个整型变量的地址。或者说 p1 指向一个整型变量。至于 p1 究竟指向哪一个整型变量，应由向 p1 赋予的地址来决定。

再如：

```
int *p2;        /*p2 是指向整型变量的指针变量*/
float *p3;      /*p3 是指向浮点变量的指针变量*/
char *p4;       /*p4 是指向字符变量的指针变量*/
```

应该注意的是，一个指针变量只能指向同类型的变量，如 P3 只能指向浮点变量，不能时而指向一个浮点变量，时而又指向一个字符变量。

10.2.2 指针变量的引用

指针变量同普通变量一样，使用之前不仅要定义说明，而且必须赋予具体的值。未经赋值的指针变量不能使用，否则将造成系统混乱，甚至死机。指针变量的赋值只能赋予地址，决不能赋予任何其他数据，否则将引起错误。在 C 语言中，变量的地址是由编译系统分配的，用户不知道变量的具体地址。

两个有关的运算符：

（1）&:取地址运算符；

（2）*：指针运算符（或称“间接访问”运算符）。

C 语言中提供了地址运算符&来表示变量的地址。

其一般形式为

```
&变量名;
```

如&a 表示变量 a 的地址，&b 表示变量 b 的地址。变量本身必须预先说明。

设有指向整型变量的指针变量 p，如要把整型变量 a 的地址赋予 p 可以有以下两种方式。

（1）指针变量初始化的方法

```
int a;
int *p=&a;
```

（2）赋值语句的方法

```
int a;
```

```
int *p;
p=&a;
```

不允许把一个数赋予指针变量，故下面的赋值是错误的：

```
int *p;
p=1000;
```

被赋值的指针变量前不能再加“*”说明符，如写为*p=&a 也是错误的。

假设:

```
int i=200, x;
int *ip;
```

我们定义了两个整型变量 i、x，还定义了一个指向整型数的指针变量 ip。i,x 中可存放整数,而 ip 中只能存放整型变量的地址。我们可以把 i 的地址赋给 ip:

```
ip=&i;
```

此时指针变量 ip 指向整型变量 *i*，假设变量 *i* 的地址为 1800，这个赋值可形象理解为如图 10.3 所示的联系。

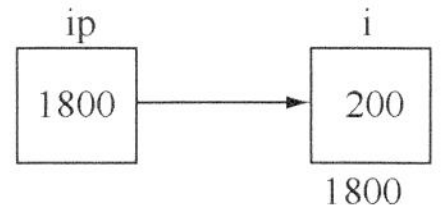

图 10.3

以后我们便可以通过指针变量 *ip* 间接访问变量 *i*，例:

```
x=*ip;
```

运算符*访问以 ip 为地址的存储区域，而 ip 中存放的是变量 *i* 的地址，因此，*ip 访问的是地址为 1800 的存储区域（因为是整数，实际上是从 1800 开始的两个字节），它就是 *i* 所占用的存储区域，所以上面的赋值表达式等价于

```
x=i;
```

另外，指针变量和一般变量一样，存放在它们之中的值是可以改变的，即可以改变它们的指向，假设

```
int i,j,*p1,*p2;
 i='a';
 j='b';
p1=&i;
p2=&j;
```

则建立如图 10.4 所示的联系。

这时赋值表达式:

```
p2=p1
```

就使 p2 与 p1 指向同一对象 i,此时*p2 就等价于 i,而不是 j,如图 10.5 所示。

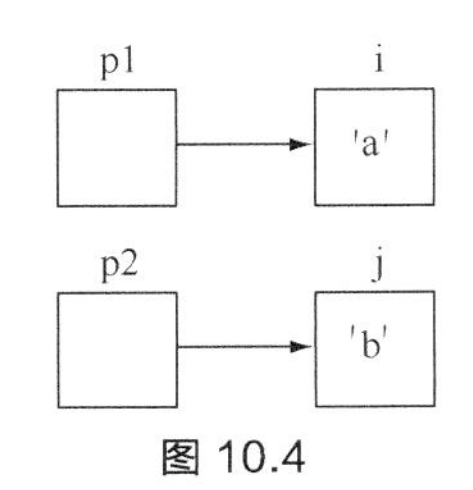

图 10.4

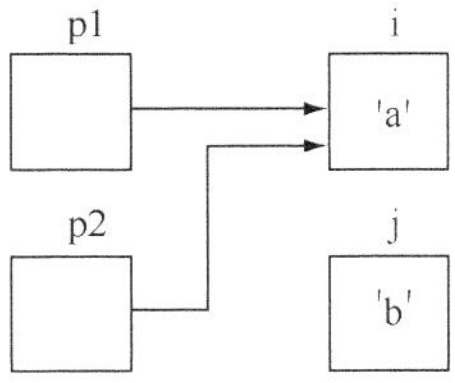

图 10.5

如果执行如下表达式:

```
*p2=*p1;
```

则表示把 p1 指向的内容赋给 p2 所指的区域，此时就变成图 10.6 所示。

通过指针访问它所指向的一个变量是以间接访问的形式进行的，所以比直接访问一个变量要费时间，而且不直观，因为通过指针要访问哪一个变量，取决于指针的值（即指向），例如，“*p2=*p1;”实际上就是“j=i;”，前者不仅速度慢而且目的不明。但由于指针是变量，我们可以通过改变它们的指向，以间接访问不同的变量，这给程序员带来灵活性，也使程序代码编写得更为简洁和有效。

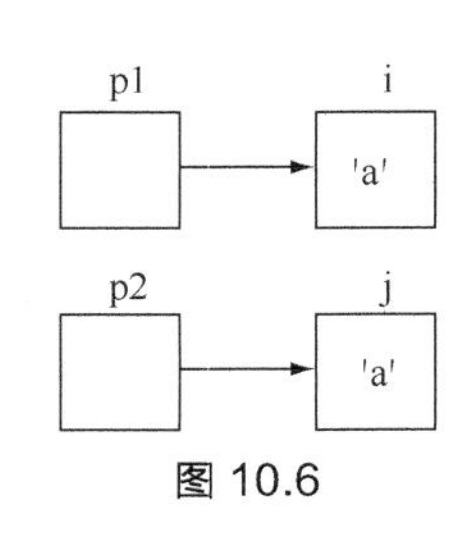

图 10.6

指针变量可出现在表达式中，设

```
int x,y, *px=&x;
```

指针变量 px 指向整数 *x*,则*px 可出现在 *x* 能出现的任何地方。例:

```
y=*px+5;   /*表示把 x 的内容加 5 并赋给 y*/
y=++*px;   /*px 的内容加上 1 之后赋给 y, ++*px 相当于++(*px)*/
y=*px++;   /*相当于 y=*px; px++*/
```

【例 10.1】

```
#include<stdio.h>
void main()
{ int a,b;
  int *pointer_1, *pointer_2;
  a=100;b=10;
  pointer_1=&a;
  pointer_2=&b;
  printf("%d,%d\n",a,b);
  printf("%d,%d\n",*pointer_1, *pointer_2);
}
```

对例 10.1 程序的说明:

（1）在开头处虽然定义了两个指针变量 pointer_1 和 pointer_2，但它们并未指向任何一个整型变量。只是提供两个指针变量，规定它们可以指向整型变量。程序第 6、第 7 行的作用就是使 pointer_1 指向 a，pointer_2 指向 b，如图 10.7 所示。

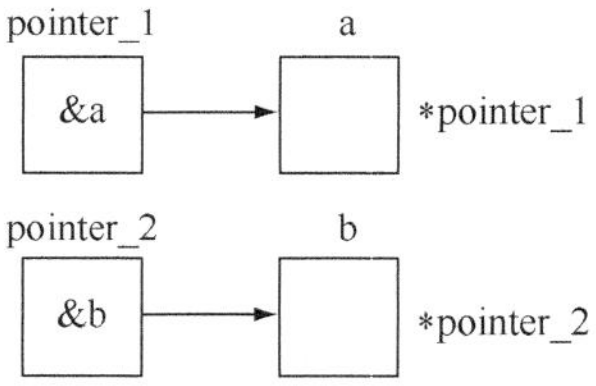

（2）程序末尾的*pointer_1 和*pointer_2 就是变量 a 和 b。最后两个 printf 函数作用是相同的。

（3）程序中有两处出现*pointer_1 和*pointer_2，请区分它们的不同含义。

图 10.7

（4）程序第 6、第 7 行的“pointer_1=&a”和“pointer_2=&b”不能写成“*pointer_1=&a”和“*pointer_2=&b”。

请对下面所列关于“&”和“*”的问题进行考虑。

（1）如果已经执行了“pointer_1=&a;”语句，则&*pointer_1 是什么含义？

（2）*&a 含义是什么？

（3）(pointer_1)++和 pointer_1++的区别是什么？

【例 10.2】输入 *a* 和 *b* 两个整数，按先大后小的顺序输出 *a* 和 *b*。

```
#include<stdio.h>
void main()
{ int *p1,*p2,*p,a,b;
  scanf("%d,%d",&a,&b);
  p1=&a;p2=&b;
  if(a<b)
    {p=p1;p1=p2;p2=p;}
```

```
  printf("\na=%d,b=%d\n",a,b);
  printf("max=%d,min=%d\n",*p1, *p2);
}
```

解析：当输入时：5,7↙

输出：a=5,b=7

max=7,min=5

10.2.3 指针变量作为函数参数

函数的参数不仅可以是整型、实型、字符型等数据，还可以是指针类型。它的作用是将一个变量的地址传送到另一个函数中。

【例 10.3】题目同例 10.2，即输入的两个整数按大小顺序输出。本例用函数处理，而且用指针类型的数据作函数参数。

```
swap(int *p1,int *p2)
{int temp;
 temp=*p1;
 *p1=*p2;
 *p2=temp;
}
#include<stdio.h>
void main()
{
  int a,b;
  int *pointer_1,*pointer_2;
  scanf("%d,%d",&a,&b);
  pointer_1=&a;pointer_2=&b;
  if(a<b) swap(pointer_1,pointer_2);
  printf("\n%d,%d\n",a,b);
  }
```

对程序的说明：

swap 是用户定义的函数，它的作用是交换两个变量（a 和 b）的值。swap 函数的形参 p1、p2 是指针变量。程序运行时，先执行 void main 函数，输入 a 和 b 的值。然后将 a 和 b 的地址分别赋给指针变量 pointer_1 和 pointer_2，使 pointer_1 指向 a，pointer_2 指向 b，如图 10.8 所示。

接着执行 if 语句，由于 $a<b$，因此执行 swap 函数。注意实参 pointer_1 和 pointer_2 是指针变量，在函数调用时，将实参变量的值传递给形参变量。采取的依然是“值传递”方式。因此，虚实结合后形参 p1 的值为&a，p2 的值为&b。这时 p1 和 pointer_1 指向变量 a，p2 和 pointer_2 指向变量 b，如图 10.9 所示。

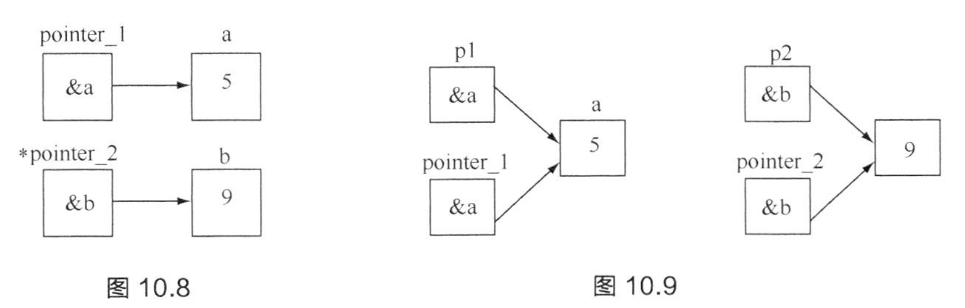

图 10.8　　图 10.9

接着执行 swap 函数的函数体，使*p1 和*p2 的值互换，也就是使 a 和 b 的值互换（见图 10.10）。

函数调用结束后，p1 和 p2 不复存在（已释放）如图 10.11 所示。

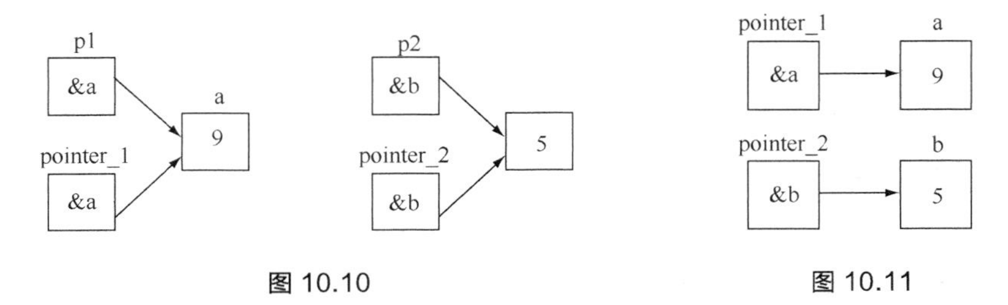

图 10.10　　图 10.11

最后，在 void main 函数中输出的 *a* 和 *b* 的值是已经过交换的值。

请注意交换*p1 和*p2 的值是如何实现的。请找出下列程序段的错误：

```
swap(int *p1,int *p2)
{int *temp;
 *temp=*p1;       /*此语句有问题*/
 *p1=*p2;
 *p2=temp;
}
```

请考虑下面的函数能否实现实现 *a* 和 *b* 互换。

```
swap(int x,int y)
{int temp;
 temp=x;
 x=y;
 y=temp;
}
```

如果在 void main 函数中用“swap(a,b);”调用 swap 函数，会有什么结果呢？请看图 10.12 所示。

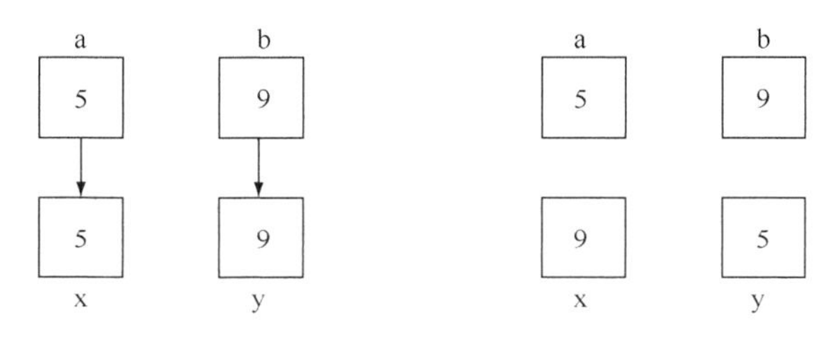

图 10.12

【例 10.4】请注意，不能企图通过改变指针形参的值而使指针实参的值改变，如下例所示。

```
swap(int *p1,int *p2)
{int *p;
 p=p1;
 p1=p2;
 p2=p;
}
#include<stdio.h>
void main()
{
  int a,b;
  int *pointer_1,*pointer_2;
  scanf("%d,%d",&a,&b);
  pointer_1=&a;pointer_2=&b;
  if(a<b) swap(pointer_1,pointer_2);
  printf("\n%d,%d\n",*pointer_1,*pointer_2);
  }
```

其中的问题在于不能实现如图 10.13 所示的第 4 步（d）。

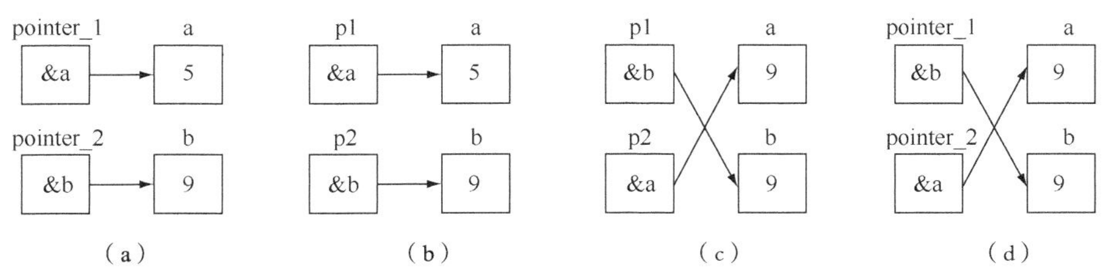

图 10.13

【例 10.5】输入 *a*、*b*、*c* 3 个整数，按大小顺序输出。

```
swap(int *pt1,int *pt2)
{int temp;
 temp=*pt1;
 *pt1=*pt2;
 *pt2=temp;
}
exchange(int *q1,int *q2,int *q3)
{ if(*q1<*q2)swap(q1,q2);
  if(*q1<*q3)swap(q1,q3);
  if(*q2<*q3)swap(q2,q3);
}
#include<stdio.h>
void main()
{
  int a,b,c,*p1,*p2,*p3;
  scanf("%d,%d,%d",&a,&b,&c);
  p1=&a;p2=&b; p3=&c;
  exchange(p1,p2,p3);
  printf("\n%d,%d,%d \n",a,b,c);
}
```

解析：输入 3 个数，通过将指针变量传给函数来实现 3 个数的位置交换。

10.3 数组指针和指向数组的指针变量

一个变量有一个地址，一个数组包含若干元素，每个数组元素都在内存中占用存储单元，它们都有相应的地址。所谓数组的指针是指数组的起始地址，数组元素的指针是数组元素的地址。

10.3.1 指向数组元素的指针

一个数组是由连续的一块内存单元组成的。数组名就是这块连续内存单元的首地址。一个数组也是由各个数组元素(下标变量)组成的。每个数组元素按其类型不同而占有几个连续的内存单元。一个数组元素的首地址也是指它所占有的几个内存单元的首地址。

定义一个指向数组元素的指针变量的方法，与以前介绍的指针变量相同。

例如：

```
int a[10];        /*定义 a 为包含 10 个整型数据的数组*/
int *p;           /*定义 p 为指向整型变量的指针*/
```

应当注意，因为数组为 int 型，所以指针变量也应为指向 int 型的指针变量。下面是对指针变量赋值：

```
p=&a[0];
```

把 a[0]元素的地址赋给指针变量 p。也就是说，p 指向 a 数组的第 0 号元素（见图 10.14）。

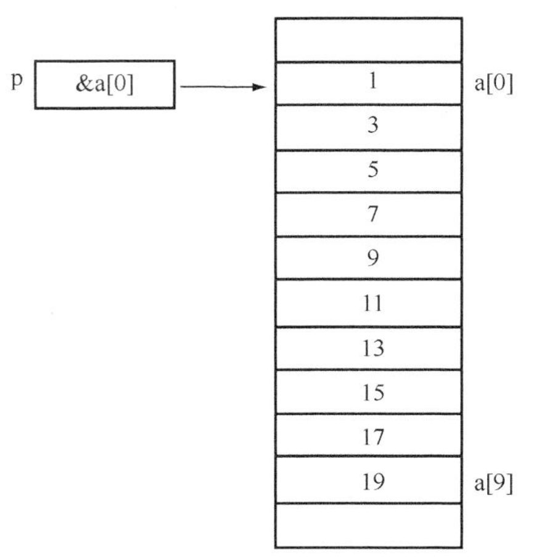

图 10.14

C 语言规定，数组名代表数组的首地址，也就是第 0 号元素的地址。因此，下面两个语句等价：

```
p=&a[0];
p=a;
```

在定义指针变量时可以赋给初值：

```
int *p=&a[0];
```

它等效于：

```
int *p;
p=&a[0];
```

当然，定义时也可以写成：

```
int *p=a;
```

从图中我们可以看出有以下关系：p,a,&a[0]均指向同一单元，它们是数组 a 的首地址，也是 0 号元素 a[0]的首地址。应该说明的是 p 是变量，而 a,&a[0]都是常量。在编程时应予以注意。

数组指针变量说明的一般形式为

```
类型说明符  *指针变量名;
```

其中类型说明符表示所指数组的类型。从一般形式可以看出指向数组的指针变量和指向普通变量的指针变量的说明是相同的。

10.3.2 通过指针引用数组元素

C 语言规定：如果指针变量 p 已指向数组中的一个元素，则 p+1 指向同一数组中的下一个元素。

引入指针变量后，就可以用两种方法来访问数组元素了。

如果 p 的初值为&a[0],则：

（1）p+i 和 a+i 就是 a[i]的地址，或者说它们指向 a 数组的第 *i* 个元素（见图 10.15）。

（2）*(p+i)或*(a+i)就是 p+i 或 a+i 所指向的数组元素，即 a[i]。例如，*(p+5)或*(a+5)就是 a[5]。

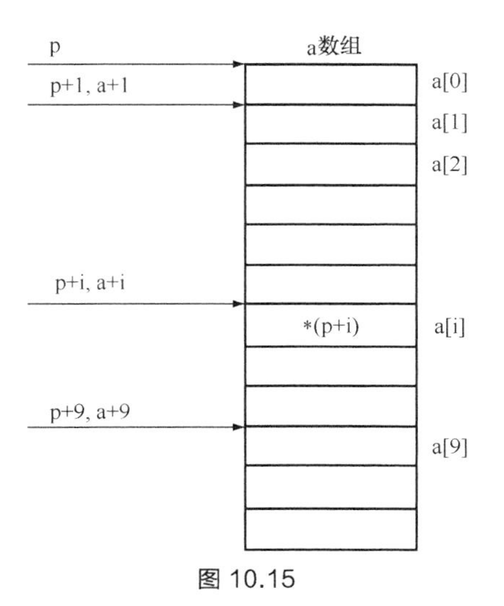

图 10.15

（3）指向数组的指针变量也可以带下标，如 p[i]与*(p+i)等价。

根据以上叙述，引用一个数组元素可以用以下两种方法。

（1）下标法，即用 a[i]形式访问数组元素。在前面介绍数组时都是采用这种方法。

（2）指针法，即采用*(a+i)或*(p+i)形式，用间接访问的方法来访问数组元素，其中 a 是数组名，p 是指向数组的指针变量，其初值 p=a。

【例 10.6】输出数组中的全部元素（下标法）。

```
#include<stdio.h>
void main()
{
  int a[10],i;
  for(i=0;i<10;i++)
    a[i]=i;
  for(i=0;i<5;i++)
    printf("a[%d]=%d\n",i,a[i]);
}
```

解析：定义一个数组 a[]有 10 个元素，并通过 for 循环使用下标法为数组赋值，最后再通过 for 循环使用下标法输出前 5 个元素。

【例 10.7】输出数组中的全部元素（通过数组名计算元素的地址，找出元素的值）。

```
#include<stdio.h>
void main()
{
  int a[10],i;
  for(i=0;i<10;i++)
    *(a+i)=i;
  for(i=0;i<10;i++)
    printf("a[%d]=%d\n",i,*(a+i));
}
```

解析：a+i 通过数组名计算元素的地址，*(a+i)表示元素的值。

【例 10.8】输出数组中的全部元素（用指针变量指向元素）。

```
#include<stdio.h>
void main()
{
  int a[10],I,*p;
  p=a;
  for(i=0;i<10;i++)
    *(p+i)=i;
```

```
  for(i=0;i<10;i++)
    printf("a[%d]=%d\n",i,*(p+i));
}
```

几个需要注意的问题：

（1）指针变量可以实现本身的值的改变，如 p++是合法的；而 a++是错误的。因为 a 是数组名，它是数组的首地址，是常量；

（2）要注意指针变量的当前值。

【例 10.9】找出本例中的错误。

```
#include<stdio.h>
void main()
{
  int *p,i,a[10];
  p=a;
  for(i=0;i<10;i++)
    *p++=i;
  for(i=0;i<10;i++)
    printf("a[%d]=%d\n",i,*p++);
}
```

【例 10.10】对例 10.9 进行改正。

```
#include<stdio.h>
void main()
{
  int *p,i,a[10];
  p=a;
  for(i=0;i<10;i++)
    *p++=i;
  p=a;
  for(i=0;i<10;i++)
    printf("a[%d]=%d\n",i,*p++);
}
```

（3）从例 10.10 可以看出，虽然定义数组时指定它包含 10 个元素，但指针变量可以指到数组以后的内存单元，系统并不认为非法。

（4）由于++和*同优先级，结合方向自右而左，*p++等价于*(p++)。

（5）*(p++)与*(++p)作用不同。若 p 的初值为 a，则*(p++)等价 a[0]，*(++p)等价 a[1]。

（6）(*p)++表示 p 所指向的元素值加 1。

（7）如果 p 当前指向 a 数组中的第 *i* 个元素，则

*(p−−)相当于 a[i−−]；

*(++p)相当于 a[++i]；

*(−−p)相当于 a[−−i]。

10.3.3　数组名作函数参数

数组名可以作函数的实参和形参。如：

```
#include<stdio.h>
void main()
{int array[10];
        …
        …
      f(array,10);
        …
        …
     }

     f(int arr[],int n);
```

```
    {
        …
        …
}
```

其中，array为实参数组名，arr为形参数组名。在学习指针变量之后就更容易理解这个问题了。数组名就是数组的首地址，实参向形参传送数组名实际上就是传送数组的地址，形参得到该地址后也指向同一数组。这就好像同一件物品有两个不同的名称一样（见图10.16）。

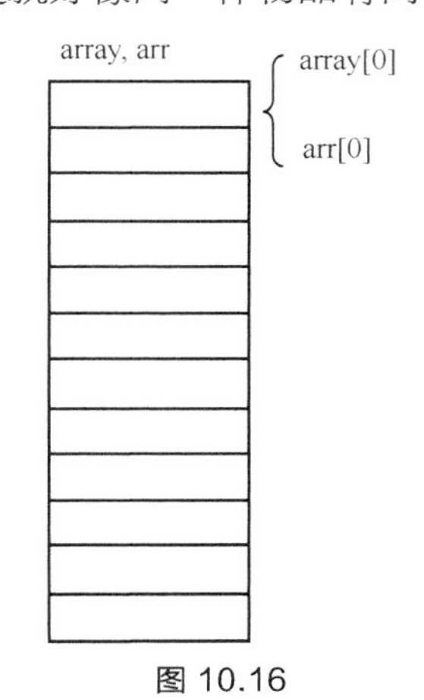

图 10.16

同样，指针变量的值也是地址，数组指针变量的值即为数组的首地址，当然也可作为函数的参数使用。

【例10.11】

```
float aver(float *pa);
#include<stdio.h>
void main()
{
  float sco[5],av,*sp;
  int i;
  sp=sco;
  printf("\ninput 5 scores:\n");
  for(i=0;i<5;i++) scanf("%f",&sco[i]);
  av=aver(sp);
  printf("average score is %5.2f",av);
}
float aver(float *pa)
{
  int i;
  float av,s=0;
  for(i=0;i<5;i++) s=s+*pa++;
  av=s/5;
  return av;
}
```

解析：float型指针sp存放的是float 型数组sco[]的地址，并将其作为函数aver()的实参，aver()函数计算出结果后反复。

【例10.12】将数组a中的n个整数按相反顺序存放。

算法：将 a[0]与 a[n−1]对换，再将 a[1]与 a[n−2] 对换……,直至将 a[(n−1/2)]与a[n−int((n−1)/2)]对换。今用循环处理此问题，设两个“位置指示变量”i和j，i的初值为0，j的初值为$n-1$。将a[i]与a[j]交换，然后使i的值加1，j的值减1，再将a[i]与a[j]交换，直到$i=(n-1)/2$为止，如图10.17所示。

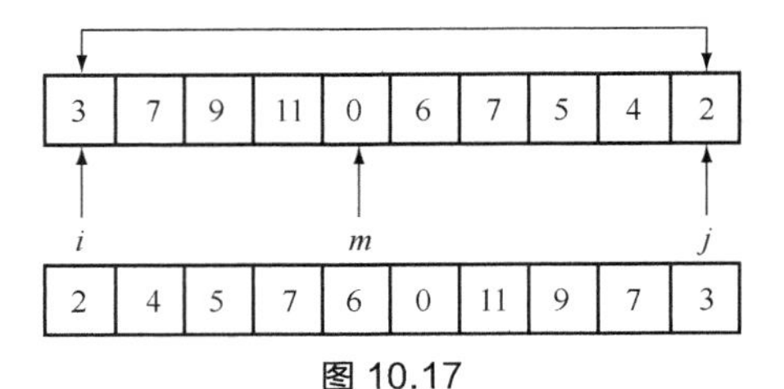

图 10.17

程序如下：

```
void inv(int x[],int n)   /*形参 x 是数组名*/
{
 int temp,i,j,m=(n-1)/2;
 for(i=0;i<=m;i++)
  {j=n-1-i;
   temp=x[i];x[i]=x[j];x[j]=temp;}
 return;
}
#include<stdio.h>
void main()
{int i,a[10]={3,7,9,11,0,6,7,5,4,2};
 printf("The original array:\n");
 for(i=0;i<10;i++)
   printf("%d,",a[i]);
 printf("\n");
 inv(a,10);
 printf("The array has benn inverted:\n");
 for(i=0;i<10;i++)
  printf("%d,",a[i]);
 printf("\n");
}
```

【例 10.13】对例 10.12 可以做一些改动。将函数 inv 中的形参 x 改成指针变量。

程序如下：

```
void inv(int *x,int n)   /*形参 x 为指针变量*/
{
 int *p,temp,*i,*j,m=(n-1)/2;
 i=x;j=x+n-1;p=x+m;
 for(;i<=p;i++,j--)
    {temp=*i;*i=*j;*j=temp;}
 return;
}
#include<stdio.h>
void main()
{int i,a[10]={3,7,9,11,0,6,7,5,4,2};
 printf("The original array:\n");
 for(i=0;i<10;i++)
   printf("%d,",a[i]);
 printf("\n");
 inv(a,10);
 printf("The array has benn inverted:\n");
 for(i=0;i<10;i++)
  printf("%d,",a[i]);
 printf("\n");
}
```

【例 10.14】从 10 个数中找出其中最大值和最小值。

调用一个函数只能得到一个返回值，今用全局变量在函数之间“传递”数据。程序如下：

```
int max,min;       /*全局变量*/
void max_min_value(int array[],int n)
{int *p,*array_end;
 array_end=array+n;
 max=min=*array;
```

```
 for(p=array+1;p<array_end;p++)
   if(*p>max)max=*p;
   else if (*p<min)min=*p;
 return;
}
#include<stdio.h>
void main()
{int i,number[10];
 printf("enter 10 integer umbers:\n");
 for(i=0;i<10;i++)
   scanf("%d",&number[i]);
 max_min_value(number,10);
 printf("\nmax=%d,min=%d\n",max,min);
 }
```


说明：

（1）在函数 max_min_value 中求出的最大值和最小值放在 max 和 min 中。由于它们是全局变量，因此在主函数中可以直接使用。

（2）函数 max_min_value 中的语句：

```
max=min=*array;
```

array 是数组名，它接收从实参传来的数组 number 的首地址。

array 相当于（&array[0]）。上述语句与 max=min=array[0];等价。

（3）在执行 for 循环时，p 的初值为 array+1，也就是使 p 指向 array[1]。以后每次执行 p++，使 p 指向下一个元素。每次将*p 和 max 与 min 比较。将大者放入 max，小者放入 min（见图 10.18）。

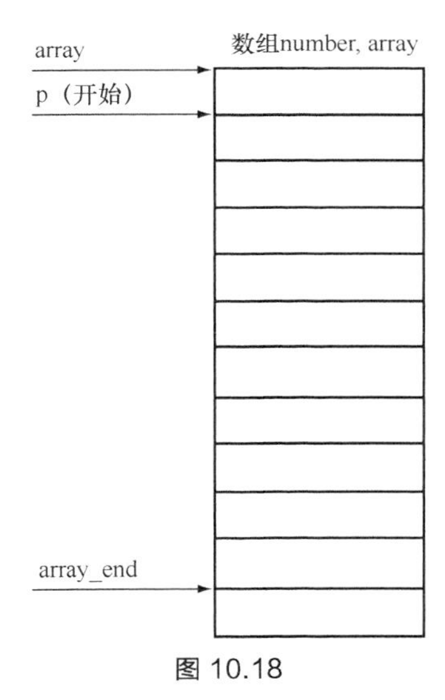

图 10.18

（4）函数 max_min_value 的形参 array 可以改为指针变量类型。实参也可以不用数组名，而用指针变量传递地址。

【例 10.15】例 10.14 程序可做如下修改。

```
int max,min;        /*全局变量*/
void max_min_value(int *array,int n)
{int *p,*array_end;
 array_end=array+n;
 max=min=*array;
 for(p=array+1;p<array_end;p++)
   if(*p>max)max=*p;
```

```
   else if (*p<min)min=*p;
 return;
}
#include<stdio.h>
void main()
{int i,number[10],*p;
 p=number;            /*使p指向number数组*/
 printf("enter 10 integer umbers:\n");
 for(i=0;i<10;i++,p++)
   scanf("%d",p);
 p=number;
 max_min_value(p,10);
 printf("\nmax=%d,min=%d\n",max,min);
 }
```

归纳起来，如果有一个实参数组，想在函数中改变此数组的元素的值，实参与形参的对应关系有以下4种：

（1）实参和形参都是数组名；

（2）实参用数组，形参用指针变量；

（3）实参、形参都用指针变量；

（4）实参为指针变量，形参为数组名。

【例10.16】用实参指针变量改写：将 *n* 个整数按相反顺序存放。

```
void inv(int *x,int n)
{int *p,m,temp,*i,*j;
 m=(n-1)/2;
 i=x;j=x+n-1;p=x+m;
 for(;i<=p;i++,j--)
   {temp=*i;*i=*j;*j=temp;}
 return;
}
#include<stdio.h>
void main()
{int i,arr[10]={3,7,9,11,0,6,7,5,4,2},*p;
 p=arr;
 printf("The original array:\n");
 for(i=0;i<10;i++,p++)
   printf("%d,",*p);
 printf("\n");
 p=arr;
 inv(p,10);
 printf("The array has benn inverted:\n");
 for(p=arr;p<arr+10;p++)
  printf("%d,",*p);
 printf("\n");
}
```

void main 函数中的指针变量 p 是有确定值的，即如果用指针变作实参，必须先使指针变量有确定值，指向一个已定义的数组。

【例10.17】用选择法对10个整数排序。

```
#include<stdio.h>
void main()
{int *p,i,a[10]={3,7,9,11,0,6,7,5,4,2};
 printf("The original array:\n");
 for(i=0;i<10;i++)
   printf("%d,",a[i]);
 printf("\n");
 p=a;
 sort(p,10);
```

```
 for(p=a,i=0;i<10;i++)
  {printf("%d  ",*p);p++;}
 printf("\n");
}
sort(int x[],int n)
{int i,j,k,t;
 for(i=0;i<n-1;i++)
   {k=i;
    for(j=i+1;j<n;j++)
      if(x[j]>x[k])k=j;
    if(k!=i)
    {t=x[i];x[i]=x[k];x[k]=t;}
    }
}
```

函数 sort 用数组名作为形参，也可改为用指针变量，这时函数的首部可以改为 sort(int *x,int n)，其他可一律不改。

10.4　字符串的指针和指向字符串的针指变量

10.4.1　字符串的表示形式

在 C 语言中，可以用两种方法访问一个字符串。

（1）用字符数组存放一个字符串，然后输出该字符串。

【例 10.18】

```
#include<stdio.h>
void main()
{
  char string[]="I love China!";
  printf("%s\n",string);
}
```

说明：和前面介绍的数组属性一样，string 是数组名，它代表字符数组的首地址，如图 10.19 所示。

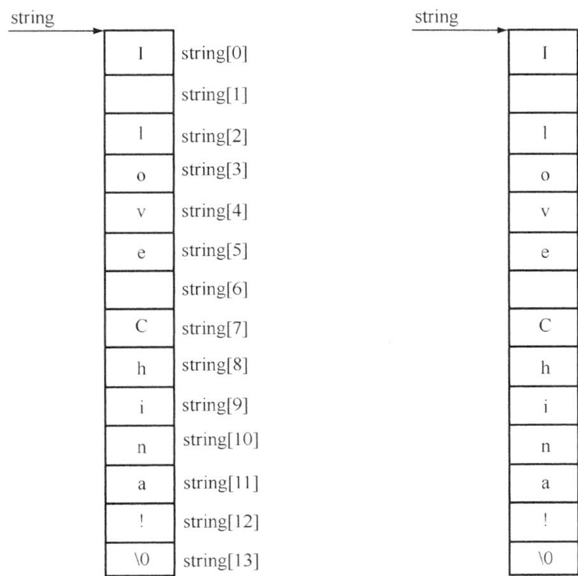

图 10.19

（2）用字符串指针指向一个字符串。

【例 10.19】

```
#include<stdio.h>
void main()
{
  char *string="I love China!";
  printf("%s\n",string);
}
```

字符串指针变量的定义说明与指向字符变量的指针变量说明是相同的。只能按对指针变量的赋值不同来区别。对指向字符变量的指针变量应赋予该字符变量的地址。

如：

```
char c,*p=&c;
```

表示 p 是一个指向字符变量 c 的指针变量。

而：

```
char *s="C Language";
```

则表示 s 是一个指向字符串的指针变量。把字符串的首地址赋予 s。

例 10.19 中，首先定义 string 是一个字符指针变量，然后把字符串的首地址赋予 string(应写出整个字符串，以便编译系统把该字符串装入连续的一块内存单元)，并把首地址送入 string。程序中的：

```
char *ps="C Language";
```

等效于：

```
char *ps;
ps="C Language";
```

【例 10.20】输出字符串中 *n* 个字符后的所有字符。

```
#include<stdio.h>
void main()
{
  char *ps="this is a book";
  int n=10;
  ps=ps+n;
  printf("%s\n",ps);
}
```

运行结果为

```
book
```

在程序中对 ps 初始化时，即把字符串首地址赋予 ps，当 ps= ps+10 之后，ps 指向字符“b”，因此输出为“book”。

【例 10.21】在输入的字符串中查找有无“k”字符。

```
#include<stdio.h>
void main()
{
  char st[20],*ps;
  int i;
  printf("input a string:\n");
  ps=st;
  scanf("%s",ps);
  for(i=0;ps[i]!='\0';i++)
    if(ps[i]=='k'){
```

```
        printf("there is a 'k' in the string\n");
        break;
      }
    if(ps[i]=='\0') printf("There is no 'k' in the string\n");
}
```

该程序运行的结果如图 10.20 所示。

```
input a string:
asdfghjklzxc
there is a 'k' in the string
```

图 10.20 例 10.21 运行结果

【例 10.22】本例是将指针变量指向一个格式字符串，用在 printf 函数中，用于输出二维数组的各种地址表示的值。但在 printf 语句中用指针变量 PF 代替了格式串。这也是程序中常用的方法。

```
#include<stdio.h>
void main()
{
  static int a[3][4]={0,1,2,3,4,5,6,7,8,9,10,11};
  char *PF;
  PF="%d,%d,%d,%d,%d\n";
  printf(PF,a,*a,a[0],&a[0],&a[0][0]);
  printf(PF,a+1,*(a+1),a[1],&a[1],&a[1][0]);
  printf(PF,a+2,*(a+2),a[2],&a[2],&a[2][0]);
  printf("%d,%d\n",a[1]+1,*(a+1)+1);
  printf("%d,%d\n",*(a[1]+1),*(*(a+1)+1));
}
```

该程序在不同机器上运行的结果有所不同，在编者机器上运行的结果如图 10.21 所示。

```
4363788,4363788,4363788,4363788,4363788
4363804,4363804,4363804,4363804,4363804
4363820,4363820,4363820,4363820,4363820
4363808,4363808
5,5
```

图 10.21 例 10.22 运行结果

10.4.2 使用字符串指针变量与字符数组的区别

用字符数组和字符指针变量都可实现字符串的存储和运算。但两者是有区别的。在使用时应注意以下几个问题。

（1）字符串指针变量本身是一个变量，用于存放字符串的首地址。而字符串本身存放在以该首地址为首的一块连续的内存空间中并以‘\0’作为串的结束。字符数组是由若干个数组元素组成的，它可用来存放整个字符串。

（2）对字符串指针方式。

```
char *ps="C Language";
```

可以写为

```
char *ps;
ps="C Language";
```

而对数组方式：

```
static char st[]={"C Language"};
```

不能写为

```
char st[20];
st={"C Language"};
```

而只能对字符数组的各元素逐个赋值。

从以上两点可以看出字符串指针变量与字符数组在使用时的区别，同时也可看出使用指针变量更加方便。

前面说过，当一个指针变量在未取得确定地址前使用是危险的，容易引起错误。但是对指针变量直接赋值是可以的。因为 C 系统对指针变量赋值时要给以确定的地址。

因此，

```
char *ps="C Langage";
```

或者

```
char *ps;
ps="C Language";
```

都是合法的。

10.5 函数指针变量

在C语言中，一个函数总是占用一段连续的内存区，而函数名就是该函数所占内存区的首地址。我们可以把函数的这个首地址（或称入口地址）赋予一个指针变量，使该指针变量指向该函数，然后通过指针变量就可以找到并调用这个函数。我们把这种指向函数的指针变量称为“函数指针变量”。

函数指针变量定义的一般形式为

```
类型说明符  (*指针变量名)();
```

其中，“类型说明符”表示被指函数的返回值的类型。“(* 指针变量名)”表示“*”后面的变量是定义的指针变量。最后的空括号表示指针变量所指的是一个函数。

例：

```
int (*pf)();
```

表示 pf 是一个指向函数入口的指针变量，该函数的返回值（函数值）是整型。

【例 10.23】本例用来说明用指针形式实现对函数调用的方法。

```
int max(int a,int b){
  if(a>b)return a;
  else return b;
}
#include<stdio.h>
void main()
{
  int max(int a,int b);
  int(*pmax)();
  int x,y,z;
  pmax=max;
  printf("input two numbers:\n");
  scanf("%d%d",&x,&y);
  z=(*pmax)(x,y);
  printf("maxmum=%d",z);
}
```

从上述程序可以看出，用函数指针变量形式调用函数的步骤如下。

① 定义函数指针变量，如程序中第 9 行 int (*pmax)();定义 pmax 为函数指针变量。

② 把被调函数的入口地址（函数名）赋予该函数指针变量，如程序中第 11 行 pmax=max;。

③ 用函数指针变量形式调用函数，如程序第 14 行 z=(*pmax)(x,y);。

④ 调用函数的一般形式为

```
(*指针变量名) (实参表)
```

使用函数指针变量还应注意以下两点。

① 函数指针变量不能进行算术运算，这是与数组指针变量不同的。数组指针变量加减一个整数可使指针移动指向后面或前面的数组元素，而函数指针的移动是毫无意义的。

② 函数调用中“(*指针变量名)”的两边的括号不可少，其中的“*”不应该理解为求值运算，在此处它只是一种表示符号。

10.6 结构指针变量的说明和使用

说明一个结构类型变量后，就在内存里获得了存储区。该存储区的起始地址，就是这个变量的地址（指针）。如果说明一个这种结构类型的指针变量，把结构类型变量的地址赋给它，那么该指针就指向了这个变量。

10.6.1 指向结构变量的指针

结构指针变量中的值是所指向的结构变量的首地址。通过结构指针即可访问该结构变量，这与数组指针和函数指针的情况是相同的。

结构指针变量说明的一般形式为

```
struct 结构名 *结构指针变量名
```

如前面已定义的结果类型 struct student，并做如下说明：

```
struct student stu={10001, "zhang san",'M',21};
struct student *a=&stu;
```

那么，指针变量 *a* 就指向结构变量 stu 了。

在介绍指针时知道，当一个指针 P 指向一个变量 *x* 时，*p 与 x 是等价的。因此，原先对变量成员的引用是

```
stu.num  stu.name  stu.sex  stu.age
```

现借助于指针变量，就可以写成：

```
(*a).num  (*a).name  (*a).sex  (*a).age
```

在 C 语言里，还有一种借助于指针变量来访问结构变量成员的方法，即用指向成员运算符“->”。一般格式是

```
指针变量名->结构成员名
```

例如，利用指向成员运算符，上面的写法可以改成：

```
a->num  a->name  a->sex  a->age
```

注 意

指向成员运算符“->”是由连字符“-”和大于号“>”组合而成的一个字符序列，它们必须连在一起使用，中间不能有空格。

访问结构变量成员有如下 3 种等价形式。

（1）直接利用结构变量名。一般格式是

```
结构变量名.成员名
```

（2）利用指向结构变量的指针和指针运算符“*”。格式是

```
(*指针变量名). 成员名
```

（3）利用指向结构变量的指针和指向成员运算符“->”。格式是

```
指针变量名->成员名
```

【例 10.24】编写一个程序，验证访问结构变量成员的 3 种等价形式。

```
#include <stdio.h>
struct student
{
    int num;
    char *name;
    char sex;
    int age;
};
void main() {
   struct student nhf={10111, "Zeng jing yi", 'f', 25}, *ptr=&nhf;
   printf ("nhf.num=%d\tnhf.name=%s\t", nhf.num, nhf.name);
   printf ("nhf.sex=%c\tnhf.age=%d\n", nhf.sex, nhf.age);
   printf ("(*ptr).num=%d\t(*ptr).name=%s\t", (*ptr).num, (*ptr).name);
   printf ("(*ptr).sex=%c\t(*ptr).age=%d\n", (*ptr).sex, (*ptr).age);
   printf ("ptr->num=%d\tptr->name=%s\t", ptr->num, ptr->name);
   printf ("ptr->sex=%c\tptr->age=%d\n", ptr->sex, ptr->age);
}
```

该程序运行的结果如图 10.22 所示。

```
nhf.num=10111   nhf.name=Zeng jing yi
nhf.sex=f   nhf.age=25
(*ptr).num=10111   (*ptr).name=Zeng jing yi
(*ptr).sex=f   (*ptr).age=25
ptr->num=10111   ptr->name=Zeng jing yi
ptr->sex=f   ptr->age=25
```

图 10.22　例 10.24 运行结果

从图 10.22 中可以看出，这 3 种对结构变量成员访问的形式确实是等价的。

【例 10.25】

```
struct stu
    {
      int num;
      char *name;
      char sex;
      float score;
    } boy1={102,"Zhang ping",'M',78.5},*pstu;
void main()
{
    pstu=&boy1;
    printf("Number=%d\nName=%s\n",boy1.num,boy1.name);
    printf("Sex=%c\nScore=%f\n\n",boy1.sex,boy1.score);
    printf("Number=%d\nName=%s\n",(*pstu).num,(*pstu).name);
    printf("Sex=%c\nScore=%f\n\n",(*pstu).sex,(*pstu).score);
    printf("Number=%d\nName=%s\n",pstu->num,pstu->name);
    printf("Sex=%c\nScore=%f\n\n",pstu->sex,pstu->score);
}
```

解析：本例程序定义了一个结构 stu，定义了 stu 类型结构变量 boy1 并做了初始化赋值，还定义了一个指向 stu 类型结构的指针变量 pstu。在 void main 函数中，pstu 被赋予 boy1 的地

址，因此 pstu 指向 boy1。然后在 printf 语句内用 3 种形式输出 boy1 的各个成员值。从运行结果可以看出：

```
结构变量.成员名
(*结构指针变量).成员名
结构指针变量->成员名
```

这 3 种用于表示结构成员的形式是完全等效的。

10.6.2 指向结构数组的指针

说明一个结构数组和一个同类型的指针变量后，把数组名赋给该指针变量，这个指针变量就指向了这个数组。这时，不仅可用下标形式来访问数组的元素，也可通过对指针变量的操作，实现对数组元素的访问。

仍以上述 struct student 结构类型为例，如果说明了如下类型的数组和指针变量：

```
struct student group[10];
struct student *p;
```

然后通过语句：

```
p=group;   或: p=&group[0];
```

就把数组 group 所占用的存储区首地址赋给了指针 p。这时，执行下面的语句：

```
printf( "%d %s %c %d\n", p->num,p->name,p->sex,p->age);
```

就可以把该数组的第 1 个元素的内容打印出来。还可以通过对指针变量 *p* 的运算，如 p++、p+i、p−i 等，遍历整个数组的所有元素或所希望访问的元素。这里当然要注意，对指针 p 的运算，增加或减少的数值，是以这种数据类型所需字节数为单位的。

【例 10.26】用指针变量输出结构数组。

```
struct stu
{
    int num;
    char *name;
    char sex;
    float score;
}boy[5]={
          {101,"Zhou ping",'M',45},
          {102,"Zhang ping",'M',62.5},
          {103,"Liou fang",'F',92.5},
          {104,"Cheng ling",'F',87},
          {105,"Wang ming",'M',58},
        };
void main()
{
 struct stu *ps;
 printf("No\tName\t\t\tSex\tScore\t\n");
 for(ps=boy;ps<boy+5;ps++)
 printf("%d\t%s\t\t%c\t%f\t\n",ps->num,ps->name,ps->sex,ps->score);
}
```

解析：在程序中，定义了 stu 结构类型的外部数组 boy 并做了初始化赋值。在 void main 函数内定义 ps 为指向 stu 类型的指针。在循环语句 for 的表达式 1 中，ps 被赋予 boy 的首地址，然后循环 5 次，输出 boy 数组中各成员值。

应该注意的是，一个结构指针变量虽然可以用来访问结构变量或结构数组元素的成员，但是，不能使它指向一个成员。也就是说，不允许取一个成员的地址来赋予它。因此，下面的赋值是错误的。

```
ps=&boy[1].sex;
```

而只能是

```
ps=boy;(赋予数组首地址)
```


或者是

```
ps=&boy[0];(赋予 0 号元素首地址)
```

10.6.3 结构指针变量作函数参数

函数调用时不仅可以传递变量、数组、指针等类型的数据，也可以传递结构体类型的数据，它既可以按值传递，也可以按地址传递。将一个结构体变量的值传递给另一个函数的方法有以下 3 种。

（1）结构体变量的成员作为参数，如 stu[1].no 是实参，将实参值传给形参，并且形参与实参的类型要保持一致。这种传递方式属于按值传递。

（2）结构体变量作为实参，同样属于按值传递的方式。将结构体变量所占的内存单元的内容全部顺序传递给形参。在函数调用期间形参也要占用内存单元，因此这种传递方式将会使传送的时间和空间开销很大，一般较少使用这种方法。

（3）结构体指针变量存放的是结构体变量的首地址，指针作为函数的参数，属于按地址传递的形式。在函数调用过程中，实参和形参所指向的是同一个存储单元。

【例 10.27】计算一组学生的平均成绩和不及格人数。用结构指针变量作函数参数编程。

```
struct stu
{
    int num;
    char *name;
    char sex;
    float score;}boy[5]={
        {101,"Li ping",'M',45},
        {102,"Zhang ping",'M',62.5},
        {103,"He fang",'F',92.5},
        {104,"Cheng ling",'F',87},
        {105,"Wang ming",'M',58},
      };
void main()
{
    struct stu *ps;
    void ave(struct stu *ps);
    ps=boy;
    ave(ps);
}
void ave(struct stu *ps)
{
    int c=0,i;
    float ave,s=0;
    for(i=0;i<5;i++,ps++)
      {
        s+=ps->score;
        if(ps->score<60) c+=1;
      }
    printf("s=%f\n",s);
    ave=s/5;
    printf("average=%f\ncount=%d\n",ave,c);
}
```

解析：本程序中定义了函数 ave，其形参为结构指针变量 ps。boy 被定义为外部结构数组，因此在整个源程序中有效。在 void main 函数中定义说明了结构指针变量 ps，并把 boy 的首地址赋予它，使 ps 指向 boy 数组。然后以 ps 作实参调用函数 ave，在函数 ave 中完成计算平均成绩和统计不及格人数的工作并输出结果。

由于本程序全部采用指针变量作运算和处理，故速度更快，程序效率更高。

10.7 有关指针的数据类型和指针运算的小结

10.7.1 有关指针的数据类型的小结

有关指针的数据类型的定义及其含义如表 10.1 所示。

表 10.1 有关指针的数据类型的定义及含义

定义	含　义
int i;	定义整型变量 *i*
int *p	p 为指向整型数据的指针变量
int a[n];	定义整型数组 a，它有 *n* 个元素
int *p[n];	定义指针数组 p，它由 *n* 个指向整型数据的指针元素组成
int (*p)[n];	p 为指向含 *n* 个元素的一维数组的指针变量
int f();	f 为带回整型函数值的函数
int *p();	p 为带回一个指针的函数，该指针指向整型数据
int (*p)();	p 为指向函数的指针，该函数返回一个整型值
int **p;	p 是一个指针变量，它指向一个指向整型数据的指针变量

10.7.2 指针运算的小结

现把全部指针运算列出如下。

（1）指针变量加（减）一个整数：

例：p++、p--、p+i、p-i、p+=i、p-=i

一个指针变量加（减）一个整数并不是简单地将原值加（减）一个整数，而是将该指针变量的原值（是一个地址）和它指向的变量所占用的内存单元字节数加（减）。

（2）指针变量赋值：将一个变量的地址赋给一个指针变量。

```
p=&a;            （将变量 a 的地址赋给 p）
p=array;         （将数组 array 的首地址赋给 p）
p=&array[i];     （将数组 array 第 i 个元素的地址赋给 p）
p=max;           （max 为已定义的函数，将 max 的入口地址赋给 p）
p1=p2;           （p1 和 p2 都是指针变量，将 p2 的值赋给 p1）
```

注意，不能做如下赋值：

```
p=1000;
```

（3）指针变量可以有空值，即该指针变量不指向任何变量，如

```
p=NULL;
```

（4）两个指针变量可以相减：如果两个指针变量指向同一个数组的元素，则两个指针变量值之差是两个指针之间的元素个数。

（5）两个指针变量比较：如果两个指针变量指向同一个数组的元素，则两个指针变量可以进行比较。指向前面的元素的指针变量“小于”指向后面的元素的指针变量。

从前面几章我们知道，在说明一个 int 型指针变量后，把一个同类型的变量地址赋给它，该指针就指向了这个变量。类似地，说明一个已有定义的结构类型指针后，把同类型变量的地址赋给它，该指针就指向了这个变量，成为指向结构类型变量的指针；把同类型的数组名赋给它，该指针就指向了这个数组，成为指向结构类型数组的指针。

10.8 动态存储分配

建立和维护动态数据结构需要实现动态内存分配，这个过程是在程序运行时执行的，它可以链接新的结点以获得更多的内存空间，也可以删除结点来释放不再需要的内存空间。

C 语言利用 malloc()和 free()这两个函数以及 sizeof 运算符动态分配和释放内存空间。malloc()函数和 free()函数所需的信息在头文件 stdlib.h 或 alloc.h 中，其函数原型及功能如下。

1．函数原型：void *malloc (unsigned size)

功能：从内存分配一个大小为 size 个字节的内存空间。

若成功，返回新分配内存的首地址；若没有足够的内存分配，则返回 NULL。

为确保内存分配准确，函数 malloc()通常和运算符 sizeof 一起使用，例如，

```
int *p;
p=malloc(20*sizeof(int));    /*分配 20 个整型数据所需的内存空间*/
```

通过 malloc 函数分配能存储 20 个整型数连续内存空间，并将该存储空间的首地址赋予指针变量 p。

又如：

```
struct student
{
    int no;
    int scort;
    struct student *next;
};
struct student *stu;
stu=malloc(sizeof(struct student));
```

程序会通过 sizeof 计算 struct student 的字节数，然后分配 sizeof(struct student)个字节数的内存空间，并将所分配的内存地址存储在指针变量 stu 中。

2．函数原型：void free (void *p)

功能：释放由 malloc 函数所分配的内存块，无返回值。

例：free(stu);

该语句的作用是将 stu 所指的内存空间释放。

动态分配内存时，需要注意以下几个方面。

（1）结构类型占用的内存空间不一定是连续的，因此，应该用 sizeof 运算符来确定结构类型占用内存空间的大小。

（2）使用 malloc()函数时，应对其返回值进行检测是否为 NULL，以确保程序的正确。

（3）要及时地使用 free()函数释放不再需要的内存空间，避免系统资源过早地用光。

（4）不要引用已经释放的内存空间。

10.9 链表的概念

1．链表的定义

链表是一种常见的数据结构，该结构用于动态地进行存储分配。与数组不同的是，它可以根据实际需要申请内存单元，而数组必须在定义时就明确其长度（即所占内存的字节数），而这种方法往往会造成内存的浪费。

链表中的单向链表是最基本的一种链表形式，其结构如图 10.23 所示。

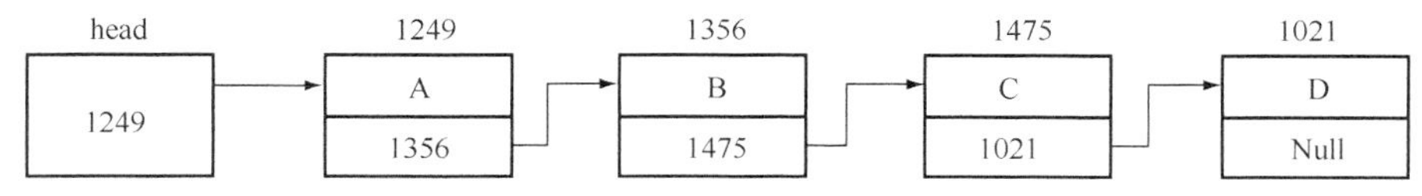

图 10.23 单向链表示意图

（1）链表有一个头指针“head”，用于存放一个地址，该地址指向一个元素，即结点。

（2）链表中的每一个结点都包括两个部分：实际数据和下一个结点的地址。实际数据可以是一个成员，也可以是多个成员。

（3）不再指向其他元素的结点称为“表尾”，在下一个结点的地址中存放一个“NULL”（即空地址），表示链表到此结束。

（4）链表中各个结点在内存中的地址可以是不连续的，要查找某个结点的实际数据，需通过上一个结点的指针进行，由上一个结点的指针所指向的地址得到待查找结点，然后取出其实际数据。因此，对于图 10.23 所示的单向链表来说，要访问其中的一个结点，必须从头指针开始遍历。

显然，结构体非常适合作为链表中的结点的数据结构，该结构的第一部分用于存放指针变量（即下一个结点的地址）；其他部分用来存放实际的有效数据，有效数据既可以是一个成员，也可以是多个成员，这些成员的类型也可以不同。

```
struct esp  {
int x;
float y;
struct esp *ptr;
};
```

其中：

① 成员 x 和 y 用来存放结点中用户需要数据；

② ptr 是指针类型的成员，它指向下一个 struct esp 类型数据；

③ 一个指针类型的成员可以指向其他类型的结构体数据，如图 10.24 所示；

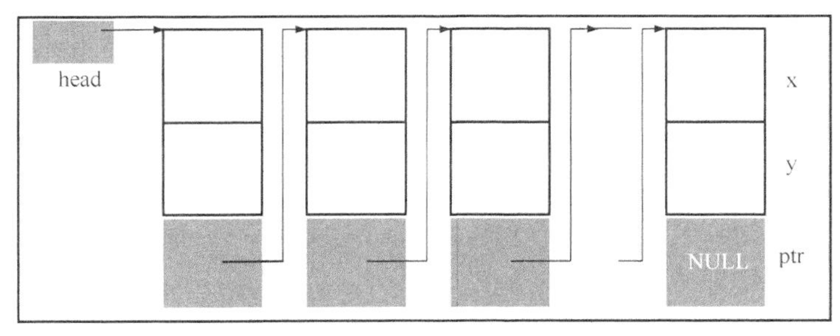

图 10.24 用指针建立链表

④ 图 10.24 中每个结点都属于 struct student 类型，它的成员 ptr 用于存放下一个结点的地址。

2．链表的常用操作

对链表的操作与对数组的操作有明显的不同，对于数组来说，其下标就决定了该元素在数组中的相对位置，而对于链表来说，没有这样的相对位置可供利用，因此，对于链表的操作不仅要对结点的实际数据进行操作，还要对结点的指针进行操作。一般来说，链表的操作主要有以下几种：

（1）建立链表；

（2）结构的查找与输出；

（3）插入一个结点；

（4）删除一个结点；

下面通过例题来说明这些操作。

【例 10.28】建立一个 3 个结点的链表，存放学生数据。为简单起见，我们假定学生数据结构中只有学号和年龄两项。可编写一个建立链表的函数 creat，程序如下。

```
#define NULL 0
#define TYPE struct stu
#define LEN sizeof (struct stu)
struct stu
    {
      int num;
      int age;
      struct stu *next;
    };
TYPE *creat(int n)
{
    struct stu *head,*pf,*pb;
    int i;
    for(i=0;i<n;i++)
    {
      pb=(TYPE*) malloc(LEN);
      printf("input Number and  Age\n");
      scanf("%d%d",&pb->num,&pb->age);
      if(i==0)
      pf=head=pb;
      else pf->next=pb;
      pb->next=NULL;
      pf=pb;
    }
    return(head);
}
```

解析：在函数外首先用宏定义对 3 个符号常量做了定义。这里用 TYPE 表示 struct stu，用 LEN 表示 sizeof(struct stu)主要的目的是为了在以下程序内减少书写并使阅读更加方便。结构 stu 定义为外部类型，程序中的各个函数均可使用该定义。

creat 函数用于建立一个有 *n* 个结点的链表，它是一个指针函数，它返回的指针指向 stu 结构。在 creat 函数内定义了 3 个 stu 结构的指针变量。head 为头指针，pf 为指向两相邻结点的前一结点的指针变量。pb 为后一结点的指针变量。

【例 10.29】编写创建链表函数 creat()，返回指向链表的头指针。在 void main()里调用 creat()，打印出各节点中的数据内容。

```
#include"stdio.h"
struct person
{
```

```
 char name[20];
 struct person *next;
};
struct person * creat ( )
{ struct person *head, *p, *q;
 int k;    head = NULL;
while (1)
{p = (struct person *)malloc(sizeof(struct person));
   if (p == NULL)
    { printf ("Memory faild!\n");
      return;
    }
   printf ("Please enter name:");
   scanf ("%s", p->name);
   if (head == NULL)
   {head = p;   p->next = NULL;   q = p;}
   else
   {q->next = p;  p->next = NULL; q = p;}
   printf ("Continue? 1—continue\n");
   printf ("          0—stop!\n");
   scanf ("%d", &k);
   if (k == 0)   break;
 }
 return head;
}
void main()
 {
   struct person *ptr;
   ptr = creat ();
   for ( ; ptr != NULL; ptr = ptr->next)
   printf ("%s\n", ptr->name);
}
```

解析：

（1）creat()的设计思想是用 struct person 型指针 head 指向链表之首。最初 head 为空(NULL)，如图 10.25 所示。

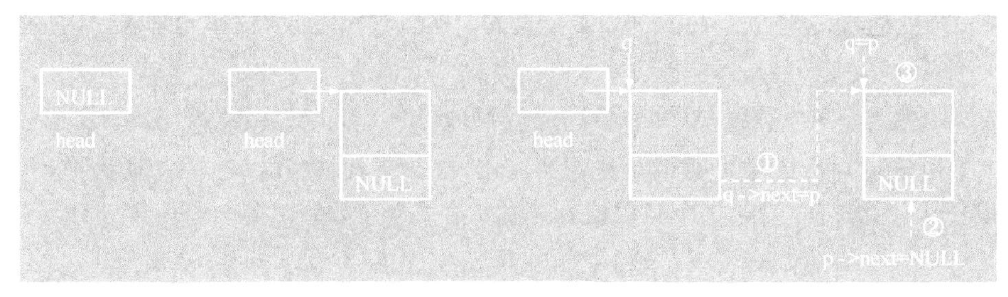

图 10.25　实例图

（2）若要输入数据，则先调用内存分配函数 malloc()，即

```
p = (struct person *) malloc (sizeof (struct person) );
```

（3）让 p 指向它。填入数据，调整节点的 next 指针，连入链表末尾，如图 10.25 所示。

（4）在函数 void main()里，将由 struct person 型指针变量 ptr 接收这个返回值。

（5）在 creat()中，总是让 p 指向新近申请到的新节点，让 q 指向链表的尾节点，使新节点插入链表表尾非常容易进行。图 10.6 所示是把第 2 个节点连入末尾时，程序中给出的 3 个操作步骤。只要不是第 1 个节点，都是使用这样的步骤，把一个个节点插入链表的末尾，形成链表。

（6）对于链表的第 1 个节点，要特殊处理，因为它涉及对链表首指针 head 的操作。

（7）在申请到一个节点、填入数据、链接到链表尾后，程序提供菜单选择：

```
printf ("Continue? 1—continue\n");
printf ("         0—stop!\n");
```


10.10 枚举类型

在实际问题中，有些变量的取值被限定在 1 个有限的范围内。例如，1 个星期内只有 7 天，1 年只有 12 个月，1 个班每周有 6 门课程等。如果把这些量说明为整型、字符型或其他类型显然是不妥当的。为此，ANSI C 新标准定义了一种新数据类型：枚举式数据类型，其特点是用若干名字代表一个整型常量的集合，具有这种类型的变量，只能以集合中所列名字为其取值。

10.10.1 枚举类型的定义和枚举变量的说明

（1）枚举类型在 C 语言里的关键字是“enum”，定义枚举类型的一般格式是

```
enum <枚举类型名>
{
 <枚举元素表>
};
```

其中，<枚举元素表>列出由逗号隔开的 *n* 个标识符，是这种数据类型变量可取整型值相应的符号名。<枚举元素表>应括在花括号内，右花括号后跟分号“;”，表示定义结束。

比如有枚举类型定义：

```
enum week {
     sunday、monday、tuesday、wednesday、thursday、friday、saturday
};
```

这样，程序中就有了名为“enum week”的一种新的数据类型可以使用了。

如果一个变量被说明为是 enum week 类型的，那么它只能取<枚举元素表>中所列的 7 个可能值：

```
sunday、monday、tuesday、wednesday、thursday、friday、saturday
```

这 7 个可能值对应的整型数值分别是 0、1、2、3、4、5、6。C 语言默认把<枚举元素表>所列的 *n* 个标识符中的第 1 个与数值 0 等同，第 2 个与数值 1 等同……第 *n* 个与数值 $n-1$ 等同。

例如，有定义：

```
enum color
{
 red, blue, green, yellow, brown, pink
};
```

那么就表示 red 对应于 0，blue 对应于 1，green 对应于 2，yellow 对应于 3，brown 对应于 4，pink 对应于 5。

在定义时，可以更改<枚举元素表>中所列标识符对应的整型数值。若把定义改成：

```
enum color
{
 red, blue = 4, green, yellow, brown, pink
};
```

那么就表示 red 对应于 0，blue 对应于 4，green 对应于 5，yellow 对应于 6，brown 对应于 7，pink 对应于 8。

（2）枚举变量的说明

枚举类型变量的说明有如下两种方式。

① 先定义枚举类型，再说明变量。

例如，给出枚举类型定义：

```
enum color
{
  red, blue, green, yellow, brown, pink
};
```

那么语句：

```
enum color s, t;
```

说明 s 和 t 都是 enum color 型的变量，都只可能取 6 种值：

```
red、blue、green、yellow、brown、pink
```

可以在说明变量时赋初值。比如语句：

```
enum color s=yellow, t;
```

表示 s 和 t 都是 enum color 型的变量，并且 s 的初始取值为 yellow。

注　意

变量 s 的初值虽然是 yellow，但在 C 语言内部却认知它为整数 3，对它的处理都是以 3 来进行的。正因如此，在介绍枚举类型时才说：枚举类型“用若干名字代表一个整型常量集合”。

【例 10.30】编写一个程序，输出枚举型变量的值。

```
#include <stdio.h>
enum color
{
  red, blue, green, yellow, brown, pink
};
void main()
{
  enum color s=yellow, t;
  t=s;
  printf ("s=%d\tt=%d\n", s, t);
}
```

解析：执行该程序，输出的结果是 s=3　　，t=3。

若把最后的 printf ()语句改写成：

```
printf ("s=%s\tt=%s\n", s, t);
```

编译没有问题，但执行时什么也不输出。这说明<枚举元素表>里所列出的取值是针对用户的：用户很容易接受这些具有实际含义的名字。但它们其实是一些整数值，C 语言是以整数的形式来对待它们的。

注　意

虽然枚举变量实质上是整型变量，但不能为其赋予整数值，只能赋予<枚举元素表>中所列的各种枚举元素值。

② 在定义枚举类型的同时说明变量。

下面是在定义枚举类型的同时说明变量的情形：

```
enum color
{
  red, blue, green, yellow, brown, pink
}s=blue, t;
```

【例 10.31】编写一个程序，输出枚举型变量的值和该值对应的名字。

```
#include <stdio.h>
enum color
{
  red, blue, green, yellow, brown, pink
};
void main()
{
  char *name[ ]={"red", "blue", "green",
                 "yellow", "brown", "pink"};
  enum color k;
  for (k=red; k<=pink; k++)
    printf ("%d  %s\n", k, name[k]);
}
```

解析：程序一次运行结果如图 10.26 所示。

```
0--red  1--blue  2--green  3--yellow  4--brown  5--pink
```

图 10.26　例 10.31 运行结果

由于 C 语言是把枚举类型作为整型数处理的，所以可以使用枚举变量来控制循环，也可对枚举变量进行++或--的运算。不过要注意：利用枚举变量控制循环时，其定义中枚举元素对应的数值应该是连续的，否则会出现错误。

例如，有程序如下：

```
enum color1
{
  red, yellow=4, blue
};
void main() {
  enum color1 cx;
  for (cx=red; cx<=blue; cx++)
    printf ("%d\t", cx);
  printf ("\n");
}
```

void main()执行后打印出来的不是

```
0  4  5
```

而是

```
0  1  2  3  4  5
```

10.10.2　枚举类型变量的赋值和使用

枚举类型在使用中有以下规定：

（1）枚举值是常量，不是变量。不能在程序中用赋值语句再对它赋值。

例如，对枚举 weekday 的元素再做以下赋值：

```
sun=5;
mon=2;
sun=mon;
```

都是错误的。

（2）枚举元素本身由系统定义了一个表示序号的数值，从 0 开始顺序定义为 0、1、2……

如在 weekday 中，sun 值为 0，mon 值为 1，…,sat 值为 6。

【例 10.32】

```
void main(){
    enum weekday
    { sun,mon,tue,wed,thu,fri,sat } a,b,c;
    a=sun;
    b=mon;
    c=tue;
    printf("%d,%d,%d",a,b,c);
}
```

解析：只能把枚举值赋予枚举变量，不能把元素的数值直接赋予枚举变量。如：

```
a=sum;
b=mon;
```

是正确的。而：

```
a=0;
b=1;
```

是错误的。如一定要把数值赋予枚举变量，则必须用强制类型转换。

如：

```
a=(enum weekday)2;
```

其意义是将顺序号为 2 的枚举元素赋予枚举变量 *a*，相当于：

```
a=tue;
```

还应该说明的是，枚举元素不是字符常量也不是字符串常量，使用时不要加单、双引号。

【例 10.33】

```
void main()
{ enum body
  { a,b,c,d } month[31],j;
    int i;
    j=a;
    for(i=1;i<=30;i++)
     {
      month[i]=j;
      j++;
      if (j>d) j=a;
     }
    for(i=1;i<=30;i++)
     {
      switch(month[i])
      {
        case a:printf(" %2d  %c\t",i,'a'); break;
        case b:printf(" %2d  %c\t",i,'b'); break;
        case c:printf(" %2d  %c\t",i,'c'); break;
        case d:printf(" %2d  %c\t",i,'d'); break;
        default:break;
      }
  }
  printf("\n");
  }
```

小结与提示

本章介绍了指针的概念和指针变量、数组指针、函数指针、字符串指针、结构指针变量的使用，动态内存分配函数的使用以及链表和枚举类型等知识。

结构指针、结构数组的理解与其他类型的指针和数组理解的意思应该是一样的，只不过此时结构类型是指针及数组的基类型。两个基类型一致的指针和数组，它们之间可以怎样赋值，这在前面的章节已经详细介绍了。结构指针作形参往往能够提高程序的执行效率。通常将结构数组的首地址传给指针形参，这样做使结构数组元素的空间能够被多个函数所共享。

链表是一种很常用的数据结构，可以动态地组织数据，主要通过对链表的创建、查找、删除等操作来体现数据的动态组织。在逻辑上相邻的两个元素链表不要求它们在物理上也相邻，元素的物理顺序与逻辑顺序可以不同，因为在元素本身的数据之外还附加了一个指针域，用来指向下一个元素的地址。

枚举是为了解决特定实际问题、增强程序的可读性而设计的一个自定义类型，允许自己定义这个类型中所有的数据元素（即枚举常量），枚举通常是数量不大的枚举常量值的列举。注意枚举变量在赋值和输出结果时的特殊控制。

知识拓展

计算机语言之父——尼盖德

克里斯汀·尼盖德于 1926 年在奥斯陆出生，1956 年毕业于奥斯陆大学并取得数学硕士学位，此后致力于计算机计算与编程研究。尼盖德是奥斯陆大学的教授，因为发展了 Simula 编程语言，为 MS－DOS 和因特网打下了基础而享誉国际。

1961～1967 年，尼盖德在挪威计算机中心工作，参与开发了面向对象的编程语言。因为表现出色，2001 年，尼盖德和同事奥尔·约安·达尔获得了 2001 年 A. M. 图灵机奖及其他多个奖项。当时为尼盖德颁奖的计算机协会认为他们的工作为 Java，C＋＋等编程语言在个人电脑和家庭娱乐装置的广泛应用扫清了道路，“他们的工作使软件系统的设计和编程发生了基本改变，可循环使用的、可靠的、可升级的软件也因此得以面世。”

因尼盖德卓越的贡献，他被誉为“计算机语言之父”，其对计算机语言发展趋势的掌握和认识，以及投身于计算机语言事业发展的精神都将激励我们向着计算机语言发展无比灿烂的明天前进。

习题与项目练习

一、选择题

1. 在下面对结构变量的叙述中（　　）是错误的。

A. 相同类型的结构变量间可以相互赋值

B. 通过结构变量，可以任意引用它的成员

C. 结构变量中某个成员与这个成员类型相同的简单变量间可以相互赋值

D. 结构变量与简单变量间可以赋值

2. 在下面对枚举变量的叙述中（　　）是正确的。

A. 枚举变量的值在 C 语言内部被表示为字符串

B. 枚举变量的值在 C 语言内部被表示为浮点数

C. 枚举变量的值在 C 语言内部被表示为整型数

D. 在 C 语言内部使用特殊标记表示枚举变量的值

3. 有如下结构类型定义以及有关的语句：

```
struct ms
{
  int x;
  int *ptr;
} str1, str2;

str1.x = 10;
str2.x = str1.x + 10;
str1.p = &str2.x;
str2.p = &str1.x;
*str1.p += *str2.p;
```

试问，执行以上语句后，str1.x 和 str2.x 的值应该是（　　）。

A. 10，30　　B. 10，20　　C. 20，20　　D. 20，10

4. 有枚举型定义如下：

```
enum bt {a1, a2 = 6, a3, a4 = 10} x;
```

则枚举变量 *x* 可取的枚举元素 a2、a3 所对应的整数常量值是（　　）。

A. 1，2　　B. 6，7　　C. 6，2　　D. 2，3

5. 若有结构类型定义如下：

```
struct sk
{
  int x;
  float y;
}rst, *p=&rst;
```

那么，对 rst 中的成员 x 的正确引用是（　　）。

A. (*p).rst.x　　B. (*p).x　　C. p->rst.x　　D. p.rst.x

二、填空题

1. “.”称为________运算符，“->”称为________运算符。

2. 若有下面的定义和说明语句：

```
union pc
{
  float x;
  float y;
  char b[6];
};
struct rt
{
  union pc w;
  float z[5];
  double k;
}vcd;
```

那么，变量 vcd 所占用的内存字节数是________。

3. 在 C 语言中，使用________结构类型，建立动态的存储结点。

4. 有结构定义如下：

```
struct person
{
  int no;
  char name[20];
}stu, *ptr = &stu;
```

用指针 ptr 和指向成员运算符“->”给变量 stu 成员 no 赋值 101 的语句是________　。

5. 有如下结构定义：

```
struct node
{
  char name[20];
  float grade;
  struct node *ptr;
};
```

指针 sptr 指向有两个结点的链表，结点按照字母顺序排列，如下图（a）所示。现在要把如下图（b）所示的由指针 p 指向的结点插入两个节点的中间，使链表成为图（c）。请完成插入操作填空。

p->ptr = ____①____;　　　　____②____ = p;

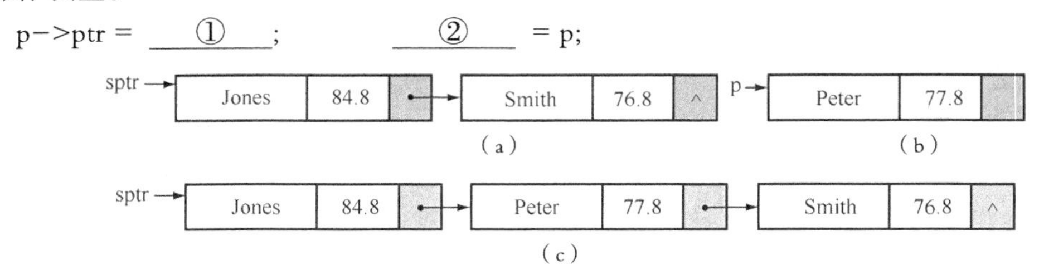

6. 结构定义如题 5。情况如下图（a）所示。要将下图（b）所示的由指针 p 指向的结点插入链表的末尾，使链表如下图（c）所示。请完成插入操作填空。

____①____ = p;　　　　p->ptr = ____②____;

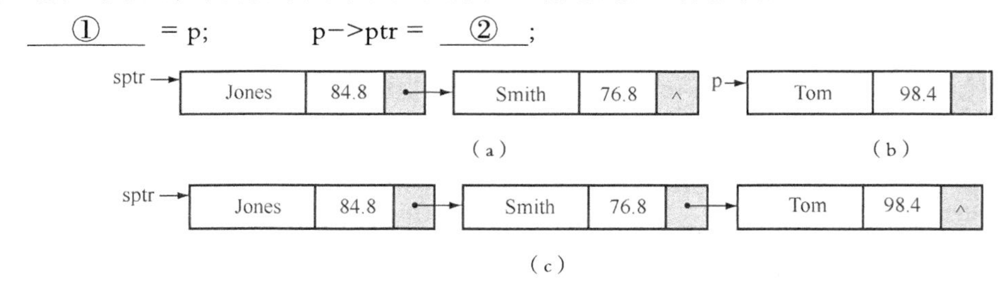

三、阅读程序

1. 阅读下面的程序，给出运行后的输出结果。

```
#include <stdio.h>
struct st
{
  char s[4], *sp;
};
struct pt
{
  char *tp;
  struct st kg;
};
void main()
{
  struct st ax={"boy", "woman"};
  struct pt by={"girl", {"pen","program"}};
  printf ("ax.s[0]=%c\t*ax.sp=%c\n", ax.s[0], *ax.sp);
  printf ("ax.s=%s\tax.sp=%s\n", ax.s, ax.sp);
  printf ("by.tp=%s\tby.kg.sp=%s\n", by.tp, by.kg.sp);
  printf ("++by.tp=%s\t++by.kg.sp=%s\n", ++by.tp, ++by.kg.sp);
}
```

2. 阅读程序，给出运行结果。

```
#include <stdio.h>
struct data
{
```

```
    int x, y;
  };
  void main()
  {
    struct data *p;
    struct data array[2]={{8, 5}, {9, 3}};
    printf ("(array[0].x+array[0].y)/array[1].y = %d\n", array[0].x+array[0].y)/
array[1].y);
    p = array;
    (p++)->y = p->y + 10;
    p->x = p->x - 5;
    printf ("array[0].y + array[1].x = %d\n", array[0].y + array[1].x);
  }
```

3. 阅读程序，如果系统分配给 struct esp 型指针 p 和变量 wes 的存储区地址分别是 65492 和 65484。请给出程序运行后，两条 printf ()语句的输出结果。

```
  #include<stdio.h>
  struct esp
  {
  int x;
  float y;
  struct esp *ptr;
  };
  void main()
  {
    struct esp wes, *p=&wes;
    printf ("&p=%u,  p=%u,  &wes=%u\n", &p, p, &wes);
    p->x = 5;
    p->y = 28.12;
    p->ptr = &wes;
    printf ("wes.x=%d\nwes.y=%5.2f\nwes.ptr=%u\n", p->x, p->y, p->ptr);
  }
```

4. 阅读程序，给出运行结果，画出指针 p 以及 3 个结点 pon1、pon2、pon3 之间的链接关系图。

```
  #include <stdio.h>
  struct node
  {
    int x;
    struct node *next;
  };
  void main()
  {
    struct node pon1, pon2, pon3, *p;
    p=&pon1;
    pon1.x = 10;
    pon1.next = &pon2;
    pon2.x = 20;
    pon2.next = &pon3;
    pon3.x = 30;
    pon3.next = NULL;
    while (p != NULL)
    {
      printf ("%d\t%u\n", p->x, p);
      p = p->next;
    }
  }
```

四、编程

1. 编写一个程序，利用结构数组，输入 10 个学生档案信息：姓名（name）、数学（math）、物理（physics）、语言（language）。计算每个学生的总成绩，并输出。

2. 编写一个程序，申请 40 个字节的存储区，并接收从键盘输入的一个字符串。统计并输出该字符串中字母 x 出现的个数，然后释放存储区。

3. 27 人围成一个圈，从第一个人开始顺序报号，凡报号为 3 和 3 的倍数者退出圈子，找出最后留在圈子中的人原来的序号（用链表方式实现）。

4. 定义枚举类型 money，用枚举元素代表人民币的面值，包括 1 分、2 分、5 分，1 角、2 角、5 角，1 元、2 元、5 元、10 元、20 元、50 元、100 元。

五、项目练习

学生成绩管理系统基础练习 7

1. 项目说明

使用链表设计简易学生成绩管理系统，根据需求对各个模块用链表实现。在本系统中需要编码实现的主要有学生成绩信息插入、学生成绩信息查询、学生成绩信息修改、学生成绩信息删除和学生成绩显示 5 个模块。

2. 参考程序

```
#include "stdio.h"
#include "malloc.h"
#include "stdlib.h"
#include "conio.h"
#include"ctype.h"
#define Esc 27                    //定义键盘退出键 Esc
#define NULL 0
#define LEN sizeof(struct student)
struct student
{
  char class_0[20];               //班级
  int num;                        //学号
  char name[20];                  //姓名
  float c_prog;                   //C 语言程序设计
  float eng;                      //大学英语
  float math;                     //高等数学
  float ave;                      //平均成绩
  int order;                      //名次
  struct student *next;
};
int n;   //全局变量，统计学生记录的个数
//函数声明
struct student *create();
void Output(struct student *head);
struct student *Delete(struct student *head,int num);
struct student *insert(struct student *head, struct student *stud);
struct student *Lookup(struct student *head, int num);
struct student *Modify(struct student *head, int num);
float Statistic(struct student *p);
struct student *order(struct student *head );
void start();
void goon();
void exit();
//创建链表，输入学生的信息
struct student *create()
{
 struct student *head;
 struct student *p1;
 n=0;
 p1=( struct student*) malloc(LEN);
 printf("\n\n\t 请输入学生的信息：\n");
 printf("\t 输入格式为：(每输入一项回车,以学号为 0 退出!)\n");
 printf("\t 请输入学生学号:");
 scanf("%d",&p1->num);
 printf("\t 请输入学生姓名:");
 scanf("%s",&p1->name);
 printf("\t 请输入学生班级:");
 scanf("%s",&p1->class_0);
```

```
 printf("\n");
 printf("\t 请输入程序设计成绩:");
 scanf("%f",&p1->c_prog);
 printf("\t 请输入大学大学英语成绩:");
 scanf("%f",&p1->eng);
 printf("\t 请输入高等数学成绩:");
 scanf("%f",&p1->math);
 printf("\n");
 head=NULL;
 while(p1->num!=0)
 {
  p1->ave=Statistic(p1);        //求 P1 的平均值
  head=insert(head,p1);         //创建链表
  p1=(struct student*)malloc(LEN);
  printf("\n\t 如果你想结束输入，请输入 0!\n\n");
  printf("\t 请输入学生学号:");
  scanf("%d",&p1->num);
  if(p1->num==NULL)             //控制是否退出
  continue;
  printf("\t 请输入学生姓名:");
  scanf("%s",&p1->name);
  printf("\t 请输入学生班级:");
  scanf("%s",&p1->class_0);
  printf("\n");
  printf("\t 请输入程序设计成绩:");
  scanf("%f",&p1->c_prog);
  printf("\t 请输入大学英语成绩:");
  scanf("%f",&p1->eng);
  printf("\t 请输入高等数学成绩:");
  scanf("%f",&p1->math);
  printf("\n");
 }
 return(head);
}
//输出链表
void Output(struct student *head)
{
 struct student *p;
 printf("\n\t 现在有 %d 个记录是:\n",n);
 p=head;
 printf("\n\n\n****************学生成绩信息表**********************\n\n");
printf("\n 学号   姓名 班级   程序设计 大学英语   高等数学   平均分   学生名次\n");
if(head!=NULL)
do
{ printf("%-10d",p->num);
  printf("%-10s",p->name);
  printf("%-8s",p->class_0);
  printf("%-8.2f",p->c_prog);
  printf("\t%-8.2f",p->eng);
  printf("%-8.2f",p->math);
  printf("%-8.2f",p->ave);
  printf("\t%-3d\n",p->order);
  p=p->next;
} while(p!=NULL);
}

//根据学号来删除学生信息
struct student *Delete(struct student *head,int num)
{struct student *p1,*p2;
 if (head==NULL)    //空链表时返回
  {printf("\n\t 链表为空!\n");
   return(head);
  }
 p1=head;
 while(num!=p1->num && p1->next!=NULL)
  {
   p2=p1;
   p1=p1->next;
  }
```

```
if(num==p1->num)    //链表找到相应的学号
{
  if(p1==head)       //表头删除
    head=p1->next;
  else               //表中和表尾删除
    p2->next=p1->next;
printf("\n\t 你删除的学生信息为: \n");
printf("\t 学号为: %d\t",p1->num);
printf("\t 姓名为: %s\t",p1->name);
printf("\t 班级为: %s\t",p1->class_0);
printf("\n");
printf("\t 程序设计成绩为: %.2f\t",p1->c_prog);
printf("\n");
printf("\t 大学英语成绩为: %.2f\t",p1->eng);
printf("\t 高等数学成绩为: %.2f\t",p1->math);
printf("\n");
printf("\t 平均成绩为: %.2f\t",p1->ave);
printf("\t 学生名次为: %d\t",p1->order);
printf("\n");
n=n-1;
free(p1);
}
else                 //找不到学号
 printf("\t 学号 %d 没有找到!\n",num);
return(head);
}
 //插入学生信息
struct student *insert(struct student *head, struct student *stud)
{ struct student *p0,*p1,*p2;
  p1=head;
  p0=stud;
  if(head==NULL)     //空链表时返回
   { head=p0;  p0->next=NULL; }
  else
   { while((p0->ave<p1->ave) && (p1->next!=NULL))
      { p2=p1;  p1=p1->next; }
    if(p0->ave>=p1->ave)
       { if(p1==head)                  //链表头插入
          {p0->next=p1; head=p0;     // head->next=p0;}
         else        //链表中插入
          { p2->next=p0; p0->next=p1; }
        }
else                 //链表尾部插入
{p1->next=p0; p0->next=NULL;}
}
 n=n+1;
 p0->order=0;        //初始化名次
 return(head);
}

//根据学生学号来查找学生信息
struct student *Lookup(struct student *head, int num)
{ struct student *p1,*p2;
  p1=head;
  if(head==NULL)    //空链表时返回
  { printf("\n\t 链表为空!\n"); return(head); }
  else
  {while(num!=p1->num && p1->next!=NULL)
    { p2=p1; p1=p1->next; }
 if(num==p1->num)          //找到相对应的学号则显示
  {
  printf("\t 你查找的学生信息为: \n");
  printf("\t 学号为: %d\n",p1->num);
  printf("\t 姓名为: %s\n",p1->name);
  printf("\t 班级为: %s\n",p1->class_0);
  printf("\t 程序设计成绩为: %.2f\n",p1->c_prog);
  printf("\t 大学英语成绩为: %.2f\n",p1->eng);
  printf("\t 高等数学成绩为: %.2f\n",p1->math);
  printf("\t 平均成绩为: %.2f\n",p1->ave);
```

```
  printf("\t 学生名次为: %d\n",p1->order);
 }
else                  //学号不在链表内
 printf("\t 你输入的学号不在链表内! \n");
}
return(head);
}

//根据学生学号来修改学生的信息
struct student *Modify(struct student *head, int num)
{struct student *p1,*p2;
 struct student *stude;
 stude=(struct student*)malloc(LEN);
 p1=head;
 if(head==NULL)      //链表为空时不能改变信息
 { printf("\n\t 链表为空! \n");  return(head); }
 else
 { while(num!=p1->num && p1->next!=NULL)
  { p2=p1; p1=p1->next;}
 if(num==p1->num)           //找到相应的学号时
  { if(p1==head)            //表头删除
     head=p1->next;
  else                      //表中和表尾删除
     p2->next=p1->next;
     printf("\t 你要修改的学号为%d 的先前信息为: \n",num);
     printf("\t 学号为: %d\n",p1->num);
     printf("\t 姓名为: %s\n",p1->name);
     printf("\t 班级为: %s\n",p1->class_0);
     printf("\n");
     printf("\t 程序设计成绩为: %.2f\n",p1->c_prog);
     printf("\t 大学英语成绩为: %.2f\n",p1->eng);
     printf("\t 高等数学成绩为: %.2f\n",p1->math);
     printf("\t 平均成绩为: %.2f\n",p1->ave);
     printf("\t 学生名次为: %d\n",p1->order);
     printf("\n");
     printf("\t 请输入你要改变的成绩:(格式为: 每输入一次回车)\n");
     printf("\t 请输入程序设计成绩: ");
     scanf ("%f",&stude->c_prog);
     printf("\t 请输入大学英语成绩: ");
     scanf ("%f",&stude->eng);
     printf("\t 请输入高等数学成绩: ");
     scanf ("%f",&stude->math);
     p1->c_prog=stude->c_prog;
     p1->eng=stude->eng;
     p1->math=stude->math;
     p1->ave=Statistic(p1);
     head=insert(head,p1);
     n=n-1;
   }
   else               //找不到学号时
    printf("\t 你要修改的学号不在链表内! \n");
 }
 return(head);
}

//根据学生平均分来排名
struct student *order(struct student *head )
{ struct student *p;
  int i=1;
  p=head;
  while(p!=NULL)
   {p->order=i;
    i++;
    p=p->next;
   }
 return (head);
}

//根据输入的各科成绩来计算平均分
```

```
float Statistic(struct student *p)
{ p->ave=(p->c_prog+p->eng+p->math)/3;
 return p->ave;
}
void menu()//系统主界面
{printf("\n\n\t\t      = = = = = = = = = = = = = = = = = = = = =");
 printf("\n\n\t\t      = = = 欢迎使用班级成绩管理系统= = =");
 printf("\n\n\t\t      = = = = = = = = = = = = = = = = = = = = =");
 printf("\n\n\t\t                 1.新建学生成绩表  ");
 printf("\n\n\t\t                 2.输出学生成绩表     ");
 printf("\n\n\t\t                 3.学生成绩排序     ");
 printf("\n\n\t\t                 4.按学号查找学生成绩信息");
 printf("\n\n\t\t                 5.按姓名修改学生成绩信息 ");
 printf("\n\n\t\t                 6.添加学生成绩信息 ");
 printf("\n\n\t\t                 7.按学号删除学生成绩信息 ");
 printf("\n\n\t\t                 Esc.退出系统        ");
 printf("\n\n\t\t     ---------------------------------------");
 printf("\n\n\t\t          ********请您选择操作选项********  ");
 printf("\n\t\t 请输入你的选择(1-7):");
}
void goon()
{  printf("\n\t 按任意键继续!!!");
   getch();
}
void exit()
{ system("cls");
  printf("\n\n\n\n\t\t      = = = = = = = = = = = = = = = = = = = = =");
  printf("\n\n\t\t      = = = 谢谢使用学生成绩管理系统= = =");
  printf("\n\n\t\t      = = = = = = = = = = = = = = = = = = = = =\n\n");

}

//主函数
void main()
{struct student *head,*stu;
 int  Delete_num;
 int  lookup_num;
 int  Modify_num;
 char ckey='a';
 int istate=0;
 do
 {
  system("cls");    //VC++清屏函数 包含在#include"stdlib.h"中
  menu();
  ckey=getch();
  if(ckey=='1')     //创建
  {system("cls");
   head=create();
   head=order(head);
   Output(head);
   istate=1;         //记录链表是否有数据
   goon();
  }
  else if((istate==0)&&(ckey!=Esc))
  {printf("\n\t 错误:你必须先输入学生信息!!!");
   goon();
  }
 else if(ckey=='2')       //显示
 {system("cls");
  Output(head);
  goon();
 }
 else if(ckey=='3')       //排序
 {system("cls");
  order(head);
  Output(head);
  goon();
 }
 else if(ckey=='4') //查找
```

```
 {system("cls");
  printf("  \n\t 请输入你要查找的学生学号: ");
  scanf ("%d",&lookup_num) ;
  head=Lookup(head,lookup_num);head=order(head);
  goon();
 }
 else if(ckey=='5')              //修改
 {system("cls");
  printf("  \n\t 请输入你要修改学生信息的学号: ");
  scanf ("%d",&Modify_num) ;
  head=Modify(head,Modify_num);head=order(head);
  goon();
 }
 else if(ckey=='6')              //插入
 {system("cls");
  printf (" \n\t 请输入你要插入的学生信息: \n\n");
  stu=(struct student*)malloc(LEN);
  printf("\t 请输入学生信息，输入格式为:(每输入一项回车)\n");
  printf("\t 请输入学生学号:");
  scanf("%d",&stu->num);
  printf("\t 请输入学生姓名:");
  scanf("%s",&stu->name);
  printf("\t 请输入学生班级:");
  scanf("%s",&stu->class_0);
  printf("\n");
  printf("\t 请输入程序设计成绩:");
  scanf("%f",&stu->c_prog);
  printf("\t 请输入大学大学英语成绩:");
  scanf("%f",&stu->eng);
  printf("\t 请输入高等数学成绩:");
  scanf("%f",&stu->math);
  printf("\n");
  stu->ave=Statistic(stu);     //求 stu 的平均值
  head=insert(head,stu);head=order(head
  goon();
 }
 else if(ckey=='7')              //删除
 {system("cls");
  printf ("\n\t 请输入你要删除的学生学号: ");
  scanf ("%d",&Delete_num);
  head=Delete(head,Delete_num);head=order(head);
  goon();
 }
}while(ckey!=Esc);               //按键盘上的 Esc 键退出!!!
exit();
}
```

PART 11 第 11 章 文件

教学目标

通过本章的学习，使学生掌握文件类型的定义方法和文件函数的使用方法。

教学要求

知识要点	能力要求	关联知识
文件	（1）掌握文件类型的定义方法 （2）掌握文件类型的基本操作 （3）掌握文件函数的使用方法	FILE *指针变量标识符；fopen 函数，fclose 函数，字符读写函数 fgetc 和 fputc，数据块读写函数 fread 和 fwtrite，格式化读写函数 fscanf 和 fprintf

重点难点

- 文件类型的定义方法
- 文件类型的基本操作
- 文件函数的使用方法

11.1 C 文件概述

在前面的练习中，我们发现，在程序运行和调试过程中每次都要重新输入数据，特别对于数据量比较大的程序，在调试过程中这种问题更加突出。其原因在于我们在程序运行时输入的数据没有保存下来。为了解决这个问题，本章我们将学习一种可以解决这个问题的知识——文件。

所谓“文件”是指一组相关数据的有序集合。这个数据集有一个名称，叫做文件名。实际上在前面的各章中我们已经多次使用了文件，如源程序文件、目标文件、可执行文件、库文件（头文件）等。

文件通常是驻留在外部介质（如磁盘等）上的，在使用时才调入内存中。从不同的角度可对文件做不同的分类。从用户的角度看，文件可分为普通文件和设备文件两种。

普通文件是指驻留在磁盘或其他外部介质上的一个有序数据集，可以是源文件、目标文件、可执行程序；也可以是一组待输入处理的原始数据，或者是一组输出的结果。对于源文件、目标文件、可执行程序可以称作程序文件，对输入输出数据可称作数据文件。

设备文件是指与主机相联的各种外部设备，如显示器、打印机、键盘等。在操作系统中，把外部设备也看作是一个文件来进行管理，把它们的输入、输出等同于对磁盘文件的读和写。

通常把显示器定义为标准输出文件，一般情况下在屏幕上显示有关信息就是向标准输出文件输出。如前面经常使用的 printf、putchar 函数就是这类输出。

键盘通常被指定为标准的输入文件，从键盘上输入就意味着从标准输入文件上输入数据。scanf、getchar 函数就属于这类输入。

从文件编码的方式来看，文件可分为 ASCII 码文件和二进制码文件两种。ASCII 文件也称为文本文件，这种文件在磁盘中存放时每个字符对应一个字节，用于存放对应的 ASCII 码。

例如，数 5678 的存储形式为

ASCII 码：	00110101	00110110	00110111	00111000
	↓	↓	↓	↓
十进制码：	5	6	7	8

共占用 4 个字节。

ASCII 码文件可在屏幕上按字符显示，如源程序文件就是 ASCII 文件，用 DOS 命令 TYPE 可显示文件的内容。由于是按字符显示的，因此能读懂文件内容。

二进制文件是按二进制的编码方式来存放文件的。

例如，数 5678 的存储形式为

00010110　00101110

只占两个字节。二进制文件虽然也可在屏幕上显示，但其内容无法读懂。C 系统在处理这些文件时，并不区分类型，都看成是字符流，按字节进行处理。

本章讨论流式文件的打开、关闭、读、写、定位等各种操作。

11.2 文件指针

在C语言中，文件的操作是通过指针来完成的，用一个指针变量指向一个文件，这个指针称为文件指针。通过文件指针就可对它所指的文件进行各种操作，在文件初始化的时候，文件指针指向文件的起始单元。

定义说明文件指针的一般形式为

```
FILE *指针变量标识符;
```

其中，FILE 应为大写，它实际上是由系统定义的一个结构，该结构中含有文件名、文件状态和文件当前位置等信息。在编写源程序时，我们不必关心 FILE 结构的细节，这将由系统自动完成相关操作。

例：

```
FILE *fp;
```

表示 fp 是指向 FILE 结构的指针变量，通过 fp 即可找到存放某个文件信息的结构变量，然后按结构变量提供的信息找到该文件，实施对文件的操作。习惯上也笼统地把 fp 称为指向一个文件的指针。

11.3 文件的打开与关闭

文件在进行读写操作之前要先打开，使用完毕要关闭。所谓打开文件，实际上是建立文件的各种有关信息，并使文件指针指向该文件，以便进行其他操作。关闭文件则指断开指针与文件之间的联系，也就禁止再对该文件进行操作。

在C语言中，文件操作都是由库函数来完成的。

11.3.1 文件的打开（fopen 函数）

fopen 函数用来打开一个文件，其调用的一般形式为

```
文件指针名=fopen(文件名,使用文件方式);
```

其中，

“文件指针名”必须是被说明为 FILE 类型的指针变量；

“文件名”是被打开文件的文件名；

“使用文件方式”是指文件的类型和操作要求。

例：

```
FILE *fp;
fp=("file a","r");
```

其意义是在当前目录下打开文件 file a，只允许进行“读”操作，并使 fp 指向该文件。

又如：

```
FILE *fphzk
fphzk=("c:\\hzk16","rb")
```

其意义是打开 C 驱动器磁盘的根目录下的文件 hzk16，这是一个二进制文件，只允许按二进制方式进行读操作。两个反斜线“\\”中的第 1 个表示转义字符，第 2 个表示根目录。

使用文件的方式共有 12 种，表 11.1 给出了它们的符号和意义。

对于文件使用方式有以下几点说明。

（1）文件使用方式由 r、w、a、t、b、+六个字符拼成，各字符的含义如下。

表 11.1 文件的使用方式

文件使用方式	意义
rt	只读打开一个文本文件，只允许读数据
wt	只写打开或建立一个文本文件，只允许写数据
at	追加打开一个文本文件，并在文件末尾写数据
rb	只读打开一个二进制文件，只允许读数据
wb	只写打开或建立一个二进制文件，只允许写数据
ab	追加打开一个二进制文件，并在文件尾写数据
rt+	读写打开一个文本文件，允许读和写
wt+	读写打开或建立一个文本文件，允许读写
at+	读写打开一个文本文件，允许读，或在文件尾追加数据
rb+	读写打开一个二进制文件，允许读和写
wb+	读写打开或建立一个二进制文件，允许读和写
ab+	读写打开一个二进制文件，允许读，或在文件尾追加数据

r(read): 读
w(write): 写
a(append): 追加
t(text): 文本文件，可省略不写
b(banary): 二进制文件
+: 读和写

（2）凡用“r”打开一个文件时，该文件必须已经存在，且只能从该文件读出。

（3）用“w”打开的文件只能向该文件写入。若打开的文件不存在，则以指定的文件名建立该文件；若打开的文件已经存在，则将该文件删去，重建一个新文件。

（4）若要向一个已存在的文件追加新的信息，只能用“a”方式打开文件。但此时该文件必须是存在的，否则将会出错。

（5）在打开一个文件时，如果出错，fopen 将返回一个空指针值 NULL。在程序中可以用这一信息来判别是否完成打开文件的工作，并做相应的处理。因此，常用以下程序段打开文件：

```
if((fp=fopen("c:\\hzk16","rb")==NULL)
 {
 printf("\nerror on open c:\\hzk16 file!");
 getch();
 exit(1);
 }
```

这段程序的意义是，如果返回的指针为空，表示不能打开 C 盘根目录下的 hzk16 文件，则给出提示信息“error on open c:\ hzk16” file!，下一行 getch()的功能是从键盘输入一个字符，但不在屏幕上显示。在这里，该行的作用是等待，只有当用户从键盘敲任一键时，程序才继续执行，因此用户可利用这个等待时间阅读出错提示。敲键后执行 exit(1)退出程序。

（6）把一个文本文件读入内存时，要将 ASCII 码转换成二进制码，而把文件以文本方式写入磁盘时，也要把二进制码转换成 ASCII 码，因此文本文件的读写要花费较多的转换时间。

对二进制文件的读写则不存在这种转换。

（7）标准输入文件（键盘）、标准输出文件（显示器）、标准出错输出（出错信息）是由系统打开的，可直接使用。

11.3.2 文件的关闭（fclose 函数）

文件一旦使用完毕，应用关闭文件函数把文件关闭，以避免文件的数据丢失等错误产生。

fclose 函数调用的一般形式是

```
fclose(文件指针);
```

例：

```
fclose(fp);
```

正常完成关闭文件操作时，fclose 函数返回值为 0。如返回非零值则表示有错误发生。

11.4 文件的读写

对文件的读和写是最常用的文件操作。在 C 语言中提供了多种文件读写的函数：

- 字符读写函数 ：fgetc 和 fputc
- 字符串读写函数：fgets 和 fputs
- 数据块读写函数：fread 和 fwrite
- 格式化读写函数：fscanf 和 fprinf

下面分别予以介绍。注意，使用以上函数都要求包含头文件 stdio.h。

11.4.1 字符读写函数 fgetc 和 fputc

字符读写函数是以字符（字节）为单位的读写函数。 每次可从文件读出或向文件写入一个字符。

1．读字符函数 fgetc

fgetc 函数的功能是从指定的文件中读一个字符，函数调用的形式为

```
字符变量=fgetc(文件指针);
```

例：

```
ch=fgetc(fp);
```

其意义是从打开的文件 fp 中读取一个字符并送入 ch 中。

对于 fgetc 函数的使用有以下几点说明。

（1）在 fgetc 函数调用中，读取的文件必须是以读或读写方式打开的。

（2）读取字符的结果也可以不向字符变量赋值，

例：

```
fgetc(fp);
```

但是读出的字符不能保存。

（3）在文件内部有一个位置指针，用来指向文件的当前读写字节。在文件打开时，该指针总是指向文件的第 1 个字节。使用 fgetc 函数后，该位置指针将向后移动 1 个字节。因此，可连续多次使用 fgetc 函数读取多个字符。应注意文件指针和文件内部的位置指针不是一回事。

文件指针是指向整个文件的，须在程序中定义说明，只要不重新赋值，文件指针的值是不变的；文件内部的位置指针用以指示文件内部的当前读写位置，每读写一次，该指针均向后移动，它不需在程序中定义说明，而是由系统自动设置的。

【例 11.1】读入文件 c1.txt，在屏幕上输出。

```
#include<stdio.h>
void main()
{
  FILE *fp;
  char ch;
  if((fp=fopen("d:\\jrzh\\example\\c1.txt","rt"))==NULL)
    {
    printf("\nCannot open file strike any key exit!");
    getch();
    exit(1);
    }
  ch=fgetc(fp);
  while(ch!=EOF)
  {
    putchar(ch);
    ch=fgetc(fp);
  }
  fclose(fp);
}
```

解析：本例程序的功能是从文件中逐个读取字符，在屏幕上显示。程序定义了文件指针 fp，以读文本文件方式打开文件“d:\\jrzh\\example\\c1.txt”，并使 fp 指向该文件。如打开文件出错，给出提示并退出程序。程序第 12 行先读出一个字符，然后进入循环，只要读出的字符不是文件结束标志（每个文件尾有一结束标志 EOF）就把该字符显示在屏幕上，再读入下一字符。每读一次，文件内部的位置指针向后移动一个字符，文件结束时，该指针指向 EOF。执行本程序将显示整个文件。

2．写字符函数 fputc

fputc 函数的功能是把一个字符写入指定的文件中，函数调用的形式为

```
fputc(字符量，文件指针);
```

其中，待写入的字符量可以是字符常量或变量，例：

```
fputc('a',fp);
```

其意义是把字符 a 写入 fp 所指向的文件中。

对于 fputc 函数的使用也有以下几点需要说明。

（1）被写入的文件可以用写、读写、追加方式打开，用写或读写方式打开一个已存在的文件时将清除原有的文件内容，写入字符从文件首开始。如需保留原有文件内容，希望写入的字符以文件尾开始存放，必须以追加方式打开文件。被写入的文件若不存在，则创建该文件。

（2）每写入一个字符，文件内部位置指针向后移动一个字节。

（3）fputc 函数有一个返回值，如写入成功则返回写入的字符，否则返回一个 EOF。可用此来判断写入是否成功。

【例 11.2】从键盘输入一行字符，写入一个文件，再把该文件内容读出显示在屏幕上。

```
#include<stdio.h>
void main()
{
  FILE *fp;
  char ch;
  if((fp=fopen("d:\\jrzh\\example\\string","wt+"))==NULL)
```

```
    {
      printf("Cannot open file strike any key exit!");
      getch();
      exit(1);
    }
    printf("input a string:\n");
    ch=getchar();
    while (ch!='\n')
    {
      fputc(ch,fp);
      ch=getchar();
    }
    rewind(fp);
    ch=fgetc(fp);
    while(ch!=EOF)
    {
      putchar(ch);
      ch=fgetc(fp);
    }
    printf("\n");
    fclose(fp);
}
```

解析：

程序中第 6 行以读写文本文件方式打开文件 string。程序第 13 行从键盘读入一个字符后进入循环，当读入字符不为回车符时，则把该字符写入文件之中，然后继续从键盘读入下一字符。每输入一个字符，文件内部位置指针向后移动一个字节。写入完毕，该指针已指向文件尾。如要把文件从头读出，须把指针移向文件首，程序第 19 行 rewind 函数用于把 fp 所指文件的内部位置指针移到文件头。第 20 ~ 第 25 行用于读出文件中的一行内容。

【例 11.3】把命令行参数中的前一个文件名标识的文件复制到后一个文件名标识的文件中，如命令行中只有一个文件名则把该文件写到标准输出文件（显示器）中。

```
#include<stdio.h>
void main(int argc,char *argv[])
{
 FILE *fp1,*fp2;
 char ch;
 if(argc==1)
 {
   printf("have not enter file name strike any key exit");
   getch();
   exit(0);
 }
  if((fp1=fopen(argv[1],"rt"))==NULL)
  {
    printf("Cannot open %s\n",argv[1]);
    getch();
    exit(1);
  }
  if(argc==2) fp2=stdout;
  else if((fp2=fopen(argv[2],"wt+"))==NULL)
  {
    printf("Cannot open %s\n",argv[1]);
    getch();
    exit(1);
  }
  while((ch=fgetc(fp1))!=EOF)
    fputc(ch,fp2);
  fclose(fp1);
  fclose(fp2);
}
```

解析：

本程序为带参数的 void main 函数。程序中定义了两个文件指针 fp1 和 fp2，分别指向命令行参数中给出的文件。如命令行参数中没有给出文件名，则给出提示信息。程序第 18 行表示如果只给出一个文件名，则使 fp2 指向标准输出文件（即显示器）。程序第 25 ~ 28 行用循环语句逐个读出文件 1 中的字符再送到文件 2 中。再次运行时，给出了一个文件名，故输出给标准输出文件 stdout，即在显示器上显示文件内容。第 3 次运行，给出了两个文件名，因此把 string 中的内容读出，写入到 OK 之中。可用 DOS 命令 type 显示文件的内容。

11.4.2 字符串读写函数 fgets 和 fputs

1．读字符串函数 fgets

函数的功能是从指定的文件中读一个字符串到字符数组中，函数调用的形式为

```
fgets(字符数组名,n,文件指针);
```

其中的 n 是一个正整数。表示从文件中读出的字符串不超过 $n-1$ 个字符。在读入的最后一个字符后加上串结束标志“\0”。

例：

```
fgets(str,n,fp);
```

其意义是从 fp 所指的文件中读出 $n-1$ 个字符送入字符数组 str 中。

【例 11.4】从 string 文件中读入一个含 10 个字符的字符串。

```
#include<stdio.h>
Void main()
{
  FILE *fp;
  char str[11];
  if((fp=fopen("d:\\jrzh\\example\\string","rt"))==NULL)
  {
    printf("\nCannot open file strike any key exit!");
    getch();
    exit(1);
  }
  fgets(str,11,fp);
  printf("\n%s\n",str);
  fclose(fp);
}
```

解析：

本例定义了一个字符数组 str 共 11 个字节，在以读文本文件方式打开文件 string 后，从中读出 10 个字符送入 str 数组，在数组最后一个单元内将加上“\0”，然后在屏幕上显示输出 str 数组。输出的 10 个字符正是例 11.4 程序的前 10 个字符。

对 fgets 函数有两点说明：

（1）在读出 $n-1$ 个字符之前，如遇到了换行符或 EOF，则读出结束。

（2）fgets 函数也有返回值，其返回值是字符数组的首地址。

2．写字符串函数 fputs

fputs 函数的功能是向指定的文件写入一个字符串，其调用形式为

```
fputs(字符串,文件指针);
```

其中，字符串可以是字符串常量，也可以是字符数组名，或指针变量，例：

```
fputs("abcd",fp);
```

其意义是把字符串“abcd”写入 fp 所指的文件之中。

【例 11.5】在例 11.4 中建立的文件 string 中追加一个字符串。

```
#include<stdio.h>
Void main()
{
  FILE *fp;
  char ch,st[20];
  if((fp=fopen("string","at+"))==NULL)
  {
    printf("Cannot open file strike any key exit!");
    getch();
    exit(1);
}
  printf("input a string:\n");
  scanf("%s",st);
  fputs(st,fp);
  rewind(fp);
  ch=fgetc(fp);
  while(ch!=EOF)
  {
    putchar(ch);
    ch=fgetc(fp);
  }
  printf("\n");
  fclose(fp);
}
```

解析：

本例要求在 string 文件尾加写字符串，因此，在程序第 6 行以追加读写文本文件的方式打开文件 string。然后输入字符串，并用 fputs 函数把该串写入文件 string。在程序第 15 行用 rewind 函数把文件内部位置指针移到文件首。再进入循环逐个显示当前文件中的全部内容。

11.4.3 数据块读写函数 fread 和 fwrite

C 语言还提供了用于整块数据的读写函数。可用来读写一组数据，如一个数组元素、一个结构变量的值等。

读数据块函数调用的一般形式为

```
fread(buffer,size,count,fp);
```

写数据块函数调用的一般形式为

```
fwrite(buffer,size,count,fp);
```

其中，

buffer 是一个指针，在 fread 函数中，它表示存放输入数据的首地址。在 fwrite 函数中，它表示存放输出数据的首地址；

size 表示数据块的字节数；

count 表示要读写的数据块块数；

fp 表示文件指针。

例：

```
fread(fa,4,5,fp);
```

其意义是从 fp 所指的文件中，每次读 4 个字节（一个实数）送入实数组 fa 中，连续读 5 次，即读 5 个实数到 fa 中。

【例 11.6】从键盘输入两个学生数据，写入一个文件中，再读出这两个学生的数据并显示在屏幕上。

```
#include<stdio.h>
struct stu
{
  char name[10];
  int num;
  int age;
  char addr[15];
}boya[2],boyb[2],*pp,*qq;
void main()
{
  FILE *fp;
  char ch;
  int i;
  pp=boya;
  qq=boyb;
  if((fp=fopen("d:\\jrzh\\example\\stu_list","wb+"))==NULL)
  {
    printf("Cannot open file strike any key exit!");
    getch();
    exit(1);
  }
  printf("\ninput data\n");
  for(i=0;i<2;i++,pp++)
  scanf("%s%d%d%s",pp->name,&pp->num,&pp->age,pp->addr);
  pp=boya;
  fwrite(pp,sizeof(struct stu),2,fp);
  rewind(fp);
  fread(qq,sizeof(struct stu),2,fp);
  printf("\n\nname\tnumber      age      addr\n");
  for(i=0;i<2;i++,qq++)
  printf("%s\t%5d%7d     %s\n",qq->name,qq->num,qq->age,qq->addr);
  fclose(fp);
}
```

解析：

本例程序定义了一个结构stu,说明了两个结构数组boya和boyb以及两个结构指针变量pp和qq。pp指向boya,qq指向boyb。程序第16行以读写方式打开二进制文件“stu_list”，输入两个学生数据之后，写入该文件中，然后把文件内部位置指针移到文件首，读出两个学生的数据后，在屏幕上显示。

11.4.4 格式化读写函数fscanf和fprintf

fscanf函数、fprintf函数与前面使用的scanf和printf 函数的功能相似，都是格式化读写函数。两者的区别在于，fscanf函数和fprintf函数的读写对象不是键盘和显示器，而是磁盘文件。这两个函数的调用格式为

fscanf(文件指针,格式字符串,输入表列);

fprintf(文件指针,格式字符串,输出表列);

例如：

```
fscanf(fp,"%d%s",&i,s);
fprintf(fp,"%d%c",j,ch);
```

用fscanf和fprintf函数也可以完成例11.6的问题。修改后的程序如例11.7所示。

【例11.7】用fscanf和fprintf函数成例11.6的问题。

```
#include<stdio.h>
struct stu
{
  char name[10];
  int num;
  int age;
  char addr[15];
```

```
}boya[2],boyb[2],*pp,*qq;
void main()
{
  FILE *fp;
  char ch;
  int i;
  pp=boya;
  qq=boyb;
  if((fp=fopen("stu_list","wb+"))==NULL)
  {
    printf("Cannot open file strike any key exit!");
    getch();
    exit(1);
  }
  printf("\ninput data\n");
  for(i=0;i<2;i++,pp++)
    scanf("%s%d%d%s",pp->name,&pp->num,&pp->age,pp->addr);
  pp=boya;
  for(i=0;i<2;i++,pp++)
    fprintf(fp,"%s %d %d %s\n",pp->name,pp->num,pp->age,pp->addr);
  rewind(fp);
  for(i=0;i<2;i++,qq++)
    fscanf(fp,"%s %d %d %s\n",qq->name,&qq->num,&qq->age,qq->addr);
  printf("\n\nname\tnumber    age      addr\n");
  qq=boyb;
  for(i=0;i<2;i++,qq++)
    printf("%s\t%5d  %7d %s\n",qq->name,qq->num, qq->age, qq->addr);
  fclose(fp);
}
```

解析：

与例 11.6 相比，本程序中 fscanf 和 fprintf 函数每次只能读写一个结构数组元素，因此采用了循环语句来读写全部数组元素。还要注意指针变量 pp、qq，由于循环改变了它们的值，因此，在程序的第 25 行和第 32 行分别对它们重新赋予了数组的首地址。

11.5 文件的定位与随机读写

前面介绍的对文件的读写方式都是顺序读写，即读写文件只能从头开始，顺序读写各个数据。但在实际问题中常要求只读写文件中某一指定的部分。为了解决这个问题，可移动文件内部的位置指针到需要读写的位置，再进行读写，这种读写称为随机读写。

实现随机读写的关键是要按要求移动位置指针，称为文件的定位。

11.5.1 文件定位

移动文件内部位置指针的函数主要有两个，即 rewind 函数和 fseek 函数。

rewind 函数前面已多次使用过，其调用形式为

```
rewind(文件指针);
```

它的功能是把文件内部的位置指针移到文件首。

下面主要介绍 fseek 函数。

fseek 函数用来移动文件内部位置指针，其调用形式为

```
fseek(文件指针,位移量,起始点);
```

其中，

“文件指针”指向被移动的文件；

“位移量”表示移动的字节数，要求位移量是 long 型数据，以便在文件长度大于 64KB 时

不会出错，当用常量表示位移量时，要求加后缀“L”；

“起始点”表示从何处开始计算位移量，规定的起始点有 3 种：文件首、当前位置和文件尾。

其表示方法如表 11.2 所示。

表 11.2 文件起始点表示

起始点	表示符号	数字表示
文件首	SEEK_SET	0
当前位置	SEEK_CUR	1
文件尾	SEEK_END	2

例：

```
fseek(fp,100L,0);
```

其意义是把位置指针移到离文件首 100 个字节处。

还要说明的是，fseek 函数一般用于二进制文件。在文本文件中由于要进行转换，故往往计算的位置会出现错误。

11.5.2 文件的随机读写

在移动位置指针之后，就可用前面介绍的任一种读写函数进行读写。由于一般是读写一个数据块，因此常用 fread 和 fwrite 函数。

下面用例题来说明文件的随机读写。

【例 11.8】在学生文件 stu_list 中读出第 2 个学生的数据。

```
#include<stdio.h>
struct stu
{
  char name[10];
  int num;
  int age;
  char addr[15];
}boy,*qq;
void main()
{
  FILE *fp;
  char ch;
  int i=1;
  qq=&boy;
  if((fp=fopen("stu_list","rb"))==NULL)
  {
    printf("Cannot open file strike any key exit!");
    getch();
    exit(1);
  }
  rewind(fp);
  fseek(fp,i*sizeof(struct stu),0);
  fread(qq,sizeof(struct stu),1,fp);
  printf("\n\nname\tnumber     age      addr\n");
  printf("%s\t%5d  %7d      %s\n",qq->name,qq->num,qq->age, qq->addr);
}
```

解析：

文件 stu_list 已由例 11.6 的程序建立，本程序用随机读出的方法读出第 2 个学生的数据。程序中定义 boy 为 stu 类型变量，qq 为指向 boy 的指针。以读二进制文件方式打开文件，程序第 22 行移动文件位置指针。其中的 *i* 值为 1，表示从文件首开始，移动一个 stu 类型的长度，然后再读出的数据即第 2 个学生的数据。

11.6 文件检测函数

C 语言中常用的文件检测函数有 feof 函数、ferror 函数和 clearerr 函数。

1．文件结束检测函数 feof

feof 函数调用格式：

```
feof(文件指针);
```

功能：判断文件是否处于文件结束位置，如文件结束，则返回值为 1，否则为 0。

2．读写文件出错检测函数 ferror

ferror 函数调用格式：

```
ferror(文件指针);
```

功能：检查文件在用各种输入输出函数进行读写时是否出错。如 ferror 返回值为 0 表示未出错，否则表示有错。

3．文件出错标志和文件结束标志置 0 函数 clearerr

clearerr 函数调用格式：

```
clearerr(文件指针);
```

功能：本函数用于清除出错标志和文件结束标志，使它们为 0 值。

11.7 C 库文件

C 系统提供了丰富的系统文件，称为库文件，C 的库文件分为两类。一类是扩展名为“.h”的文件，称为头文件，在前面的包含命令中我们已多次使用过，在“.h”文件中包含了常量定义、 类型定义、宏定义、函数原型以及各种编译选择设置等信息；另一类是函数库，包括了各种函数的目标代码，供用户在程序中调用。通常在程序中调用一个库函数时，要在调用之前包含该函数原型所在的“.h”文件。

下面介绍一些 C 的库函数。

- ALLOC.H——说明内存管理函数（分配、释放等）。
- ASSERT.H——定义 assert 调试宏。
- BIOS.H——说明调用 IBM—PC ROM BIOS 子程序的各个函数。
- CONIO.H——说明调用 DOS 控制台 I/O 子程序的各个函数。
- CTYPE.H——包含有关字符分类及转换的名类信息（如 isalpha 和 toascii 等）。
- DIR.H——包含有关目录和路径的结构、宏定义和函数。
- DOS.H——定义和说明 MSDOS 和 8086 调用的一些常量和函数。
- ERRON.H——定义错误代码的助记符。
- FCNTL.H——定义在与 open 库子程序连接时的符号常量。
- FLOAT.H——包含有关浮点运算的一些参数和函数。
- GRAPHICS.H——说明有关图形功能的各个函数，图形错误代码的常量定义，对应不同驱动程序的各种颜色值及函数用到的一些特殊结构。

- IO.H——包含低级 I/O 子程序的结构和说明。
- LIMIT.H——包含各环境参数、编译时间限制、数的范围等信息。
- MATH.H——说明数学运算函数，还定了 HUGE VAL 宏，说明了 matherr 和 matherr 子程序用到的特殊结构。
- MEM.H——说明一些内存操作函数（其中大多数也在 STRING.H 中说明）。
- PROCESS.H——说明进程管理的各个函数，spawn 和 EXEC 函数的结构说明。
- SETJMP.H——定义 longjmp 和 setjmp 函数用到的 jmp buf 类型，说明这两个函数。
- SHARE.H——定义文件共享函数的参数。
- SIGNAL.H——定义 SIG[ZZ(Z] [ZZ)]IGN 和 SIG[ZZ(Z] [ZZ)]DFL 常量，说明 rajse 和 signal 两个函数。
- STDARG.H——定义读函数参数表的宏（如 vprintf,vscarf 函数）。
- STDDEF.H——定义一些公共数据类型和宏。
- STDIO.H——定义 Kernighan 和 Ritchie 在 Unix System V 中定义的标准和扩展的类型和宏。还定义标准 I/O 预定义流：stdin、stdout 和 stderr，说明 I/O 流子程序。
- STDLIB.H——说明一些常用的子程序：转换子程序、搜索/ 排序子程序等。
- STRING.H——说明一些串操作和内存操作函数。
- SYS\STAT.H——定义在打开和创建文件时用到的一些符号常量。
- SYS\TYPES.H——说明 ftime 函数和 timeb 结构。
- SYS\TIME.H——定义时间的类型 time[ZZ(Z] [ZZ)]t。
- TIME.H——定义时间转换子程序 asctime、localtime 和 gmtime 的结构，ctime、 difftime、gmtime、localtime 和 stime 用到的类型，并提供这些函数的原型。
- VALUE.H——定义一些重要常量，包括依赖于机器硬件的和为与 Unix System V 相兼容而说明的一些常量，包括浮点和双精度值的范围。

小结与提示

（1）C 系统把文件当作一个“流”，按字节进行处理。

（2）C 文件按编码方式分为二进制文件和 ASCII 文件。

（3）C 语言中，用文件指针标识文件，当一个文件被打开时，可取得该文件指针。

（4）文件在读写之前必须打开，读写结束必须关闭。

（5）文件可按只读、只写、读写、追加 4 种操作方式打开，同时还必须指定文件的类型是二进制文件还是文本文件。

（6）文件可按字节、字符串、数据块为单位读写，文件也可按指定的格式进行读写。

（7）文件内部的位置指针可指示当前的读写位置，移动该指针可以对文件实现随机读写。

知识拓展

面向对象的编程思想

自 20 世纪 90 年代以来，面向对象的编程思想一直是软件开发方法的主流。面向对象的概念和应用已超越了程序设计和软件开发，扩展到很宽的范围。如数据库系统、交互式界面、应用结构、应用平台、分布式系统、网络管理结构、CAD 技术、人工智能等领域。

谈到面向对象，这方面的文章非常多。但是，明确地给出对象的定义或说明对象的定义的非常少——至少没有非常统一的论断。起初，“面向对象”是专指在程序设计中采用封装、继承、抽象等设计方法。可是，这个定义显然不能再适合现在的情况。面向对象的思想已经涉及软件开发的各个方面。如面向对象的分析（Object Oriented Analysis，OOA），面向对象的设计（ObjECt Oriented DESign，OOD）以及面向对象的编程实现（Object Oriented Programming，OOP）。

1．面向对象的基本概念

（1）对象：对象是人们要进行研究的任何事物，它不仅能表示具体的事物，还能表示抽象的规则、计划或事件。

（2）对象的状态和行为。

① 对象具有状态，一个对象用数据值来描述它的状态。

② 对象具有操作，用于改变对象的状态，操作就是对象的行为。

③ 对象实现了数据和操作的结合，使数据和操作封装于对象的统一体中。

（3）类：具有相同或相似性质的对象的抽象就是类。因此，对象的抽象是类，类的具体化就是对象，也可以说类的实例是对象。

类具有属性，它是对象的状态的抽象，用数据结构来描述类的属性。

类具有操作，它是对象的行为的抽象，用操作名和实现该操作的方法来描述。

（4）类的结构：在客观世界中有若干类，这些类之间有一定的结构关系。通常有两种主要的结构关系，即一般—具体结构关系，整体—部分结构关系。

① 一般—具体结构称为分类结构，也可以说是“或”关系，或者是“is a”关系。

② 整体—部分结构称为组装结构，它们之间的关系是一种“与”关系，或者是“has a”关系。

（5）消息和方法：对象之间进行通信的结构叫做消息。在对象的操作中，当一个消息发送给某个对象时，消息包含接收对象去执行某种操作的信息。发送一条消息至少要包括说明接收消息的对象名、发送给该对象的消息名（即对象名、方法名）。一般还要对参数加以说明，参数可以是认识该消息的对象所知道的变量名，或者是所有对象都知道的全局变量名。

类中操作的实现过程叫做方法，一个方法有方法名、参数、方法体。

2．面向对象的特征

（1）对象唯一性：每个对象都有自身唯一的标识，通过这种标识，可找到相应的对象。在对象的整个生命期中，它的标识都不改变，不同的对象不能有相同的标识。

（2）分类性：分类性是指将具有一致的数据结构(属性)和行为(操作)的对象抽象成类。一个类就是这样一种抽象，它反映了与应用有关的重要性质，而忽略其他一些无关内容。任何类的划分都是主观的，但必须与具体的应用有关。

（3）继承性：继承性是子类自动共享父类数据结构和方法的机制，这是类之间的一种关系。在定义和实现一个类的时候，可以在一个已经存在的类的基础之上来进行，把这个已经存在的类所定义的内容作为自己的内容，并加入若干新的内容。继承性是面向对象程序设计语言不同于其他语言的最重要的特点，是其他语言所没有的。

在类层次中，子类只继承一个父类的数据结构和方法，称为单重继承。在类层次中，子类继承了多个父类的数据结构和方法，称为多重继承。

在软件开发中，类的继承性使所建立的软件具有开放性、可扩充性，这是信息组织与分类的行之有效的方法，它简化了对象、类的创建工作量，增加了代码的可重性。

采用继承性，提供了类的规范的等级结构。通过类的继承关系，使公共的特性能够共享，提高了软件的重用性。

（4）多态性（多形性）：多态性是指相同的操作或函数、过程可作用于多种类型的对象上并获得不同的结果。不同的对象，收到同一消息可以产生不同的结果，这种现象称为多态性。

多态性允许每个对象以适合自身的方式去响应共同的消息。

多态性增强了软件的灵活性和重用性。

3．面向对象的要素

（1）抽象：抽象是指强调实体的本质、内在的属性。在系统开发中，抽象指的是在决定如何实现对象之前的对象的意义和行为。使用抽象可以尽可能避免过早考虑一些细节。类实现了对象的数据（即状态）和行为的抽象。

（2）封装性（信息隐藏）：封装性是保证软件部件具有优良的模块性的基础。面向对象的类是封装良好的模块，类定义将其说明（用户可见的外部接口）与实现（用户不可见的内部实现）显式地分开，其内部实现按其具体定义的作用域提供保护。对象是封装的最基本单位。封装防止了程序相互依赖性而带来的变动影响。面向对象的封装比传统语言的封装更为清晰、更为有力。

（3）共享性：面向对象技术在不同级别上促进了共享。

① 同一类中的共享。同一类中的对象有着相同数据结构。这些对象之间是结构、行为特征的共享关系。

② 在同一应用中共享。在同一应用的类层次结构中，存在继承关系的各相似子类中，存在数据结构和行为的继承，使各相似子类共享共同的结构和行为。使用继承来实现代码的共享，这也是面向对象的主要优点之一。

③ 在不同应用中共享。面向对象不仅允许在同一应用中共享信息，而且为未来目标的可重用设计准备了条件。通过类库这种机制和结构来实现不同应用中的信息共享。

4．面向对象的开发方法

目前，面向对象开发方法的研究已日趋成熟，国际上已有不少面向对象产品出现，主要有 Booch 方法、Coad 方法和 OMT 方法等。

（1）Booch 方法：Booch 最先描述了面向对象的软件开发方法的基础问题，指出面向对象开发是一种不同于传统的功能分解的设计方法。面向对象的软件分解更接近人对客观事物的理解，而功能分解只通过问题空间的转换来获得。

（2）Coad 方法：Coad 方法是 1989 年由 Coad 和 Yourdon 提出的面向对象开发方法。该方法的主要优点是通过多年来大系统开发的经验与面向对象概念的有机结合，在对象、结构、属性和操作的认定方面，提出了一套系统的原则。该方法完成了从需求角度进一步进行类和类层次结构的认定。尽管 Coad 方法没有引入类和类层次结构的术语，但事实上已经在分类结构、属性、操作、消息关联等概念中体现了类和类层次结构的特征。

（3）OMT 方法：OMT 方法是 1991 年由 James Rumbaugh 等 5 人提出来的，其经典著作为《面向对象的建模与设计》。

该方法是一种新兴的面向对象的开发方法，开发工作的基础是对真实世界的对象建模，然后围绕这些对象使用分析模型来进行独立于语言的设计，面向对象的建模和设计促进了对需求的理解，有利于开发更清晰、更容易维护的软件系统。该方法为大多数应用领域的软件开发提供了一种实际的、高效的保证，以便努力寻求一种问题求解的实际方法。

（4）UML（Unified Modeling Language）语言：软件工程领域在1995～1997年取得了前所未有的进展，其成果超过软件工程领域过去15年的成就总和，其中最重要的成果之一就是统一建模语言（UML）的出现。UML将成为面向对象技术领域内占主导地位的标准建模语言。

UML不仅统一了Booch方法、OMT方法、OOSE方法的表示方法，而且对其做了进一步的发展，最终统一为大众接受的标准建模语言。UML是一种定义良好、易于表达、功能强大且普遍适用的建模语言。它融入了软件工程领域的新思想、新方法和新技术。它的作用域不限于支持面向对象的分析与设计，还支持从需求分析开始的软件开发的全过程。

习题与项目练习

一、选择题

1. 若执行fopen()函数时发生错误，则函数的返回值是（　　）。

A. 地址值　　B. 0　　C. 1　　D. EOF

2. 当顺利执行了文件的关闭操作时，fclose()函数的返回值是（　　）。

A. −1　　B. TRUE　　C. 0　　D. 1

3. 在C程序中，可以把整型数以二进制形式存放到文件中的函数是（　　）。

A. fprintf()　　B. fread()　　C. fwrite()　　D. fpute()

4. 若fp是指向某文件的指针，且已读到文件尾，则库函数feof(fp)的返回值是(　　)。

A. EOF　　B. −1　　C. 非零值　　D. NULL

5. 缺省状态下，系统的标准输入文件（设备）是指（　　）。

A. 键盘　　B. 显示器　　C. 软盘　　D. 硬盘

6. 缺省状态下，系统的标准输出文件（设备）是指（　　）。

A. 键盘　　B. 显示器　　C. 软盘　　D. 硬盘

7. fgetc()函数的作用是从指定文件读入一个字符，该文件的打开方式必须是(　　)。

A. 只写　　B. 追加

C. 读或读/写　　D. B和C都正确

8. 若调用fputc()函数输出字符成功，则其返回值是（　　）。

A. EOF　　B. 1　　C. 0　　D. 输出字符

9. 利用fseek()函数可实现的操作是（　　）。

A. 改变文件的位置指针　　B. 辅助实现文件的顺序读/写

C. 辅助实现文件的随机读/写　　D. 以上答案均正确

10. 在执行fopen()函数时，若执行不成功，则函数的返回值是（　　）。

A. TURE　　B. −1　　C. 1　　D. NULL

二、填空题

1. 在C语言中，数据可以用________和________两种代码的形式存放。

2. 在C语言中，文件的存取是以__________为单位的，这种文件被称作__________文件。

3. 在C语言中，能实现改变文件的位置指针的函数是＿＿＿＿＿函数。

4. 在C语言中，对文件的存取是以＿＿＿＿为单位，即以＿＿＿为单位。

5. 在C语言中，在存放单精度实型数据的二进制文件中读取数据，应使用＿＿＿＿函数。

6. 下面程序用变量count统计文件中字符的个数，请在空白处填入适当内容。

```
#include <stdio.h>
void main( )
{ FILE *fp;
long count=0;
if( ( fp=fopen("letter.dat","     "))= =NULL)
{  printf("cannot open file letter.dat \n");
exit(0);
}
while(!feof(fp))
{         ;
        ;}
printf("count=%ld\n",count);
fclose(fp);
}
```

三、编程题

1. 编写一个程序，运用fputs()函数，将5个字符串写入文件。

2. 编写一个文本文件，将整型数组中的所有数组元素写入文件。

3. 新建一个文本文件，将从键盘输入的字符存放到名为file.dat的新文件，“#”为输入结束标志，并统计文本中字符的个数，以“#字符个数”的形式写到新文件的最后。

4. 有两个磁盘文件“A”和“B”，各存放一行字母，要求把两个文件中的信息合并（按字母顺序排列），输出到一个新文件“C”中。

5. 编写程序实现从键盘输入一个字符串，将其中的小写字母全部转换成大写字母，输出到磁盘文件“file.txt”中保存。输入的字符串以“!”结束，然后再将“file.txt”中的内容读出显示在屏幕上。

6. 设文件file.dat中存放一组整数，请编程统计并输出文件中正整数、零和负整数的个数。

四、项目练习

学生成绩管理系统基础练习8

1. 项目说明

使用文件编写学生成绩管理程序。要求掌握文件的定义和读写方法，并注意练习使用文件函数。

2. 参考程序

```
#include <stdio.h>
#include<string.h>
#include<stdlib.h>
#include <conio.h>
#define N 100                //定义记录数
#define M 3                  //定义班级课程数目
#define Esc 27               //定义键盘退出键Esc
int listnum=0;               //文件中的记录数
struct student               //定义学生记录的结构
{  char num[8];              //学号
   char name[8];             //姓名
   float score[M];           //三门课成绩
   float total;              //个人总分
   float avr;                //个人平均分
```

```
}stu[N];

void listcount()//实时检测记录数
{ FILE *fp;
  struct student temp;
  if((fp=fopen("date","rb"))==NULL)
  {printf("\n\n\t对不起，无法打开文件,请先输入学生成绩信息\n");
   return;
  }
  while(!feof(fp))
  {fread(&temp,sizeof(struct student),1,fp);
  listnum++;
  }
  listnum--;
  fclose(fp);
}

void menu()//系统主界面
{   printf("\n\n\t\t      = = = = = = = = = = = = = = = = = = = = =");
    printf("\n\n\t\t      = = = 欢迎使用班级成绩管理系统= = =");
    printf("\n\n\t\t      = = = = = = = = = = = = = = = = = = = = =");
    printf("\n\n\t\t              1.学生成绩录入");
    printf("\n\n\t\t              2.学生成绩输出 ");
    printf("\n\n\t\t              3.学生成绩排序 ");
    printf("\n\n\t\t              4.按姓名查找学生成绩信息");
    printf("\n\n\t\t              5.按姓名修改学生成绩信息 ");
    printf("\n\n\t\t              6.按姓名删除学生成绩信息 ");
    printf("\n\n\t\t              Esc退出系统 ");
    printf("\n\n\t\t     ----------------------------------------");
    printf("\n\n\t\t        如果文件中没有数据，请先选择输入： ");
    printf("\n\n\t\t        请您输入操作选项： ");
}

void exit()//系统退出界面
{
    system("cls");
   printf("\n\n\n\n\n\n\n\n\t\t谢谢使用班级学生成绩管理系统！\n\n\n\n");
    printf("**********************按任意键退出************************\n");
}

void input()  //输入子函数
{   int flag=1,i=0,j=0;
    char c;
    FILE *fp;
    fp=fopen("date","ab");
    system("cls");
    printf("\n\n\n\n\t==========欢迎进入学生成绩录入系统============\n\n");
   do
   {printf("\n\t\t请输入学生信息：\n\n");
    printf("\t请输入学号：");
    scanf("%s",stu[i].num);
    printf("\t请输入姓名：");
    scanf("%s",stu[i].name);
    stu[i].total=0;
    for(j=0;j<M;j++)
    {printf("\t请输入%s成绩：",j==0 ? "C语言" : j==1 ? "高等数学" : j==2 ? "大学英语
" : "错误");
     scanf("%f",&stu[i].score[j]);
     stu[i].total=stu[i].total+stu[i].score[j];}
     stu[i].avr=stu[i].total/3;
     i++;listnum++;
     printf("\n\t是否继续输入学生成绩（Y/N）?");
     while(1)
     {  c=getch();
        if(c=='Y'||c=='y') flag=1;
        if(c=='N'||c=='n') flag=0;
        if(c=='N'||c=='n'||c=='Y'||c=='y') break;
     }
    system("cls");
```

```
  }while(flag==1);
  for(i=0;i<listnum;i++)
   fwrite(&stu[i],sizeof(struct student),1,fp);
   fclose(fp);
  }

  void output()  //输出子函数
  { int i,j;
    FILE *fp;
    fp=fopen("date","rb");
    for(i=0;i<listnum;i++)
      fread(&stu[i],sizeof(struct student),1,fp);
    fclose(fp);
    system("cls");
    printf("\n\n\n****************学生成绩信息表*********************\n\n");
    printf("\n学号  姓 名  C语言   高等数学  大学英语 总 分   平均分\n\n");
    for(i=0;i<listnum;i++)
    {printf("%-8s%-10s",stu[i].num,stu[i].name);
     for(j=0;j<M;j++)
     printf("%-9.2f",stu[i].score[j]);
     printf("%-9.2f",stu[i].total);
     printf("%-9.2f\n",stu[i].avr);
    }
    printf("\n\n\n*************按任意键返回主界面******************\n");
    getch();
  }

void sort() //排序子函数
{int i,j;
  struct student temp;
  FILE *fp;
  fp=fopen("date","rb");
  for(i=0;i<listnum;i++)
    fread(&stu[i],sizeof(struct student),1,fp);
  fclose(fp);
  system("cls");
  for(i=0;i<listnum-1;i++)                    //选择法排序
     for(j=i+1;j<listnum;j++)
      if(stu[i].total<stu[j].total)
          {    temp=stu[i];
               stu[i]=stu[j];
               stu[j]=temp;
          }
  printf("\n \n\n\t排序后的学生成绩信息如下:\n\n\n");
  printf("\n学号    姓 名    C语言   高等数学  大学英语 总 分   平均分\n\n");
  for(i=0;i<listnum;i++)
   {printf("%-8s%-10s",stu[i].num,stu[i].name);
     for(j=0;j<M;j++)
    printf("%-9.2f",stu[i].score[j]);
    printf("%-9.2f",stu[i].total);
     printf("%-9.2f\n",stu[i].avr);
   }
  printf("\n\n\n *****************按任意键返回主界面******************\n");
  getch();
}

void search()  //查询子函数
{int i,j,flag=1,ifsearch=0;
 char name[8],c;
 system("cls");
 FILE *fp;
 fp=fopen("date","rb");
 for(i=0;i<listnum;i++)
    fread(&stu[i],sizeof(struct student),1,fp);
 fclose(fp);
 printf("\n\n\n\n\t==========欢迎进入学生成绩查询系统============\n\n");
 while(flag==1)
  {
   printf("\n\t请输入要查找的学生姓名后按回车键:");
```

```
    scanf("%s",name);
    for(i=0;i<listnum;i++)
     if(strcmp(name,stu[i].name)==0)  //进行姓名比较
     { ifsearch=1;
        printf("\n学号  姓  名   C语言  高等数学  大学英语 总 分   平均分\n");
        printf("%-8s%-10s",stu[i].num,stu[i].name);
        for(j=0;j<M;j++)
          printf("%-9.2f",stu[i].score[j]);
        printf("%-9.2f",stu[i].total);
        printf("%-9.2f\n",stu[i].avr);
     }
    if(ifsearch==0) printf("\n\n\t对不起，没有这个学生的成绩信息!");
    printf("\n\n\n\t是否继续查找? ? (Y/N)?");
    while(1)
     {
      c=getch();
      if(c=='Y'||c=='y') {flag=1;ifsearch=0;}
      if(c=='N'||c=='n') flag=0;
      if(c=='N'||c=='n'||c=='Y'||c=='y') break;
     }
   }
  }

void change() //修改子函数
{int i,j,flag=1,ifsearch=0;
 char name[8],c;
 system("cls");
 FILE *fp;
 fp=fopen("date","rb");
 for(i=0;i<listnum;i++)
   fread(&stu[i],sizeof(struct student),1,fp);
 fclose(fp);
 printf("\n\n\n\n\t==========欢迎进入学生成绩修改系统============\n\n");
 while(flag==1)
 {
  printf("\n\n\n\n\t请输入要修改的学生姓名后按回车键:");
  scanf("%s",name);
  for(i=0;i<listnum;i++)
  {
    if(strcmp(name,stu[i].name)==0)
    {
        ifsearch=1;
        printf("\n\n\n\n\n\t要修改学生的课程成绩为\n\n");
        printf("\n学号  姓  名  C语言 高等数学  大学英语 总 分   平均分\n");
        printf("%-8s%-10s",stu[i].num,stu[i].name);
        for(j=0;j<M;j++)
        printf("%-9.2f",stu[i].score[j]);
        printf("%-9.2f",stu[i].total);
        printf("%-9.2f\n",stu[i].avr);
        printf("\n\n\t确定修改该学生信息(y/n)? \n\n");
        while(1)
      {     c=getch();
            if(c=='Y'||c=='y') flag=1;
            if(c=='N'||c=='n') flag=0;
            if(c=='N'||c=='n'||c=='Y'||c=='y') break;
      }
      if(flag==1)
      {printf("\t请输入要修改学生的成绩:\n\n");
        stu[i].total=0;
      for(j=0;j<M;j++)
        { printf("请输入 %s 成绩: ",j==0 ? "C语言" : j==1 ? "数学" : j==2 ? "英语" : "
错误");
          scanf("%f",&stu[i].score[j]);
          stu[i].total=stu[i].total+stu[i].score[j];
      }
        stu[i].avr=stu[i].total/3;
     }
   }
  }
```

```
    if(ifsearch==0) printf("\n\n\n\t对不起，没有这个学生的成绩信息\n\n\n");
    printf("\n\t是否继续修改(Y/N)?");
    while(1)
     {
     c=getch();
     if(c=='Y'||c=='y') {flag=1;ifsearch=0;}
        if(c=='N'||c=='n') flag=0;
        if(c=='N'||c=='n'||c=='Y'||c=='y') break;
     }
  }
  fp=fopen("date","wb");
  for(i=0;i<listnum;i++)
    fwrite(&stu[i],sizeof(struct student),1,fp);
  fclose(fp);
 }

void del()  //删除子函数
{int i,j,flag=1,member=0,ifsearch=0;
 char name[8],c;
 system("cls");
 FILE *fp;
 fp=fopen("date","rb");
 for(i=0;i<listnum;i++)
   fread(&stu[i],sizeof(struct student),1,fp);
 fclose(fp);
 printf("\n\n\n\n\t==========欢迎进入学生成绩删除系统============\n\n");
 while(flag==1)
 {
  printf("\n\n\n\n\t请输入要删除的学生姓名后按回车键:");
  scanf("%s",name);
  for(i=0;i<listnum;i++)
  {
   if(strcmp(name,stu[i].name)==0)
   { system("cls");
     ifsearch=1;
     printf("\n\n\n\n\n\t要删除的学生信息\n\n");
     printf("\n学号  姓 名  C语言  高等数学  大学英语 总 分  平均分\n");
     printf("%-8s%-10s",stu[i].num,stu[i].name);
     for(j=0;j<M;j++)
       printf("%-9.2f",stu[i].score[j]);
     printf("%-9.2f",stu[i].total);
     printf("%-9.2f\n",stu[i].avr);
     printf("\n\n\t确定删除该学生信息(y/n)? \n\n");
    while(1)
    {c=getch();
     if(c=='Y'||c=='y') flag=1;
     if(c=='N'||c=='n') flag=0;
     if(c=='N'||c=='n'||c=='Y'||c=='y') break;
    }
    if(flag==1)
    {for(j=i;j<listnum-1;j++)
     stu[j]=stu[j+1];
     member++;
    }
   }
  }
  if(ifsearch==0) printf("\n\n\n\t对不起，没有这个学生的成绩信息\n\n");
  printf("\n\t是否继续删除操作(Y/N)?\n\n");
  while(1)
  {
    c=getch();
    if(c=='Y'||c=='y') {flag=1;ifsearch=0;}
    if(c=='N'||c=='n') flag=0;
    if(c=='N'||c=='n'||c=='Y'||c=='y') break;
  }
 }
listnum=listnum-member;
fp=fopen("date","wb");
for(i=0;i<listnum;i++)
```

```
    fwrite(&stu[i],sizeof(struct student),1,fp);
fclose(fp);
}

void main()//主函数
{
 char item;
 listcount();
 do
 {
    menu();
    while(1)
    {
    item=getch();
    if((item>='1'&&item<='6')||item==Esc) break;
     else printf("\t 选项输入错误，请重新输入\n");
    }
    switch(item)
    {
     case '1':input();break;
     case '2':output();break;
     case '3':sort();break;
     case '4':search();break;
     case '5':change();break;
     case '6':del();break;
    }
 }while(item!=Esc);
   exit();
}
```

第 12 章 位运算

教学目标

通过本章的学习，使学生掌握位运算及其使用方法。

教学要求

知识要点	能力要求	关联知识
位运算	（1）了解位运算的含义 （2）掌握几种位运算操作的使用方法	& 按位与 | 按位或 ^ 按位异或 ~ 取反 <<左移 >>右移

重点难点

- 位运算的含义
- 几种位运算操作的使用方法

前面我们已经介绍过，C 语言既具有高级语言的功能，又具有低级语言的许多功能，能够像汇编语言一样对位、字节和地址进行操作，而这三者是计算机最基本的工作单元，可以用来编写系统软件。前面所学习的各种运算都是以字节作为最基本位进行的，本章我们学习 C 语言在位（bit）一级进行运算或处理的各种操作。

12.1 位运算概述

在 C 语言中，位运算操作共有如下 6 种。

&　　　　按位与

|　　　　按位或

^　　　　按位异或

~　　　　取反

<<　　　　左移

>>　　　　右移

12.1.1 按位与运算

按位与运算符“&”是双目运算符，其功能是参与运算的两数各对应的二进位相与。只有对应的两个二进位均为 1 时，结果位才为 1，否则为 0。参与运算的数以补码方式出现。这里大家要熟练掌握如何求正整数和负整数的补码。

例：9&−5 可写算式如下：

```
 00001001          （9 的二进制补码，也是 9 的原码）
&11111011          （−5 的二进制补码，−5 的原码按位取反后加 1）
 00001001          （9 的二进制补码）
```

可见 9&−5=9。

按位与运算通常用来对某些位清零或保留某些位。例如，把 a 的高 8 位清零，保留低八位，可作 a&255 运算（255 =的二进制数为 0000000011111111）。

【例 12.1】

```
#include<stdio.h>
void main()
{
    int a=9,b=-5,c;
    c=a&b;
    printf("a=%d\nb=%d\nc=%d\n",a,b,c);
}
```

运行结果：a=9

b=−5

c=9

12.1.2 按位或运算

按位或运算符“|”是双目运算符，其功能是参与运算的两数各对应的二进位相或。只要对应的两个二进位有一个为 1 时，结果位就为 1。参与运算的两个数均以补码出现。

例：9|−5 可写算式如下：

```
 00001001
|11111011
 11111011     （十进制为−5）可见 9|−5=−5
```

【例 12.2】

```
#include<stdio.h>
void main()
```

```
{
    int a=9,b=-5,c;
    c=a|b;
    printf("a=%d\nb=%d\nc=%d\n",a,b,c);
}
```

运行结果：a=9

```
b=-5
c=-5
```

12.1.3 按位异或运算

按位异或运算符“^”是双目运算符，其功能是参与运算的两数各对应的二进位相异或，当两对应的二进位相异时，结果为 1。参与运算数仍以补码出现，例如，9^-5 可写成算式如下：

```
 00001001
^11111011
 11110010          （十进制为-14）
```

【例 12.3】

```
#include<stdio.h>
void main()
{
   int a=9,b=-5,c;
    c=a^b;
    printf("a=%d\nb=%d\nc=%d\n",a,b,c);

}
```

运行结果：a=9

b=−5

c=−14

12.1.4 求反运算

求反运算符“~”为单目运算符，具有右结合性，其功能是对参与运算的数的各二进位按位求反。

例：~9 的运算为~(0000000000001001) 结果为 1111111111110110(十进制−10 的补码)

【例 12.4】

```
#include<stdio.h>
void main()
{
   int a=9,c;
    c=~a;
    printf("a=%d\nc=%d\n",a,c);

}
```

运行结果：a=9

c=−10

求反运算的目的一般不在于求某个量的值，而是在编程过程中需要进行按位的取反操作。

12.1.5 左移运算

左移运算符“<<”是双目运算符，其功能是把“<<”左边的运算数的各二进位全部左移若干位，由“<<”右边的数指定移动的位数，高位丢弃，低位补 0。

例：

```
a<<4
```

即指把 a 的各二进位向左移动 4 位。如 a=00001001（十进制 9），左移 4 位后为 10010000（十进制 144）。

【例 12.5】

```
#include<stdio.h>
void main()
{
   int a=9,c;
    c=a<<4;
    printf("a=%d\nc=%d\n",a,c);

}
```

运行结果：

```
a=9
c=144
```

12.1.6　右移运算

右移运算符“>>”是双目运算符，其功能是把“>>”左边的运算数的各二进位全部右移若干位，“>>”右边的数指定移动的位数。

例：

设　a=9，

```
a>>2
```

表示把 000001001 右移为 00000010（十进制 2）。

设　a=−9，

```
a>>2
```

表示把 11110111 右移为 11111101（十进制−3）。

应该说明的是，对于有符号数，在右移时，符号位将随同移动。当为正数时，最高位补 0，空位补 0；而为负数时，符号位为 1，最高位补 1，空位补 1　。

【例 12.6】

```
#include<stdio.h>
void main()
{
   int a=9,c;
    c=a>>2;
    printf("a=%d\nc=%d\n",a,c);

}
```

运行结果：a=9

c=2

【例 12.7】

```
#include<stdio.h>
void main()
{
   int a=-9,c;
    c=a>>2;
    printf("a=%d\nc=%d\n",a,c);

}
```

运行结果：

```
a=9
c=-3
```

12.2 位域（位段）

有些信息在存储时，并不需要占用一个完整的字节，而只需占用几个或一个二进制位。例如，在存放一个开关量时，只有 0 和 1 两种状态，用一位二进位即可。为了节省存储空间，并使处理简便，C 语言又提供了一种数据结构，称为“位域”或“位段”。

所谓“位域”是把一个字节中的二进位划分为几个不同的区域，并说明每个区域的位数。每个域有一个域名，允许在程序中按域名进行操作。这样就可以把几个不同的对象用一个字节的二进制位域来表示。

1．位域的定义和位域变量的说明

位域定义与结构定义相仿，其形式为

```
struct 位域结构名
    { 位域列表 };
```

其中，位域列表的形式为

```
类型说明符 位域名：位域长度
```

例：

```
struct bs
 {
  int a:8;
  int b:2;
  int c:6;
};
```

位域变量的说明与结构变量说明的方式相同。可采用先定义后说明，同时定义说明或者直接说明这 3 种方式。

例：

```
struct bs
 {
  int a:8;
  int b:2;
  int c:6;
}data;
```

说明：data 为 bs 变量，共占两个字节。其中位域 a 占 8 位，位域 b 占 2 位，位域 c 占 6 位。

对于位域的定义尚有以下几点说明。

（1）一个位域必须存储在同一个字节中，不能跨两个字节。如一个字节所剩空间不够存放另一位域时，应从下一单元起存放该位域。也可以有意使某位域从下一单元开始。

例如：

```
struct bs
 {
  unsigned a:4
  unsigned :0          /*空域*/
  unsigned b:4         /*从下一单元开始存放*/
```

```
   unsigned c:4
 }
```

在这个位域定义中，a 占第一字节的 4 位，后 4 位填 0 表示不使用，b 从第二字节开始，占用 4 位，c 占用 4 位。

（2）由于位域不允许跨两个字节，因此位域的长度不能大于一个字节的长度，即不能超过 8 位二进位。

（3）位域可以无位域名，这时它只用来作填充或调整位置使用。无名的位域是不能使用的。

例：

```
struct k
 {
  int a:1
  int  :2          /*该 2 位不能使用*/
  int b:3
  int c:2
};
```

从以上分析可以看出，位域在本质上就是一种结构类型，不过其成员是按二进位分配的。

2. 位域的使用

位域的使用和结构成员的使用相同，其一般形式为

```
位域变量名·位域名
```

位域允许以各种格式输出。

【例 12.8】

```
#include<stdio.h>
void main()
{
    struct bs
    {
      unsigned a:1;
      unsigned b:3;
      unsigned c:4;
    } bit,*pbit;
    bit.a=1;
    bit.b=7;
    bit.c=15;
    printf("%d,%d,%d\n",bit.a,bit.b,bit.c);
    pbit=&bit;
    pbit->a=0;
    pbit->b&=3;
    pbit->c|=1;
    printf("%d,%d,%d\n",pbit->a,pbit->b,pbit->c);
}
```

解析：

上例程序中定义了位域结构 bs，3 个位域为 a、b、c。说明了 bs 类型的变量 bit 和指向 bs 类型的指针变量 pbit。这表示位域也是可以使用指针的。程序的第 10、第 11、第 12 三行分别给 3 个位域赋值（应注意赋值不能超过该位域的允许范围）。程序第 13 行以整型量格式输出 3 个域的内容。第 14 行把位域变量 bit 的地址送给指针变量 pbit。第 15 行用指针方式给位域 a 重新赋值，赋为 0。第 16 行使用了复合的位运算符“&=”，该行相当于：

```
pbit->b=pbit->b&3
```

位域 b 中原有值为 7，与 3 作按位与运算的结果为 3（111&011=011，十进制值为 3）。同样，程序第 17 行中使用了复合位运算符“|=”，相当于：

```
pbit->c=pbit->c|1
```

其结果为15。程序第18行用指针方式输出了这3个域的值。

小结与提示

（1）位运算是C语言的一种特殊运算功能， 它是以二进制位为单位进行运算的。位运算符只有逻辑运算和移位运算两类。位运算符可以与赋值符一起组成复合赋值符。如&=,|=,^=,>>=,<<=等。

（2）利用位运算可以完成汇编语言的某些功能，如置位、位清零、移位等，还可进行数据的压缩存储和并行运算。

（3）位域在本质上也是结构类型，不过它的成员按二进制位分配内存。其定义、说明及使用的方式都与结构相同。

（4）位域提供了一种手段，使得可在高级语言中实现数据的压缩，节省了存储空间，同时也提高了程序的效率。

知识拓展

软件工程与软件危机

软件工程概念的出现源自软件危机。20世纪60年代末期，“软件危机”这个词频繁出现。所谓软件危机是泛指在计算机软件的开发和维护过程中，遇到的一系列严重的问题。实际上，几乎所有的软件都不同程度地存在这些问题。

随着计算机技术的发展和应用领域的扩大，计算机硬件性能/价格比和质量稳步提高，软件规模越来越大，复杂程度不断增加，软件成本逐年上升，质量没有可靠的保证，软件成为计算机科学发展的“瓶颈”。

具体地说，在软件开发和维护的过程中，软件危机主要表现在以下几个方面。

（1）软件需求的增加得不到满足。用户对系统不满意的情况经常发生。

（2）软件开发成本和进度无法控制。开发成本超出预算，开发周期大大超过规定日期。

（3）软件质量难以保证。

（4）软件不可维护或维护程度非常低。

（5）软件的成本不断提高。

（6）软件开发生产率的提高赶不上硬件的发展和应用需求的增长。

总之，可以将软件危机归结为成本、质量、生产率等问题。

分析带来软件危机的原因，宏观方面是由于软件日益深入社会生活的各个层面，对软件需求的增长速度大大超过了技术进步所能带来的软件生产率的提高。而就每一项具体的工程任务来看，许多困难来源于软件工程所面临的任务和其他工程之间的差异，以及软件和其他工业产品的差异。

在软件开发和维护过程中，之所以存在这些严重的问题，一方面与软件本身的特点有关，例如，软件开发质量难以评价，管理和控制软件开发过程相当困难，软件维护意味着改正或修改原来的设计；另外，软件的显著特点是规模庞大、复杂程度高，在开发大型软件时，要保证高质量，十分复杂困难。另一方面，与软件开发和维护方法不正确有关，这是主要原因。

为了消除软件危机，通过认真研究解决软件危机的方法，认识到软件工程是使计算机软件走向工程化的科学途径，逐步形成了软件工程的概念，开辟了工程学的新兴领域——软件工程学。软件工程就是试图用工程、科学和数学的原理与方法研制、维护计算机软件的有关技术及管理方法。

关于软件工程的定义，国标（GB）中指出，软件工程是应用于计算机软件的定义、开发和维护的一整套方法、工具、文档、实践标准和工序。

软件工程包括 3 个要素，即方法、工具和过程。方法是完成软件工程项目的技术手段，工具支持软件的开发、管理、文档生成，过程支持软件开发的各个环节的控制、管理。

软件工程的进步是近几十年软件产业迅速发展的重要原动力。从根本上说，其目的是研究软件的开发技术，软件工程的名称意味着用工业化的开发方法来替代小作坊式的开发模式。但是，几十年的软件开发和软件的发展的实践证明，软件开发既不同于其他工业工程，也不同于科学研究。软件不是自然界的有形物体，它作为人类智慧的产物有其本身的特点，所以软件工程的方法、概念、目标等都在发展，有的与最初的想法有了一定的差距。但是认识和学习其发展演变，真正掌握软件开发技术的成就，并为进一步发展软件开发技术，以适应时代对软件的更高期望是有极大意义的。

软件工程的核心思想是把软件产品（就像其他工业产品一样）看做是一个工程产品来处理。把需求计划、可行性研究、工程审核、质量监督等工程化的概念引入软件生产当中，以期达到工程项目的 3 个基本要素：进度、经费和质量的目标。同时，软件工程也注重研究不同于其他工业产品的一些独特特性，并针对软件的特点提出了许多有别于一般工业工程技术的一些技术方法。代表性的有结构化的方法、面向对象方法和软件开发模型及软件开发过程等。

从经济学的意义上来说，考虑到软件庞大的维护远比软件开发费用高，因而开发软件不能只考虑开发期间的费用，而且应考虑软件生命周期内的全部费用。因此，软件生命周期的概念就变得特别重要。在考虑软件费用时，不仅仅要降低开发成本，更要降低整个软件生命周期的总成本。

习题与项目练习

一、选择题

1. 下面运算符中优先级最低的是（　　）。

A. &　　B. !　　C. /　　D. *

2. 若 x=2、y=3，则 x&y 的结果是（　　）。

A. 0　　B. 2　　C. 3　　D. 5

3. 表达式 ~0x13 的值是（　　）。

A. 0xFFFC　　B. 0xFF71　　C. 0xFF68　　D. 0xFF17

4. 以下程序的运行结果是（　　）。

```
#include <stdio.h>
 void main( )
 { char x=040;
   printf("%d\n",x=x<<1);
 }
```

A. 100　　B. 160　　C. 120　　D. 64

二、填空题

1. 在二进制中，表示数值的方法有_______。

2. 对一个数进行左移操作相当于对该数_______。

3. 对一个数进行右移操作相当于对该数_______。

4. 若 *a* 为任意整数，能将变量 *a* 清零的表达式是_______。

5. 若 *a* 为任意整数，能将变量 *a* 中的各二进制位均置成 1 的表达式是_______。

6. 能将两个字节变量 *x* 的高 8 位全置 1，低字节保持不变的表达式是_______。

7. 若 *x*=0123，则表达式(5+(int)(x))&(～2)的值是_______。

8. 设二进制数 *x* 的值是 11001101，若想通过 x&y 运算使 *x* 中的低 4 位不变，高 4 位清零，则 *y* 的二进制数是_______。

9. 一个数与 0 进行按位异或运算，结果是_______。

三、编程题

1. 从键盘输入 1 个正整数给 int 型变量 *num*，按二进制位输出该数。

2. 编写一个程序，将整型变量 *a* 进行右循环移 4 位，即将原来右端 4 位移到最左端 4 位，并输出移位后的结果。

3. 编写一个程序，将整型变量 *a* 的高 8 位进行交换，并输出移位后的结果。

附录

附录 1　C 语言关键字

C 语言简洁、紧凑，使用方便、灵活。ANSI C 一共只有 32 个关键字。

auto break case char const continue default

do double else enum extern float for

goto if int long register return short

signed static sizeof struct switch typedef union

unsigned void volatile while

分别说明如下：

auto：声明自动变量。

double：声明双精度变量或函数　。

int：声明整型变量或函数。

struct：声明结构体变量或函数。

break：跳出当前循环。

else　：条件语句否定分支（与 if 连用）。

long　：声明长整型变量或函数。

switch：用于开关语句。

case：开关语句分支。

enum：声明枚举类型。

register：声明寄存器变量。

typedef：用以给数据类型取别名。

char：声明字符型变量或函数。

extern：声明变量是在其他文件中声明。

return：子程序返回语句（可以带参数，也可不带参数）。

union：声明共用数据类型。

const：声明只读变量。

float：声明浮点型变量或函数。

short：声明短整型变量或函数。

unsigned：声明无符号类型变量或函数。

continue：结束当前循环，开始下一轮循环。

for：一种循环语句。

signed：声明有符号类型变量或函数。

void：声明函数无返回值或无参数，声明无类型指针。

default：开关语句中的“其他”分支。

goto：无条件跳转语句。

sizeof：计算数据类型长度。

volatile：说明变量在程序执行中可被隐含地改变。

do：循环语句的循环体。

while：循环语句的循环条件。

static：声明静态变量。

if：条件语句。

附录 2　运算符和结合性

优先级	运算符	含义	要求运算对象的个数	结合方法
1	( )	圆括号		自左至右
	[ ]	下标运算标		
	→	指向结构体成员运算符		
	·	结构体成员运算符		
2	!	逻辑非运算符	1（单目运算符）	自右至左
	~	按位取反运算符		
	++	自增运算符		
	--	自减运算符		
	-	负号运算符		
	(类型)	类型转换运算符		
	*	指针运算符		
	&	地址与运算符		
	sizeof	长度运算符		
3	*	乘法运算符	2（双目运算符）	自左至右
	/	除法运算符		
	%	求余运算符		
4	+	加法运算符	2（双目运算符）	自左至右
	-	减法运算符		
5	<<	左移运算符	2（双目运算符）	自左至右
	>>	右移运算符		
6	<<=␣>>=	关系运算符	2（双目运算符）	自左至右

续表

优先级	运算符	含义	要求运算对象的个数	结合方法
7	= = ! =	等于运算符 不等于运算符	2 （双目运算符）	自左至右
8	&	按位与运算符	2 （双目运算符）	自左至右
9	^	按位异或运算符	2 （双目运算符）	自左至右
10	|	按位或运算符	2 （双目运算符）	自左至右
11	&&	逻辑与运算符	2 （双目运算符）	自左至右
12	||	逻辑运算符	2 （双目运算符）	自左至右
13	?:	条件运算符	2 （双目运算符）	自左至右
14	=+=-=*= /=%=>>=<<= &=^=|=	赋值运算符	2	自右至左
15	,	逗号运算符 （顺序求职运算符）		自左至右

说明：

（1）同一优先级的运算符优先级别相同，运算次序由结合方向决定。例如，*与 / 具有相同的优先级别，其结合方向为自左至右，因此，3*5 / 4 的运算次序是先乘后除。--和++为同一优先级，结合方向为自右至左，因此，-i++相当于-（i++）。

（2）不同的运算符要求有不同的运算对象个数，如+（加）和-（减）为双目运算符，要求在运算符两侧各有一个运算对象（如 3+5、8-3 等）。而++和-（负号）运算符是一元运算符，只能在运算符的一侧出现 1 个运算对象（如-a、i++、-i、(float)i、sizeof(int)、*p 等）。条件运算符是 C 语言中唯一的一个三目运算符，如 x?a：b。

（3）从上述表中可以大致归纳出各类运算符的优先级：

初等运算符（　）[　]→ •

↓

单目运算符

↓

算术运算符（先乘除，后加减）

↓

关系运算符

↓

逻辑运算符（不包括!）

↓

条件运算符

↓

赋值运算符

↓

逗号运算符

以上的优先级别由上到下递减。初等运算符优先级最高，逗号运算符优先级最低。位运算符的优先级比较分散。为了容易记忆，使用位运算符时可加圆弧号。

附录 3　常用库函数

库函数并不是 C 语言的一部分，它是由编译程序根据一般用户的需要而编制并提供用户使用的一组程序。每一种 C 编译系统都提供了一批库函数，不同的编译系统所提供的库函数的数目和函数名以及函数功能是不完全相同的。ANSIC 标准提出了一批建议提供的标准库函数。它包括了目前多数 C 编译系统所提供的库函数，但也有一些是某些 C 语言编译系统未曾实现的。考虑到通用性，本书列出部分常用库函数。

由于库函数的种类和数目很多（例如，还有屏幕和图形函数、时间日期函数、与本系统有关的函数等，每一类函数又包括各种功能的函数），限于篇幅，本附录不能全部介绍，只从教学需要的角度列出最基本的库函数。读者在编制 C 语言程序时可能要用到更多的函数，请查阅有关的库函数手册。

（1）数学函数

使用数学函数时，应该在源文件中使用命令：

```
#include"math. h"
```

函数名	函数与形参类型	功　能	返回值
acos	double　acos(x) double　x	计算 $\cos^{-1}(x)$的值 $-1 \leqslant x \leqslant 1$	计算结果
asin	double　asin(x) double　x	计算 $\sin^{-1}(x)$的值 $-1 \leqslant x \leqslant 1$	计算结果
atan	double　atan(x) double　x	计算 $\tan^{-1}(x)$的值	计算结果
atan2	double　atan2(x,y) double　x,y	计算 $\tan^{-1}(x/y)$的值	计算结果
cos	double　cos(x) double　x	计算 $\cos(x)$的值 x 的单位为弧度	计算结果

续表

函数名	函数与形参类型	功　能	返回值
cosh	double cosh(x) double x	计算 x 的双曲余弦 cosh(x)的值	计算结果
exp	double exp(x) double x	求 e^x 的值	计算结果
fabs	double fabs(x) double x	求 x 的绝对值	计算结果
floor	double floor(x) double x	求出不大于 x 的最大整数	该整数的双精度实数
fmod	double fmod(x,y) double x,y	求整除 x/y 的余数	返回余数的双精度实数
frexp	double frexp(val,eptr) double val int *eptr	把双精度数 val 分解成数字部分（尾数）和以 2 为底的指数，即 val=x*2^n，n 存放在 eptr 指向的变量中	数字部分 x：0.5≤x<1
log	double log(x) double x	求 $\log_e x$ 即 lnx	计算结果
log10	double log10(x) double x	求 $\log_{10} x$	计算结果
modf	double modf(val,iptr) double val int *iptr	把双精度数 val 分解成数字部分和小数部分，把整数部分存放在 ptr 指向的变量中	val 的小数部分
pow	double pow(x,y) double x,y	求 x^y 的值	计算结果
sin	double sin(x) double x	求 sin(x)的值 x 的单位为弧度	计算结果
sinh	double sinh(x) double x	计算 x 的双曲正弦函数 sinh(x)的值	计算结果
sqrt	double sqrt (x) double x	计算 x 的平方根，x≥0	计算结果
tan	double tan(x) double x	计算 tan(x)的值 x 的单位为弧度	计算结果
tanh	double tanh(x) double x	计算 x 的双曲正切函数 tanh(x)的值	计算结果

（2）字符函数

在使用字符函数时，应该在源文件中使用命令：

```
#include"ctype. h"
```

函数名	函数和形参类型	功能	返回值
isalnum	int isalnum(ch) int ch	检查 ch 是否为字母或数字	是字母或数字返回1；否则返回 0
isalpha	int isalpha(ch) int ch	检查 ch 是否为字母	是字母返回 1；否则返回 0
iscntrl	int iscntrl(ch) int ch	检查 ch 是否控制字符（其 ASCII 码在 0 和 0xlF 之间）	是控制字符返回 1；否则返回 0
isdigit	int isdigit(ch) int ch	检查 ch 是否为数字	是数字返回 1；否则返回 0
isgraph	int isgraph(ch) int ch	检查 ch 是否是可打印字符（其 ASCII 码在 0x21 和 0x7e 之间），不包括空格	是可打印字符返回1；否则返回 0
islower	int islower(ch) int ch	检查 ch 是否是小写字母（a～z）	是小写字母返回 1；否则返回 0
isprint	int isprint(ch) int ch	检查 ch 是否是可打印字符（其 ASCII 码在 0x21 和 0x7e 之间），不包括空格	是可打印字符返回1；否则返回 0
ispunct	int ispunct(ch) int ch	检查 ch 是否是标点字符（不包括空格），即除字母、数字和空格以外的所有可打印字符	是标点返回 1；否则返回 0
isspace	int isspace(ch) int ch	检查 ch 是否为空格、跳格符（制表符）或换行符	是，返回 1；否则返回 0
issupper	int isalsupper(ch) int ch	检查 ch 是否为大写字母（A～Z）	是大写字母返回 1；否则返回 0
isxdigit	int isxdigit(ch) int ch	检查 ch 是否一个十六进制数字（即 0～9，或 A 到 F，a～f）	是，返回 1；否则返回 0
tolower	int tolower(ch) int ch	将 ch 字符转换为小写字母	返回 ch 对应的小写字母
toupper	int touupper(ch) int ch	将 ch 字符转换为大写字母	返回 ch 对应的大写字母

（3）字符串函数

使用字符串中函数时，应该在源文件中使用命令：

```
#include"string. h"
```

函数名	函数和形参类型	功能	返回值
memchr	void memchr(buf，chc，ount) void *buf;charch； unsigned int count；	在 buf 的前 count 个字符里搜索字符 ch 首次出现的位置	返回指向 buf 中 ch 的第 1 次出现的位置指针；若没有找到 ch，返回 NULL
memcmp	int memcmp(buf1，buf2，count) void *buf1，*buf2； unsigned int count；	按字典顺序比较由 buf1 和 buf2 指向的数组的前 count 个字符	buf1<buf2，为负数； buf1=buf2，返回 0； buf1>buf2，为正数
memcpy	void *memcpy(to，from，count) void *to，*from； unsigned int count；	将 from 指向的数组中的前 count 个字符拷贝到 to 指向的数组中。From 和 to 指向的数组不允许重叠	返回指向 to 的指针
memove	void *memove(to，from，count) void *to，*from； unsigned int count；	将 from 指向的数组中的前 count 个字符拷贝到 to 指向的数组中。From 和 to 指向的数组不允许重叠	返回指向 to 的指针
memset	void *memset(buf，ch，count) void *buf；char ch； unsigned int count；	将字符 ch 拷贝到 buf 指向的数组前 count 个字符中	返回 buf
strcat	char *strcat(str1，str2) char *str1，*str2；	把字符 str2 接到 str1 后面，取消原来 str1 最后面的串结束符“\0”	返回 str1
strchr	char *strchr(str1，ch) char *str； int ch；	找出 str 指向的字符串中第一次出现字符 ch 的位置	返回指向该位置的指针，如找不到，则应返回 NULL
strcmp	int *strcmp(str1，str2) char *str1，*str2；	比较字符串 str1 和 str2	str1<str2，为负数； str1=str2，返回 0； str1>str2，为正数
strcpy	char *strcpy(str1，str2) char *str1，*str2；	把 str2 指向的字符串拷贝到 str1 中	返回 str1
strlen	unsigned intstrlen(str) char *str；	统计字符串 str 中字符的个数(不包括终止符“\0”)	返回字符个数
strncat	char *strncat(str1,str2，count) char *str1，*str2； unsigned int count；	把字符串 str2 指向的字符串中最多 count 个字符连到串 str1 后面，并以 null 结尾	返回 str1

续表

函数名	函数和形参类型	功能	返回值
strncmp	int strncmp(str1，str2，count) char *str1，*str2; unsigned int count;	比较字符串 str1 和 str2 中至多前 count 个字符	str1<str2，为负数 str1=str2，返回 0 str1>str2，为正数
strncpy	char *strncpy(str1，str2，count) char *str1，*str2; unsigned int count;	把 str2 指向的字符串中最多前 count 个字符拷贝到串 str1 中去	返回 str1
strnset	void *setnset(buf，ch，count) char *buf; char ch; unsigned int count;	将字符 ch 拷贝到 buf 指向的数组前 count 个字符中	返回 buf
strset	void *setnset(buf，ch) void *buf; char ch;	将 buf 所指向的字符串中的全部字符都变为字符 ch	返回 buf
strstr	char *strstr(str1，str2) char *str1，*str2;	寻找 str2 指向的字符串在 str1 指向的字符串中首次出现的位置	返回 str2 指向的字符串首次出向的地址。否则返回 NULL

（4）输入输出函数

在使用输入输出函数时，应该在源文件中使用命令：

```
#include"stdio. h"
```

函数名	函数和形参类型	功能	返回值
clearerr	void clearer(fp) FILE *fp	清除文件指针错误指示器	无
close	int close(fp) int fp	关闭文件（非 ANSI 标准）	关闭成功返回 0，不成功返回-1
creat	int creat(filename，mode) char *filename; int mode	以 mode 所指定的方式建立文件（非 ANSI 标准）	成功返回正数，否则返回-1
eof	int eof(fp) int fp	判断 fp 所指的文件是否结束	文件结束返回 1，否则返回 0
fclose	int fclose(fp) FILE *fp	关闭 fp 所指的文件，释放文件缓冲区	关闭成功返回 0，不成功返回非 0
feof	int feof(fp) FILE *fp	检查文件是否结束	文件结束返回非 0，否则返回 0

续表

函数名	函数和形参类型	功能	返回值
ferror	int ferror(fp) FILE *fp	测试 fp 所指的文件是否有错误	无错返回 0； 否则返回非 0
fflush	int fflush(fp) FILE *fp	将 fp 所指的文件的全部控制信息和数据存盘	存盘正确返回 0； 否则返回非 0
fgets	char *fgets(buf，n，fp) char *buf；int n； FILE *fp	从 fp 所指的文件读取一个长度为（n-1）的字符串，存入起始地址为 buf 的空间	返回地址 buf；若遇文件结束或出错则返回 EOF
fgetc	int fgetc(fp) FILE *fp	从 fp 所指的文件中取得下一个字符	返回所得到的字符； 出错返回 EOF
fopen	FILE *fopen(filename,mode) char *filename，*mode	以 mode 指定的方式打开名为 filename 的文件	成功，则返回一个文件指针；否则返回 0
fprintf	int fprintf(fp，format，args，…) FILE *fp；char *format	把 args 的值以 format 指定的格式输出到 fp 所指的文件中	实际输出的字符数
fputc	int fputc(ch，fp) char ch；FILE *fp	将字符 ch 输出到 fp 所指的文件中	成功则返回该字符； 出错返回 EOF
fputs	int fputs(str，fp) char str；FILE *fp	将 str 指定的字符串输出到 fp 所指的文件中	成功则返回 0；出错返回 EOF
fread	int fread(pt，size，n，fp) char *pt；unsigned size，n；FILE *fp	从 fp 所指定文件中读取长度为 size 的 *n* 个数据项，存到 pt 所指向的内存区	返回所读的数据项个数，若文件结束或出错返回 0
fscanf	int fscanf(fp，format，args，…) FILE *fp；char *format	从 fp 指定的文件中按给定的 format 格式将读入的数据送到 args 所指向的内存变量中（args 是指针）	以输入的数据个数
fseek	int fseek(fp，offset，base) FILE *fp；long offset；int base	将 fp 文件指针从 base 位置移动，offset 为位移量	返回当前位置；否则，返回-1
siell	FILE *fp； long ftell(fp)；	返回 fp 所指定的文件中的读写位置	返回文件中的读写位置；否则，返回 0
fwrite	int fwrite(ptr，size，n，fp) char *ptr；unsigned size，n；FILE *fp	把 ptr 所指向的 n*size 个字节输出到 fp 所指向的文件中	写到 fp 文件中的数据项的个数
getc	int getc(fp) FILE *fp；	从 fp 所指向的文件中的读出下一个字符	返回读出的字符；若文件出错或结束返回 EOF
getchar	int getchat()	从标准输入设备中读取下一个字符	返回字符；若文件出错或结束返回-1

续表

函数名	函数和形参类型	功能	返回值
gets	char *gets(str) char *str	从标准输入设备中读取字符串存入 str 指向的数组	成功返回 str，否则返回 NULL
open	int open(filename，mode) char *filename； int mode	以 mode 指定的方式打开已存在的名为 filename 的文件（非 ANSI 标准）	返回文件号（正数）；如打开失败返回-1
printf	int printf(format，args，…) char *format	在 format 指定的字符串的控制下，将输出列表 args 的值输出到标准设备	输出字符的个数；若出错返回负数
prtc	int prtc(ch，fp) int ch；FILE *fp；	把一个字符 ch 输出到 fp 所值的文件中	输出字符 ch；若出错返回 EOF
putchar	int putchar(ch) char ch；	把字符 ch 输出到 fp 标准输出设备	返回换行符；若失败返回 EOF
puts	int puts(str) char *str；	把 str 指向的字符串输出到标准输出设备；将“\0”转换为回车行	返回换行符；若失败返回 EOF
putw	int putw(w，fp) int i； FILE *fp；	将一个整数 *i*（即一个字）写到 fp 所指的文件中 （非 ANSI 标准）	返回读出的字符；若文件出错或结束返回 EOF
read	int read(fd，buf，count) int fd； char *buf； unsigned int count；	从文件号 fp 所指定文件中读 count 个字节到由 buf 知识的缓冲区（非 ANSI 标准）	返回真正读出的字节个数，如文件结束返回 0，出错返回-1
remove	int remove(fname) char *fname；	删除以 fname 为文件名的文件	成功返回 0；出错返回-1
rename	int remove(oname，nname) char *oname，*nname；	把 oname 所指的文件名改为由 nname 所指的文件名	成功返回 0；出错返回-1
rewind	void rewind(fp) FILE *fp；	将 fp 指定的文件指针置于文件头，并清除文件结束标志和错误标志	无
scanf	int scanf(format，args，…) char *format	从标准输入设备按 format 指示的格式字符串规定的格式，输入数据给 args 所指示的单元。args 为指针	读入并赋给 args 数据个数。如文件结束返回 EOF；若出错返回 0
write	int write(fd，buf，count) int fd；char *buf； unsigned count；	从 buf 指示的缓冲区输出 count 个字符到 fd 所指的文件中（非 ANSI 标准）	返回实际写入的字节数，如出错返回-1

（5）动态存储分配函数

在使用动态存储分配函数时，应该在源文件中使用命令：

```
#include"stdlib. h"
```

函数名	函数和形参类型	功能	返回值
calloc	void *calloc(n，size) unsigned n; unsigned size;	分配 *n* 个数据项的内存连续空间，每个数据项的大小为 size	分配内存单元的起始地址。如不成功，返回 0
free	void free(p) void *p;	释放 p 所指内存区	无
malloc	void *malloc(size) unsigned SIZE;	分配 size 字节的内存区	所分配的内存区地址，如内存不够，返回 0
realloc	void *reallod(p，size) void *p; unsigned size;	将 p 所指的已分配的内存区的大小改为 size。size 可以比原来分配的空间大或小	返回指向该内存区的指针。若重新分配失败，返回 NULL

（6）其他函数

“其他函数”是 C 语言的标准库函数，由于不便归入某一类，所以单独列出。使用这些函数时，应该在源文件中使用命令：

```
#include"stdlib. h"
```

函数名	函数和形参类型	功能	返回值
abs	int abs(num) int num	计算整数 num 的绝对值	返回计算结果
atof	double atof(str) char *str	将 str 指向的字符串转换为一个 double 型的值	返回双精度计算结果
atoi	int atoi(str) char *str	将 str 指向的字符串转换为一个 int 型的值	返回转换结果
atol	long atol(str) char *str	将 str 指向的字符串转换为一个 long 型的值	返回转换结果
exit	void exit(status) int status;	中止程序运行。将 status 的值返回调用的过程	无
itoa	char *itoa(n，str，radix) int n，radix; char *str	将整数 *n* 的值按照 radix 进制转换为等价的字符串，并将结果存入 str 指向的字符串中	返回一个指向 str 的指针
labs	long labs(num) long num	计算整数 num 的绝对值	返回计算结果

续表

函数名	函数和形参类型	功能	返回值
ltoa	char *ltoa(n，str，radix) long int n；int radix； char *str；	将长整数 *n* 的值按照 radix 进制转换为等价的字符串，并将结果存入 str 指向的字符串	返回一个指向 str 的指针
rand	int rand()	产生 0 到 RAND_MAX 之间的伪随机数。RAND_MAX 在头文件中定义	返回一个伪随机(整)数
random	int random(num) int num；	产生 0 到 num 之间的随机数	返回一个随机(整)数
rand_omize	void randomize()	初始化随机函数，使用时包括头文件 time. h	
strtod	double strtod(start，end) char *start； char **end	将 start 指向的数字字符串转换成 double，直到出现不能转换为浮点的字符为止，剩余的字符串符给指针 end。 *HUGE_VAL 是 turboC 在头文件 math. h 中定义的数学函数溢出标志值	返回转换结果。若未转换则返回 0。若转换出错返回 HUGE_VAL 表示上溢，或返回 -HUGE_VAL 表示下溢
strtol	long int strtol(start，end，radix) char *start； char **end； int radix；	将 start 指向的数字字符串转换成 long，直到出现不能转换为长整形数的字符为止，剩余的字符串符给指针 end。 转换时，数字的进制由 radix 确定。 *LONG_MAX 是 turboC 在头文件 limits. h 中定义的 long 型可表示的最大值	返回转换结果。若为转换则返回 0。若转换出错返回 LONG_MAX 表示上溢，或返回 -LONG_MAX 表示下溢
system	int system(str) char *str；	将 str 指向的字符串作为命令传递给 DOS 的命令处理器	返回所执行命令的退出状态

附录 4 ASCII 码对照表

ASCII 码	键盘字符	ASCII 码	键盘字符	ASCII 码	键盘字符	ASCII 码	键盘字符
27	ESC	32	SPACE	33	!	34	"
35	#	36	$	37	%	38	&
39	'	40	(	41	)	42	*
43	+	44	'	45	-	46	.

续表

<table>
<tr><th>ASCII 码</th><th>键盘字符</th><th>ASCII 码</th><th>键盘字符</th><th>ASCII 码</th><th>键盘字符</th><th>ASCII 码</th><th>键盘字符</th></tr>
<tr><td>47</td><td>/</td><td>48</td><td>0</td><td>49</td><td>1</td><td>50</td><td>2</td></tr>
<tr><td>51</td><td>3</td><td>52</td><td>4</td><td>53</td><td>5</td><td>54</td><td>6</td></tr>
<tr><td>55</td><td>7</td><td>56</td><td>8</td><td>57</td><td>9</td><td>58</td><td>:</td></tr>
<tr><td>59</td><td>;</td><td>60</td><td><</td><td>61</td><td>=</td><td>62</td><td>></td></tr>
<tr><td>63</td><td>?</td><td>64</td><td>@</td><td>65</td><td>A</td><td>66</td><td>B</td></tr>
<tr><td>67</td><td>C</td><td>68</td><td>D</td><td>69</td><td>E</td><td>70</td><td>F</td></tr>
<tr><td>71</td><td>G</td><td>72</td><td>H</td><td>73</td><td>I</td><td>74</td><td>J</td></tr>
<tr><td>75</td><td>K</td><td>76</td><td>L</td><td>77</td><td>M</td><td>78</td><td>N</td></tr>
<tr><td>79</td><td>O</td><td>80</td><td>P</td><td>81</td><td>Q</td><td>82</td><td>R</td></tr>
<tr><td>83</td><td>S</td><td>84</td><td>T</td><td>85</td><td>U</td><td>86</td><td>V</td></tr>
<tr><td>87</td><td>W</td><td>88</td><td>X</td><td>89</td><td>Y</td><td>90</td><td>Z</td></tr>
<tr><td>91</td><td>[</td><td>92</td><td>\</td><td>93</td><td>]</td><td>94</td><td>^</td></tr>
<tr><td>95</td><td>_</td><td>96</td><td>`</td><td>97</td><td>a</td><td>98</td><td>b</td></tr>
<tr><td>99</td><td>c</td><td>100</td><td>d</td><td>101</td><td>e</td><td>102</td><td>f</td></tr>
<tr><td>103</td><td>g</td><td>104</td><td>h</td><td>105</td><td>i</td><td>106</td><td>j</td></tr>
<tr><td>107</td><td>k</td><td>108</td><td>l</td><td>109</td><td>m</td><td>110</td><td>n</td></tr>
<tr><td>111</td><td>o</td><td>112</td><td>p</td><td>113</td><td>q</td><td>114</td><td>r</td></tr>
<tr><td>115</td><td>s</td><td>116</td><td>t</td><td>117</td><td>u</td><td>118</td><td>v</td></tr>
<tr><td>119</td><td>w</td><td>120</td><td>x</td><td>121</td><td>y</td><td>122</td><td>z</td></tr>
<tr><td>123</td><td>{</td><td>124</td><td>|</td><td>125</td><td>}</td><td>126</td><td>~</td></tr>
</table>

参考文献

[1] 谭浩强. C程序设计（第2版）.北京：清华大学出版社，2005.
[2] 罗坚，王声决. C语言程序设计（第3版）.北京：中国铁道出版社，2009.
[3] 恰汗.合孜尔. C语言程序设计（第2版）.北京：中国铁道出版社，2008.
[4] 韦良芬，王勇. C语言程序设计经典案例教程. 北京：北京大学出版社，2010.
[5] 朱健，庞倩超. C语言程序设计案例教程. 北京：北京交通大学出版社，2007.